EXAM PRESS®
施工管理技術検定学習書

建築土木教科書

2級 土木施工管理技士

第一次・第二次検定 合格ガイド

第2版

中村英紀
Nakamura Hidenori

本書内容に関するお問い合わせについて

このたびは翔泳社の書籍をお買い上げいただき、誠にありがとうございます。弊社では、読者の皆様からのお問い合わせに適切に対応させていただくため、以下のガイドラインへのご協力をお願い致しております。下記項目をお読みいただき、手順に従ってお問い合わせください。

●ご質問される前に

弊社Webサイトの「正誤表」をご参照ください。これまでに判明した正誤や追加情報を掲載しています。

正誤表　https://www.shoeisha.co.jp/book/errata/

●ご質問方法

弊社Webサイトの「刊行物Q&A」をご利用ください。

刊行物Q&A　https://www.shoeisha.co.jp/book/qa/

インターネットをご利用でない場合は、FAXまたは郵便にて、下記“翔泳社 愛読者サービスセンター”までお問い合わせください。
電話でのご質問は、お受けしておりません。

●回答について

回答は、ご質問いただいた手段によってご返事申し上げます。ご質問の内容によっては、回答に数日ないしはそれ以上の期間を要する場合があります。

●ご質問に際してのご注意

本書の対象を越えるもの、記述個所を特定されないもの、また読者固有の環境に起因するご質問等にはお答えできませんので、予めご了承ください。

●郵便物送付先およびFAX番号

送付先住所　〒160-0006　東京都新宿区舟町５
FAX番号　03-5362-3818
宛先　（株）翔泳社 愛読者サービスセンター

※ 著者および出版社は、本書の使用による２級土木施工管理技術検定試験合格を保証するものではありません。
※ 本書の出版にあたっては正確な記述に努めましたが、著者および出版社のいずれも、本書の内容に対してなんらかの保証をするものではなく、内容に基づくいかなる運用結果に関してもいっさいの責任を負いません。
※ 本書では ™、®、© は割愛させていただいております。

はじめに

本書は、翔泳社の方々に構成等のアドバイス等を受け平成29年に初版が刊行されました。たいへん好評を得て、今回第2版を刊行することになりました。

初版を刊行してから4年が経過し、出題内容も変化してきたので、この間の問題を分析し、初版よりもさらに分かりやすく、勉強しやすいように工夫をしてあります。また、学科試験（第一次検定）の例題の数を増やしたので、新たに問題集を購入しなくてもこの一冊で合格できると思います。

令和2年度までの学科試験（第一次検定）は下記のように61問出題され、解答しなければならない解答数は40問であり合格基準は得点の60%以上とされているので、40×0.6＝24問以上を正解すれば合格となります。

一般土木　：問題番号No. 1～No.11までの11問題のうちから9問題選択
専門土木　：問題番号No.12～No.31までの20問題のうちから6問題選択
法　　規　：問題番号No.32～No.42までの11問題のうちから6問題選択
施工管理等：問題番号No.43～No.61までの19問題は必須

専門土木は、範囲がかなり広く問題数も多いですが、選択できるのは6問題だけです。

本書は、できるだけ短時間の学習で合格できるように、専門土木に関してはすべて省きました。

令和2年度までの実地試験の記述問題（第二次検定）に関しては、過去9年の問題と解答例および解答に必要な知識を載せ、経験記述に関しては、「中村英紀による土木施工管理技士受験講座」（http://vdoboku.sub.jp）を利用して添削を行い、その中から20例を選び載せました。

本書1冊で第一次検定（学科試験）と第二次検定（実地試験）の両方に対処できるはずです。

本書が、皆さんの国家試験合格に役立つことを期待しています。

令和3年1月
中村英紀

本書の使い方

第1部：第一次検定（学科試験）対策

第一次検定（学科試験）の対策は、専門知識の理解が中心になります。本書は、試験範囲のすべてを解説するのではなく、よく出る問題を解くための項目にしぼって掲載しています。また、ポイントとなるキーワードや重要事項は、色文字や太字で強調してあります。

よく出る！★

毎回のように出ているテーマは確実におさえておきましょう。

ひとこと

本文の理解を助ける付加的な情報です。

これだけは覚える

必ず覚えておきたい事項を簡潔にまとめました。

用語解説

理解しておきたい専門用語について解説します。

新傾向 NEW

だんだん出題されることが増えてきたテーマです。

試験に出る

そこそこ出題率が高いテーマです。

第1章　土工

土工とは、土木構造物をつくるとき、余分な土砂を取り除いたり、不足の土砂をほかから補ったりして、計画どおりに地形を整えることをいう。土工は、機械と人力によって行うが、機械化土工が一般的である。

よく出る！★
令和２年後期、令和元年前期・後期、平成30年前期・後期、平成29年第１回・第２回、平成28、27、26、25、23年に出題
【過去10年に12回】

これだけは覚える
原位置試験といえば…試験の名称と試験結果の利用の組合せを覚える。

用語解説
原位置試験
土がもともとの位置にあ

1.1　土質調査　★

土質調査の目的は、土木構造物を経済的および安全に設計・施工するために、必要な土に関する情報を得ることである。土質調査は、現地で直接行う**原位置試験**と室内で行う**土質試験**に分けられる。

ひとこと
地盤は、いろいろな土からできていて、同じ鉱物から生成される土でも、生成後の時間や状況により性質が異なる。そのため、工事現場の地盤や材料として用いる土については、その性質をその都度正確に調べなければならない。

表1-1に、主な原位置試験の種類、得られる結果とその用途を示す。

新傾向 NEW
令和元年後期、平成30年後期、平成29年第2回目、平成25年に出題
【過去10年に4回】

(4) 調達計画 NEW

調達計画は、表5-5に示すように、工程計画に基づき労務の調達や、材料・機械などの調達、輸送、保管計画を立案することをいう。

試験に出る
令和元年後期、平成29年第2回、平成25年に出題
【過去10年に3回】

(5) 管理計画

これまでの諸計画を確実に実施するため、表5-6に示す管理計画等を作成する。

表5-6　管理計画の主な内容

参考

知識を深めることができる参考情報です。

> 参考
> 深礎工法以外の場所打ち杭工法では、一般に泥水中等でコンクリート打設が行われるので、水中コンクリートとして施工される。
>
> **深礎工法**
>
> 深礎工法は、図3-8に示すように掘削孔を一般に人力または機械で掘削する工法である。掘削孔の壁が自立する程度に掘削して、ライナープレートなどで**土留め**を施してから、さらに掘削を繰り返し、所定の深さまで削孔する。

例題

単元ごとに、厳選した過去問題を掲載しています。繰り返し解くことをオススメします。

ワンポイントアドバイス

解説の内容をしっかり理解しておきましょう。

> 例題8-2　令和2年後期　2級土木施工管理技術検定（学科）試験〔No.56〕
>
> 土木工事の品質管理における「工種・品質特性」と「確認方法」に関する組合せとして，**適当でないもの**は次のうちどれか。
>
> ［工種・品質特性］　［確認方法］
>
> (1) 土工・締固め度 ……… RI計器による乾燥密度測定
> (2) 土工・支持力値 ……… 平板載荷試験
> (3) コンクリート工・スランプ ……… マーシャル安定度試験
> (4) コンクリート工・骨材の粒度 ……… ふるい分け試験
>
> ワンポイントアドバイス　スランプの確認方法はスランプ試験である。また、マーシャル安定度試験はアスファルトの安定度の確認方法である。

第2部：第二次検定（実地試験）対策

第2部は、令和2年度までに行われた実地試験出題された問題を例題として掲載しています。第Ⅰ編は、実地試験「問1」の経験記述について、第Ⅱ編は「問2以降」の問題を扱っています。

経験記述の対策として、過去の受験者の具体的な答案を添削し、掲載しました。どのような記述が望ましいのか、著者による添削コメントを見ながら、注意するポイントが分かるように整理しています。

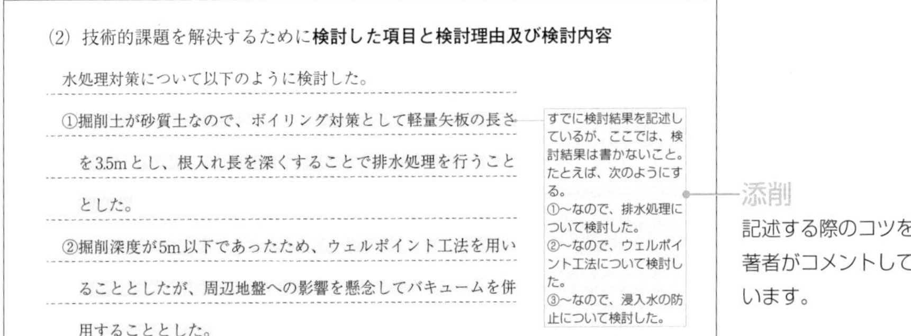
(2) 技術的課題を解決するために**検討した項目と検討理由及び検討内容**

水処理対策について以下のように検討した。

①掘削土が砂質土なので、ボイリング対策として軽量矢板の長さを3.5mとし、根入れ長を深くすることで排水処理を行うこととした。

②掘削深度が5m以下であったため、ウェルポイント工法を用いることとしたが、周辺地盤への影響を懸念してバキュームを併用することとした。

すでに検討結果を記述しているが、ここでは、検討結果は書かないこと。たとえば、次のようにする。
①〜なので、排水処理について検討した。
②〜なので、ウェルポイント工法について検討した。
③〜なので、浸入水の防止について検討した。

添削

記述する際のコツを著者がコメントしています。

重要ポイントの整理

- 主な工種は、経験記述に書かれている工種を記述する。
- 経験記述の文章は、過去形にする。
- 抽象的な表現ではなく、具体的に記述する。
- 対応処置において、施工計画なので「～するように計画した。」とする。

重要ポイントの整理
この例題内で気をつけるべき点が何であったか、ふり返りやすいように簡潔にまとめました。

「問２以降」の例題には解答例の他に、第１部の知識をふり返ることができるように、参考となるページ数も載せてあります。第一次検定（学科試験）対策の復習のつもりで、思い出しながら学習することもできます。

会員特典データのご案内

さらに問題を解きたい読者の方のために、追加の過去問題解説のPDFファイルを会特典データとしてご用意いたしました。

会員特典データは、以下のサイトからダウンロードして入手いただけます。

https://www.shoeisha.co.jp/book/present/9784798166995

※画面の指示に従って進めると、アクセスキーの入力を求める画面が表示されます。アクセスキーは部扉のページ下端に記載されています。指定されたページ数のアクセスキーを半角で、大文字、小文字を区別して入力してください。

※会員特典データのダウンロードには、SHOEISHA iD（翔泳社が運営する無料の会員制度）への会員登録が必要です。詳しくは、Webサイトをご覧ください。

※会員特典データに関する権利は著者および株式会社翔泳社が所有しています。許可なく配布したり、Webサイトに転載することはできません。

※会員特典データの提供は予告なく終了することがあります。あらかじめご了承ください。

目次

第Ⅲ編　法規

試験情報*

2級土木施工管理技術者検定について

２級土木施工管理技術者検定は、令和３年度より第一次検定（旧学科試験）と第二次検定（旧実地試験）で構成されるようになった。第一次検定に合格した者には２級土木施工管理技士補、第二次検定に合格した者には２級土木施工管理技士の称号が与えられる。第一次検定と第二次検定は、それぞれ独立した試験として実施される。

試験スケジュール

前期（第一次検定）	後期（第一次・第二次検定／第一次検定、第二次検定）
申込受付：3月初旬 試験日　：6月初旬 合格発表：7月上旬	申込受付：7月初旬 試験日　：10月下旬 合格発表：1月中旬（第一次検定） 　　　　　2月初旬（第一次・第二次検定、第二次検定）

受検資格

(1) 第一次・第二次検定

第一次検定と第二次検定の両方を受験する場合、受検資格は表1のとおり。

表1　第一次・第二次検定の受検資格

学歴	実務経験年数	
	指定学科	指定学科以外
大学卒業者	卒業後　1年以上	卒業後　1年6ヵ月以上
短期大学・高等専門学校（5年制）卒業者	卒業後　2年以上	卒業後　3年以上
高等学校卒業者	卒業後　3年以上	卒業後　4年6ヵ月以上
その他の者	8年以上	

＊この試験情報は、本書作成時（2020年12月）までの情報に基づいて構成しています。2021年2月ごろに官報が発行され、正式情報が発表される予定です。そのためxviページに記載の試験実施団体のWebサイトなどで、あらためて最新情報を確認することを強くおすすめします。

(2) 第一次検定のみ

第一次検定のみを受験する場合の受験資格は、受検年度の末日における年齢が17歳以上の者。

受験科目

第一次・第二次検定は、下記の試験科目範囲から出題される。第一次検定は、択一式で解答はマークシート方式。第二次検定は、記述式による筆記試験である。

試験区分	試験科目	試験基準
第一次検定	土木工学等	1. 土木一式工事の施工に必要な土木工学、電気工学、機械工学および建築学に関する概略の知識を有すること。 2. 設計図書を正確に読みとるための知識を有すること。
	施工管理法	土木一式工事の施工計画の作成方法および工程管理、品質管理、安全管理等工事の施工の管理方法に関する概略の知識を有すること。
	法規	建設工事の施工に必要な法令に関する概略の知識を有すること。
第二次検定	施工管理法	1. 土質試験および土木材料の強度等の試験を正確に行うことができ、かつ、その試験の結果に基づいて工事の目的物に所要の強度を得る等のために必要な措置を行うことができる一応の応用能力を有すること。 2. 設計図書に基づいて工事現場における施工計画を適切に作成することまたは施工計画を実施することができる一応の応用能力を有すること。

合格基準

- 第一次検定　得点が60%以上
- 第二次検定　得点が60%以上

ただし、試験の実施状況等を踏まえ、変更する可能性がある。

受験地

札幌、釧路、青森、仙台、秋田、東京、新潟、富山、静岡、名古屋、大阪、松江、岡山、広島、高松、高知、福岡、熊本、鹿児島、那覇の20地区。

申込方法

簡易書留郵便による個人別申込に限る。締切日の消印のあるものまで有効。

申込用紙を、全国建設研修センターおよび全国の委託機関より購入し、必要書類と共に提出する。申込用紙の購入先や必要書類等の詳細は、最新情報をWebサイトより確認する。

問い合わせ

土木施工管理技術検定試験の詳細については、受験申込用紙に同封されている「受験の手引き」を参照するか、下記の試験実施団体に問い合わせる。

一般財団法人　全国建設研修センター　試験業務局土木試験部土木試験課
〒187-8540　東京都小平市喜平町2-1-2
電話：042-300-6860

Webサイト
http://www.jctc.jp/

2級土木施工管理技術検定について
http://www.jctc.jp/exam/doboku-2

1 第1部 第一次検定（学科試験）対策

アクセスキー　j
（小文字のジェイ）

第Ⅰ編　土木一般

第1章　土工

土工とは、土木構造物をつくるとき、余分な土砂を取り除いたり、不足の土砂をほかから補ったりして、計画どおりに地形を整えることをいう。土工は、機械と人力によって行うが、機械化土工が一般的である。

よく出る！★

令和２年後期、令和元年前期・後期、平成30年前期・後期、平成29年第１回・第２回、平成28、27、26、25、23年に出題
【過去10年に12回】

これだけは覚える

原位置試験といえば…試験の名称と試験結果の利用の組合せを覚える。

用語解説

原位置試験
土がもともとの位置にある自然の状態のままで実施する試験の総称。現場で比較的簡易に土質を判定したい場合や、室内土質試験を行うための乱さない試料の採取が困難なときに実施する。

リッパ
軟岩等を掘削する際にブルドーザに取り付ける爪。

リッパビリティー
リッパによって作業ができる程度。

トラフィカビリティー
車両の走行の良否。

1.1　土質調査

土質調査の目的は、土木構造物を経済的および安全に設計・施工するために、必要な土に関する情報を得ることである。土質調査は、現地で直接行う**原位置試験**と室内で行う**土質試験**に分けられる。

ひとこと

地盤は、いろいろな土からできていて、同じ鉱物から生成される土でも、生成後の時間や状況により性質が異なる。そのため、工事現場の地盤や材料として用いる土については、その性質をその都度正確に調べなければならない。

表1-1に、主な原位置試験の種類、得られる結果とその用途を示す。

表1-1　主な原位置試験

試験の名称	得られる結果	試験結果の用途
弾性波探査	地盤の弾性波速度	リッパビリティの判定
電気探査	地盤の比抵抗値	地下水の状態の推定
土の密度試験（砂置換法、カッター法、RI計器による方法）	湿潤密度、乾燥密度	締固めの施工管理
標準貫入試験	**N値**	**地盤支持力の判定**
スウェーデン式サウンディング	W_{sw}およびN_{sw}値	土の締まり具合の判定
ポータブルコーン貫入試験	**コーン指数**	**トラフィカビリティーの判定**

表1-1 主な原位置試験（続き）

試験の名称	得られる結果	試験結果の用途
ベーン試験	粘着力	細粒土の斜面や基礎地盤の安定計算
平板載荷試験	**地盤反力係数**	**締固めの施工管理**
現場CBR試験	**支持力値（CBR値）**	**締固めの施工管理**
現場透水試験	透水係数	透水関係の設計計算、地盤改良工法の設計

表1-2に、主な質試験の種類、得られる結果とその用途を示す。

表1-2 主な土質試験

試験の名称	得られる結果	試験結果の用途
含水比試験	**含水比**	**土の締固め管理**
土粒子の密度試験	土粒子の密度、飽和度、間隙比	土の判別分類
液性・塑性試験（コンシステンシー試験）	**液性限界、塑性限界、塑性指数**	**土の判別分類、盛土材料の選定**
粒度試験	**粒径加積曲線、均等係数**	**土の判別分類、盛土材料の選定**
締固め試験	**最大乾燥密度、最適含水比**	**盛土の締固め管理**
一面せん断試験	せん断抵抗角、粘着力	基礎、斜面、擁壁などの安定計算
一軸圧縮試験	一軸圧縮強さ、粘着力、鋭敏比	細粒土地盤の安定計算
圧密試験	圧縮係数、圧縮指数、透水係数	粘性土の沈下量の推定
室内CBR試験	**支持力値**	**道路舗装の構造設計、舗装厚の設計**

用語解説

コンシステンシー
軟らかさの程度。

用語解説

圧密
粘土のように透水性が低い土が荷重を受け、内部の間隙水（かんげきすい）を徐々に排出しながら長時間かかって体積が減少していく現象。

例題 1-1　　令和元年後期　2級土木施工管理技術検定（学科）試験〔No.1〕 

土工に用いられる「試験の名称」と「試験結果から求められるもの」に関する次の組合せのうち，**適当でないもの**はどれか。

［試験の名称］　［試験結果から求められるもの］

(1) スウェーデン式サウンディング試験 ... 土粒子の粒径の分布
(2) 土の液性限界・塑性限界試験 .... コンシステンシー限界
(3) 土の含水比試験 .... 土の間げき中に含まれる水の量
(4) RI計器による土の密度試験 .... 土の湿潤密度

ワンポイントアドバイス　スウェーデン式サウンディング試験は、荷重による貫入と回転貫入を併用した原位置試験であり、土の静的貫入抵抗を測定し、その硬軟または締まり具合を判定するものである。また、土粒子の粒径の分布は、粒度試験により求める。

正解：(1)

例題 1-2　　平成30年後期　2級土木施工管理技術検定（学科）試験〔No.1〕 

土質調査に関する次の試験方法のうち，**原位置試験**はどれか。

(1) 突き固めによる土の締固め試験
(2) 土の含水比試験
(3) スウェーデン式サウンディング試験
(4) 土粒子の密度試験

ワンポイントアドバイス　サウンディングとは、棒の先端につけた抵抗体を土中に挿入し、貫入、回転、引抜きなどに対する抵抗を測って土層の性状を深さ方向に調べる地盤調査法の総称である。

正解：(3)

試験に出る
平成27（実地）、24年に出題
【過去10年で2回】
平成22年の実地試験にも出題された。

1.2 土量の変化

土を掘削または締固めをすると、土の体積は変化する。したがって、道路や鉄道のように長い距離にわたる土工で、切盛土量の配分計画を立てるとき、土量の変化を考慮しないと、施工中に著しく土の過不足を生じることになる。

(1) 土量の変化

土量の変化を考える場合、図1-1に示すように土を次の3つの状態に分ける。

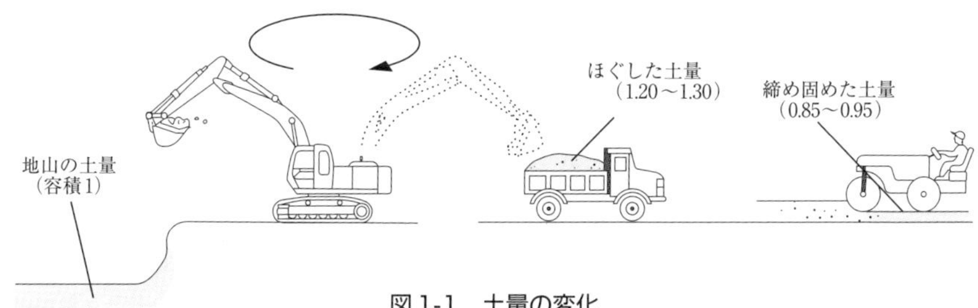

図1-1　土量の変化

- **地山の土量（掘削すべき土量）**
- **ほぐした土量（運搬すべき土量）**
- **締め固めた土量（出来上がりの盛土量）**

砂質土の地山は、ほぐすとその容積は1.20～1.30倍に増え、締め固めると0.85～0.95倍に減る。また、この値は、土の種類により異なる。

(2) 土量の変化率

土量の変化率L（Loose）、C（Compaction）は次式で表され、土の種類によって値が異なる。

L＝ほぐした土量（m^3）／地山の土量（m^3）
C＝締め固めた土量（m^3）／地山の土量（m^3）

例題1-3　平成24年度　2級土木施工管理技術検定（学科）試験〔No.1〕 

土量の変化率に関する次の記述のうち，**誤っているもの**はどれか。
ただし，L＝1.20　L＝ほぐした土量／地山土量
C＝0.90とする。C＝締め固めた土量／地山土量

(1) 締め固めた土量100m^{3}に必要な地山土量は111m^{3}である。
(2) 100m^{3}の地山土量の運搬土量は120m^{3}である。
(3) ほぐされた土量100m^{3}を盛土して締め固めた土量は75m^{3}である。
(4) 100m^{3}の地山土量を運搬し盛土後の締め固めた土量は83m^{3}である。

ワンポイントアドバイス

(1) C＝締め固めた土量／地山土量＝0.90より、
地山土量＝100／0.90≒111m^{3}となり、正しい。
(2) L＝ほぐした土量／地山の土量＝1.20より、
運搬土量（ほぐした土量）＝100×1.20＝120m^{3}となり、正しい。
(3) L＝ほぐした土量／地山の土量＝1.20より、
地山土量＝100／1.20≒83.3m^3
これを締め固めると、C＝締め固めた土量／地山土量＝0.90より、
締め固めた土量＝83.3×0.90≒75m^{3}となり、正しい。
(4) C＝締め固めた土量／地山土量＝0.90より、
締め固めた土量＝100×0.90＝90m^{3}となり、誤り。

正解：(4)

よく出る!★
令和2年後期、令和元年前期・後期、平成30年前期、平成29年第1回・第2回、平成28、27、26年に出題
【過去10年で9回】

1.3 盛土の施工 

盛土を施工する際には、その**基礎地盤**が盛土の完成後に不同沈下や破壊を生じるおそれがないか検討する。特に建設機械のトラフィカビリティーが得られない軟弱地盤では、あらかじめ適切な対策を講じてから盛土を行う。

ひとこと

盛土には、道路盛土、鉄道盛土、河川堤防、造成地盛土、フィルダム等があり、それぞれ土または砂礫や岩を材料として、それらを盛り立てて造る。

(1)盛土材料

盛土材料は、可能な限り現地発生土を有効利用することを原則とし、盛土材料として良好でない材料等についても適切な処置を施し有効利用することが望ましい。また、盛土材料として要求される一般的性質は、次のとおりである。

- 建設機械のトラフィカビリティーが確保できるもの
- 所定の締固めが行いやすいもの
- 締め固められた土の締固め乾燥密度や**せん断強さが大きく、圧縮性が小さい**もの
- **透水性が小さい**もの
- 施工中に間隙水圧が発生しにくいもの
- 有機物（草木等）を含まないもの
- 貴金属などの有害な物質を溶出しないもの
- 吸水による**膨潤性の低い**もの
- 一般には、**粒度配合のよい礫質土や砂質土が適している**
- 構造物の裏込め部の材料は、雨水などの浸透によって土圧が増加しないような透水性の良い（高い）材料を使用する

用語解説

膨潤
土が水を吸収して体積が増加する現象。

例題 1-4　平成30年前期　2級土木施工管理技術検定（学科）試験〔No.3〕

道路土工の盛土材料として望ましい条件に関する次の記述のうち，**適当でないもの**はどれか。

(1) 盛土完成後のせん断強さが大きいこと。
(2) 盛土完成後の圧縮性が大きいこと。
(3) 敷均しや締固めがしやすいこと。
(4) トラフィカビリティーが確保しやすいこと。

ワンポイントアドバイス　盛土材料は、盛土完成後の圧縮性が小さいものが望ましい。

正解：(2)

(2) 敷均し

盛土の施工で大切なことは、盛土材料を水平に敷くこと（敷均し）と、均等に締め固めることである。敷均し作業の留意点は、次のとおりである。

- 敷均しは、高まきを避け、水平の層に薄く敷均し、均等に締め固める
- 建設機械のトラフィカビリティーが得られない軟弱地盤上では、あらかじめ地盤改良などの対策を行う。あるいは施工機械を変更して、速度を遅くして施工する
- 敷均し厚さは、盛土材料の粒度、土質、締固め機械と施工方法および要求される締固め度等の条件に左右される
- 基礎地盤にある草木や根などは取り除き、極端な凹凸や段差はできるだけ平坦にかき均すようにする
- 盛土材料の含水比が施工含水比の範囲内にないときには、含水量の調節をする
- 含水量調整の**ばっ気**（土の乾燥）と**散水**は、**敷均しの際に行う**

用語解説

まき出し厚
1層の敷均し厚さ。

高まき
敷均し厚が厚いこと。

(3) 締固め

盛土の締固めの効果や特性は、**土の種類**、**含水状態および施工方法**によって**大きく**変化**する**ので、これらを考慮しなければならない。また、**構造物縁部**や**狭い場所**の締固めは、小型の締固め機械を使用し、**薄層**で入念に締め固める。

盛土工事で、締固めを入念に行う目的は、次のとおりである。

- 完成後の盛土自体の圧縮沈下を少なくする
- 盛土法面の安定、荷重に対する支持力など、盛土として必要な強度特性を持たせる

- 土の間隙を少なくし、透水性を低下させ、水の浸入による軟化、膨張を小さくして土を最も安定した状態にする

盛土の締固め管理方法には、現場における締固め度などで規定する品質規定方式と、締固め機械、敷均し厚や締固め回数で規定する工法規定方式がある（174ページ「(2) 盛土の品質管理」参照）。

(4) 盛土施工時の排水

盛土の施工にあたっては、雨水の浸入による盛土の**軟弱化**や豪雨時などの盛土自体の崩壊を防ぐため、盛土施工時の**排水**を適切に行う。

例題 1-5　令和2年後期　2級土木施工管理技術検定（学科）試験〔No.3〕

盛土の施工に関する次の記述のうち，**適当でないもの**はどれか。

(1) 盛土の施工で重要な点は，盛土材料を均等に敷き均すことと，均等に締め固めることである。
(2) 盛土の締固め特性は，土の種類，含水状態及び施工方法にかかわらず一定である。
(3) 盛土材料の自然含水比が施工含水比の範囲内にないときには，含水量の調節を行うことが望ましい。
(4) 盛土材料の敷均し厚さは，締固め機械及び要求される締固め度などの条件によって左右される。

ワンポイントアドバイス　盛土の締固めの効果や特性は、土の種類および含水状態などによって大きく変化するので、これらを考慮した適切な締固め機械、層厚、締固め回数などの施工方法を採用する。

正解：(2)

よく出る！★

令和２年後期、令和元年前期・後期、平成30年前期・後期、平成29年第１回・第２回、平成28、27、26、25、24、23年に毎年出題
【過去10年で13回】

1.4 軟弱地盤対策工法 

基礎地盤が軟弱で地耐力が不足している場合や、地下水を含んでおり施工が困難な場合は、地盤を改良しなければならない。

軟弱地盤対策工法の種類を図 1-2 に示す。

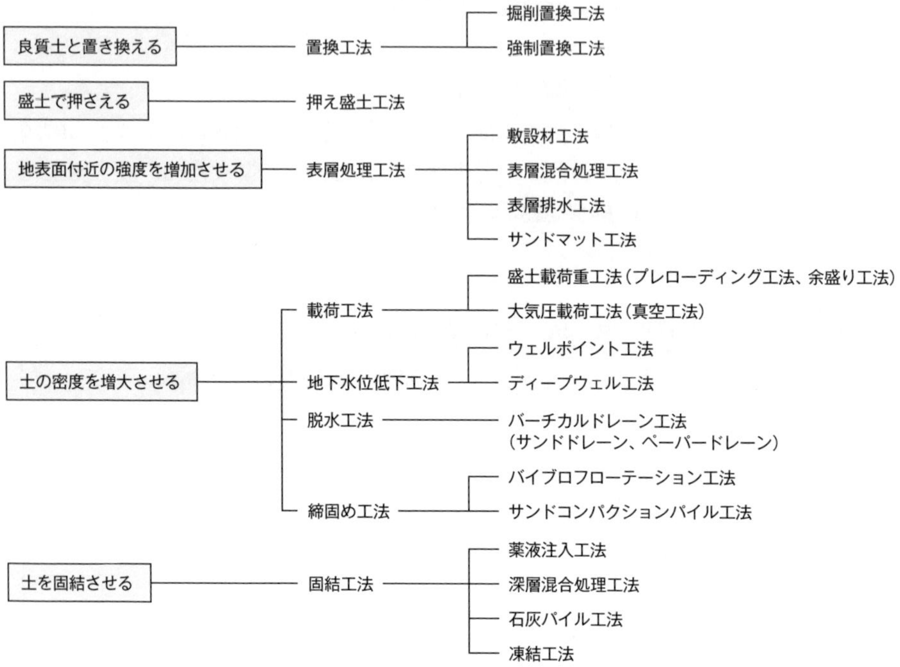

- 良質土と置き換える ― 置換工法
  - 掘削置換工法
  - 強制置換工法
- 盛土で押さえる ― 押え盛土工法
- 地表面付近の強度を増加させる ― 表層処理工法
  - 敷設材工法
  - 表層混合処理工法
  - 表層排水工法
  - サンドマット工法
- 土の密度を増大させる
  - 載荷工法
    - 盛土載荷重工法（プレローディング工法、余盛り工法）
    - 大気圧載荷工法（真空工法）
  - 地下水位低下工法
    - ウェルポイント工法
    - ディープウェル工法
  - 脱水工法
    - バーチカルドレーン工法（サンドドレーン、ペーパードレーン）
  - 締固め工法
    - バイブロフローテーション工法
    - サンドコンパクションパイル工法
- 土を固結させる ― 固結工法
  - 薬液注入工法
  - 深層混合処理工法
  - 石灰パイル工法
  - 凍結工法

図 1-2　軟弱地盤対策工法の種類

ひとこと

軟弱地盤には、粘性土や有機質土からなる含水量の極めて大きい軟弱な地盤と、砂質土からなる緩い飽和状態の地盤がある。

（1）置換工法

置換工法は、軟弱地盤の全部または一部を掘削して、良質な材料と置き換える掘削置換工法、きわめて軟弱な地盤

の上に良質な材料を盛土し、その自重で軟弱土を押し出す強制置換工法がある。

(2) 押え盛土工法

押え盛土工法は、軟弱層が厚い場合に、本体盛土の滑りを防止するため、本体盛土の左右に押え盛土をして滑りを防止する工法である。押え盛土の施工は、一般に図1-3に示したように押え盛土部を含めてサンドマット（図中のⅠ）および盛土（図中のⅡ）を施工し、引き続いて盛土本体（図中のⅢ）の順序で行う。

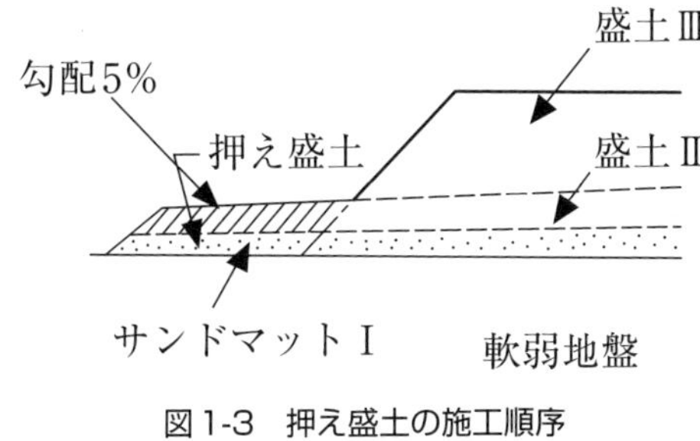

図1-3 押え盛土の施工順序

(3) 表層処理工法

表層処理工法は、盛土などの機械施工におけるトラフィカビリティーを確保するとともに、基礎地盤の地表面付近の強度を増加させる工法で、表1-3に示すものがある。

表1-3 表層処理工法の種類

種類	工法
敷設材工法	基礎地盤の地表面にジオシンセティックス、金網、竹枠、そだなどを敷設するもの。
表層混合処理工法	表層に石灰やセメントなどの安定材を混合して強度の増加をはかるもの。
表層排水工法	地表面に排水溝を掘って、表面水を排除するとともに、地表面付近の含水比を低下させるもの。
サンドマット工法	軟弱地盤上に厚さ0.5～1.2m程度のサンドマット（敷砂）を施工するもの。

(4) 載荷工法

載荷工法は、前もって軟弱地盤に荷重を加えて圧密沈下させ、地盤のせん断強さを増大させるもので、荷重の加え方によって盛土載荷重工法や大気圧載荷工法などがある。

表1-4　載荷工法の種類

種類	工法
盛土載荷重工法（プレローディング工法）	軟弱地盤上などに構造物をつくる場合、あらかじめ盛土などによって載荷を行い、圧密沈下と強さの増加を待ってから盛土を取り除き、構造物を築造する方法。
大気圧載荷工法（真空工法）	地盤を気密な膜で覆い、真空ポンプで吸気・吸水を行い、膜の内外に圧力差を生じさせて、大気圧が載荷重として働くことを利用したもの。

(5) 地下水位低下工法および脱水工法

地下水位低下工法および脱水工法は、軟弱地盤中の水を適切な方法を用いて排除し、地盤の圧密を促進するものである。

表1-5　地下水位低下工法および脱水工法

種類	工法
ウェルポイント工法	地下水位の低下をはかるためウェルポイントと呼ばれる集水装置を揚水管とともに地下水面下に打ち込み、真空ポンプで地下水を吸引する工法。
ディープウェル工法	所定の深さまで掘削した穴にストレーナー（通水孔）をもつパイプを挿入し、このパイプと孔壁の間にフィルター材（砂や砕石）を充てんし、このフィルター材を通して地下水を流入させ、水中ポンプなどで排水する工法。
バーチカルドレーン工法	軟弱地盤中に砂柱（サンドドレーン）や特殊な巻紙（ペーパードレーン）によって鉛直方向の排水層（ドレーン）を設けて構造物あるいは盛土の荷重によって土中の水分を排水層にしぼり出し、鉛直上方向に排水することによって、地盤の強さの増加をはかる工法。

(6) 締固め工法

締固め工法は、緩い砂質土地盤を締め固めて地盤の密度を増大することにより、支持力の増大、変形の抑制および液状化防止を目的とするものである。

表1-6　締固め工法の種類

種類	工法
バイブロフローテーション工法	バイブロフロットと呼ばれる棒状振動体を地中に貫入させ、その振動と噴射水によって周囲の地盤を締め固め、砂利などの充てん材料を入れながら引き抜いていく工法。緩い砂質地盤の締固めに適している。
サンドコンパクションパイル工法	サンドコンパクションパイル（振動式）は、中空管を振動させて所定の深さまで貫入させ、管内に砂を投入し、中空管を引き上げながら、中の砂に振動と圧力を加えて締め固め、砂柱を形成していく工法。緩い砂質地盤や軟弱粘性土地盤にも適している。

用語解説

生石灰

生石灰は、石灰岩などの主成分である炭酸カルシウムを加熱し、熱分解によって生成される。生石灰に加水して生成されるのが消石灰であり、一般に生石灰と消石灰を石灰と呼ぶ。

(7) 固結工法

固結工法には、薬液、セメント、石灰などを用いて土を固結させるものや地盤を凍結させるものがある。

表1-7　固結工法の種類

種類	工法
薬液注入工法	軟弱地盤の土粒子間に薬液を注入して、地盤の透水性を低下させるとともに、土粒子を固結させ、強さを増大させる工法。薬液を注入するときは、周辺地盤や近接構造物の沈下や隆起の有無、地下水脈の水質などの監視が必要である。
深層混合処理工法	主として石灰やセメント系の安定材と、基礎地盤の軟弱土とを地中で強制的に混合することにより、固結した柱状、壁状、ブロック状などの混合処理土を形成させる工法。大きな強度が短時間で得られ沈下の防止に対しても効果が大きく、低騒音・低振動で施工できるため環境に対する影響も少ない。
石灰パイル工法	軟弱地盤中に直径30～50cm程度の生石灰をサンドドレーン工法と同様な方法で多数打設し、生石灰の吸水、膨張作用によって、軟弱土の強さを増す工法。生石灰は、吸水時に著しい高熱を発するので、取扱いには注意する。

次ページへ続く

表1-7　固結工法の種類（続き）

種類	工法
凍結工法	地中に凍結管を設置し、この中に冷却液を循環させることにより、地盤を一時的に人工凍結させ、掘削面の安定や地下湧水の阻止をはかる工法。

例題 1-6　　令和2年後期　2級土木施工管理技術検定（学科）試験〔No.4〕

軟弱地盤における次の改良工法のうち，締固め工法に**該当するもの**はどれか。

(1) プレローディング工法
(2) ウェルポイント工法
(3) 深層混合処理工法
(4) サンドコンパクションパイル工法

ワンポイントアドバイス　(1) プレローディング工法は載荷工法、(2) ウェルポイント工法は地下水位低下工法、(3) 深層混合処理工法は固結工法である。

正解：(4)

例題 1-7　　平成30年前期　2級土木施工管理技術検定（学科）試験〔No.4〕

基礎地盤の改良工法に関する次の記述のうち，**適当でないもの**はどれか。

(1) 深層混合処理工法は，固化材と軟弱土とを地中で混合させて安定処理土を形成する。
(2) ウェルポイント工法は，地盤中の地下水位を低下させることにより，地盤の強度増加をはかる。
(3) 押え盛土工法は，軟弱地盤上の盛土の計画高に余盛りし沈下を促進させ早期安定性をはかる。
(4) 薬液注入工法は，土の間げきに薬液が浸透し，土粒子の結合で透水性の減少と強度が増加する。

ワンポイントアドバイス　記述の内容は、盛土載荷重工法の一つである余盛工法の説明である。

正解：(3)

よく出る！★

令和２年後期、令和元年前期・後期、平成30年前期・後期、平成29年第１回・第２回、平成28、27、26、25、24、23年に毎年出題

【過去10年で13回】

これだけは覚える

建設機械名といえば…土工作業の種類の組合せを覚える（特にブルドーザ、バックホゥ、モーターグレーダ）。

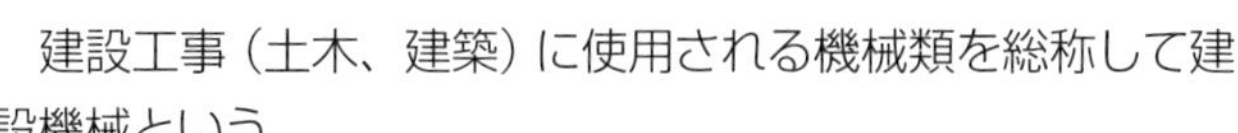

1.5 建設機械 ★

建設工事（土木、建築）に使用される機械類を総称して建設機械という。

建設機械の分類は、道路・河川などの**対象工事別**、土工・舗装などの**工種別**、掘削・運搬などの**作業種別**、トラクタ系・ショベル系などの**機械種別**などがあり、目的に応じて使い分けられている。

(1) 作業の種類と主な建設機械

土工作業には、伐開除根、掘削、積込み、運搬、敷均し、整地、締固め、溝掘り、さく岩などがある。主な作業に適する建設機械を表1-8に示す。

ひとこと

建設機械については、土木一般の選択問題として出題されるほかに、施工管理等の必須問題として毎年２問出題されている。

表1-8　作業の種類と建設機械

作業の種類	建設機械
伐開除根	**ブルドーザ、バックホゥ**
掘削	ショベル系掘削機（**バックホゥ**、ドラグライン、クラムシェル）、**ブルドーザ**
積込み	ショベル系掘削機（**バックホゥ**、ドラグライン、クラムシェル）、トラクターショベル
掘削および積込み	ショベル系掘削機（**バックホゥ**、ドラグライン、クラムシェル）
掘削および運搬	**ブルドーザ**、スクレープドーザ、スクレーパ
運搬	**ブルドーザ**、ダンプトラック
敷均しおよび整地	**ブルドーザ、モーターグレーダ**
締固め	ロードローラ（マカダムローラ、タンデムローラ）、タイヤローラ、タンピングローラ、振動ローラ、振動コンパクタ、タンパ（ランマ）、ブルドーザ
砂利道補修	**モーターグレーダ**
溝掘り	**バックホゥ、トレンチャ**
法面仕上げ	**バックホゥ、モーターグレーダ**
さく岩	レックドリル、ブレーカ

用語解説

トレンチャ
比較的幅が狭くて深い溝を掘る農業機械。

伐開
切土や盛土を行う前に、工事区域内の草木を刈り取り、根株を取り除く作業。

(2) 掘削運搬機械

掘削運搬機械は、掘削と中・短距離の運搬を行う機械で、表1-9に示すものがある。

表1-9　主な掘削運搬機械の特徴・用途

機械名	特徴・用途
ブルドーザ	ブルドーザは、クローラ（履帯）式またはホイール（車輪）式のトラクタに、作業装置として土工板（ブレード）を取り付けた機械である。これは、土砂の掘削、押土および短距離の運搬作業に使用するほか、整地、締固め、伐開、除雪などにも用いられる。ブルドーザは、60m以下の土砂運搬に適している。また、鋭敏な粘性土の締固めに適しているのは、ブルドーザだけである。
スクレーパ	スクレーパは、**掘削・積込み、中距離運搬、敷均しを一連の作業**として行う機械で、履帯式トラクタと組み合わせて用いる被けん引式スクレーパと、スクレーパの前輪をはぶいて、前輪をタイヤ式トラクタの後部に直結した**モータスクレーパ（自走式スクレーパともいう）**とがある。モータスクレーパは、1,200m程度までの長距離運搬を行える。
スクレープドーザ	スクレープドーザは、機能的にスクレーパと履帯式ブルドーザを組み合わせたもので、ブルドーザとスクレーパの両方の機能を兼ね備えている。操作方法はスクレーパと同じで、狭い場所や軟弱地盤での施工に使用される。

(3) 掘削・積込み機械

掘削・積込み機械は、一般にショベル系掘削機が用いられる。ショベル系掘削機は、アタッチメントの種類によって、図1-4に示すような機械に分類され、その特徴・用途を表1-10に示す。

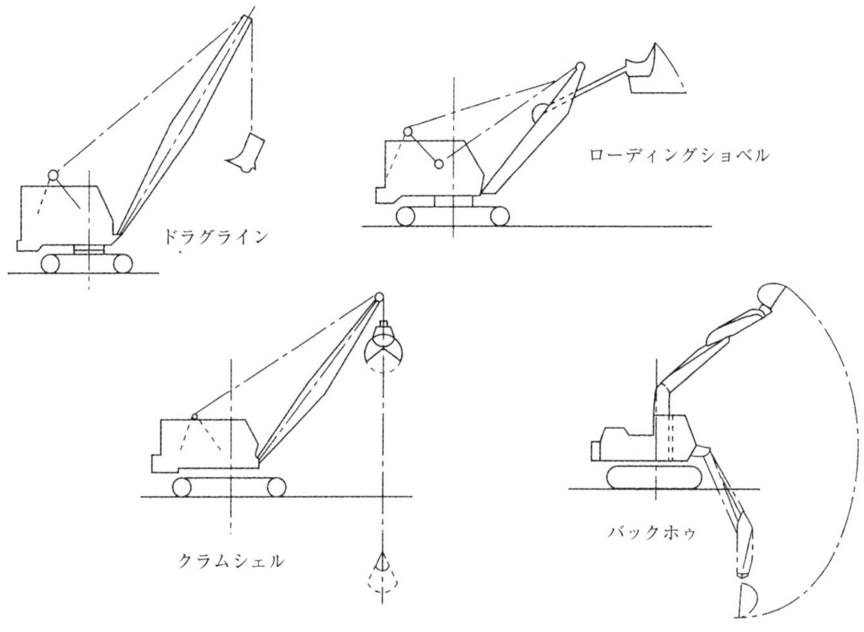

図 1-4　ショベル系掘削機械の種類

表 1-10　掘削・積込み機械の特徴・用途

機械名	特徴・用途
バックホゥ	バックホゥは、ドラグショベルとも呼ばれ、機械の位置よりも低い場所の掘削に適する。硬い地盤の掘削ができ、掘削位置も正確に把握できるので、基礎の掘削や溝掘りなどに広く用いられている。
ローディングショベル	ローディングショベルは、アームの先にバケットを前向きに取り付けたもので、機械の位置よりも高い場所の掘削に適する。主に鉱山など広大な現場で使用される。
クラムシェル	クラムシェルは、クローラクレーンのブームからワイヤロープによって吊り下げた開閉式のバケットで掘削する機械である。シールドの立坑やオープンケーソンの掘削、水中掘削など、**狭い場所での深い掘削**のほか、砂や砂利の荷役作業にも用いられる。
ドラグライン	ドラグラインは、ワイヤロープによって吊り下げたバケットを手前に引き寄せて掘削する機械である。機械の位置より低い場所の掘削に適し、水路の掘削や浚渫（しゅんせつ）、砂利の採取などに使用されるが、**硬い地盤の掘削には適さない。**

(4) 積込み機械

トラクターショベルは、クローラ式またはホイール式のトラクタにバケットを取り付けた機械で、積込み・運搬作業を主体に切り崩し、集積などの作業にも使用されている。

(5) 整地機械

モーターグレーダは、ブレードを上下左右に動かしたり、旋回させて任意の姿勢がとれるように取り付けたものである。これは、L形溝の掘削・整形、砂利道の補修、土の敷均し、除雪などの作業にも用いられるが、これらの作業の中で特に路面の精密仕上げに適している。

(6) 締固め機械

主な締固め機械の特徴・用途を表1-11に示す。

表1-11　主な締固め機械の特徴・用途

機械名	特徴・用途
ロードローラ	ロードローラは、振動機構が装備されていない鉄輪ローラの総称で、静的荷重による締固めを行う機械である。 鉄輪の配置により前後輪それぞれ1輪のものをタンデムローラ、前後輪のどちらかが2輪のものをマカダムローラと呼ぶ。 ・ロードローラは、礫混じり砂などの締固めに適している。 ・タンデムローラは、前後輪の質量配分が等しいので、主として仕上げ転圧に用いられる。 ・マカダムローラは、破砕作業を行う必要がある場合に最適であり、砕石や砂利道などの一次転圧および仕上げ転圧に用いられる。
タンピングローラ	タンピングローラは、ローラの表面に多数の突起をつけ、締固め効果を向上させたものである。これは、岩塊や粘性土の締固めに適している。
タイヤローラ	タイヤローラは、大型タイヤで締め固める機械であり、水、砂や鉄などのバラストによって自重を加減したり、タイヤの空気圧を調整して接地圧を変化させることができる。 砕石などの締固めには空気圧を上昇させ、逆に支持力の弱い地盤では空気圧を減少させて締め固める。これは、砂質土や礫混じり砂の締固めに適している。
振動ローラ	振動ローラは、鉄輪内に配置された振動機構で発生する起振力によって自重以上の転圧力を得る機械であり、小型の機種でも従来の大型の機械に匹敵する性能を有する。これは、ロードローラに比べると小型で、砂や砂利の締固めに適している。

表1-11　主な締固め機械の特徴・用途（続き）

機械名	特徴・用途
その他の締固め機械	締固め機械は、そのほかにハンドガイド式ローラ、タンパ（ランマ）などがあり、振動や打撃を与えて締め固めるものである。これらは小型で、しかも人力で容易に取り扱えるので、狭い場所の締固めに用いられる。

例題 1-8　令和元年前期　2級土木施工管理技術検定（学科）試験〔No.2〕 

「土工作業の種類」と「使用機械」に関する次の組合せのうち，**適当でないもの**はどれか。

［土工作業の種類］　［使用機械］

(1) 溝掘り …… タンパ

(2) 伐開除根 …… ブルドーザ

(3) 掘削 …… バックホゥ

(4) 締固め …… ロードローラ

ワンポイントアドバイス　タンパは締固め機械である。

正解：(1)

例題 1-9　平成30年後期　2級土木施工管理技術検定（学科）試験〔No.3〕 

一般にトラフィカビリティーはコーン指数 qc（kN/m^2）で示されるが，普通ブルドーザ（15 t 級程度）が走行するのに**必要なコーン指数**は，次のうちどれか。

(1) 50（kN/m^2）以上

(2) 100（kN/m^2）以上

(3) 300（kN/m^2）以上

(4) 500（kN/m^2）以上

ワンポイントアドバイス　92ページ「(3) トラフィカビリティー」参照。

正解：(4)

第Ⅰ編　土木一般

第2章　コンクリート工

土木工事の大部分は、土工とコンクリート工から成り立っている。土木施工管理技士の試験もこれらから多く出題されているので十分に理解する必要がある。

よく出る！★

令和２年後期、令和元年前期・後期、平成30年前期・後期、平成29年第１回・第２回、平成28、27、25、24、23年に出題
【過去10年で12回】

2.1　コンクリート材料 

セメントに水を混ぜたものをセメントペーストといい、これに砂（細骨材）を混ぜたものをモルタル、さらに砂利（粗骨材）を混ぜたものをコンクリートという。これらは必要に応じて混和材料が加えられる。

セメントペーストは、時間がたつにつれて硬化し、砂や砂利や混和材料と一体化する。

(1) セメント

一般に、セメントとはコンクリートに用いられる結合材を示す。また、セメントには骨材の結合材となる役割のほかに、骨材の分散・配置、鋼材の腐食防止などの役割がある。

これだけは覚える

アルカリ骨材反応の抑制といえば…普通ポルトランドセメントに高炉スラグを混合した高炉セメントの使用が効果的。

セメントの種類

セメントは、表2-1に示すように、大別して**ポルトランドセメント**と**混合セメント**に分けられる。この他に、都市ごみ焼却灰や汚泥等を原料としたエコセメントがある。

表2-1　セメントの種類

種別	名称	特徴・用途
ポルトランドセメント	普通	標準的なもので、広く一般に使用されている。
	早強	普通よりも**早く**強度を発現する。プレストレストコンクリートや低温時の工事に適する。
	超早強	早強よりも早く強度を発現する。緊急工事などに適する。
	中庸熱	水和反応時の発熱がやや低く、ひび割れを低減できる。ダムなどのマスコンクリートに適する。

表2-1　セメントの種類（続き）

種別	名称	特徴・用途
ポルトランドセメント	低熱	中庸熱よりも水和反応時の発熱を抑えられる。特に発熱の低減が求められる場合に適する。
	耐硫酸塩	普通より耐硫酸塩性を高めている。高い硫酸塩を含む土壌や下水道の覆工などに適する。
混合セメント（**混合材の量によりA種、B種、C種がある**）	高炉	**普通ポルトランドセメント**に**高炉スラグ微粉末**を混合したもの。港湾構造物や下水道の覆工などに適する。
	シリカ	普通ポルトランドセメントにシリカ混合材を混合したもの。最近は、あまり製造されていない。
	フライアッシュ	普通ポルトランドセメントにフライアッシュを混合したもの。ダムや港湾構造物などに適する。

用語解説

風化
セメントが空気中の水分と水和作用を起こすこと。

粉末度
セメント粒子の細かさを示すもの。

凝結
セメントが水和作用によって固結する現象。

セメントの性質

セメントには、水と接すると水和反応を生じ、水和熱を発しながら徐々に硬化する性質がある。

表2-2　セメントの主な性質

性質	内容
密度	普通ポルトランドセメントの密度は約3.15g/cm^{3}であるが、化学成分によって変化し、混和材料を加えたり風化すると、その値は小さくなる。
粉末度	粉末度の高いものほど水和作用が早く、凝結・硬化の初期の強さは大きくなるが、風化しやすくなる欠点がある。
凝結	凝結時間は一般的に粉末度が高いほど、水量が少ないほど、使用時の温度が高いほど早くなり、風化するほど遅くなる。

（2）骨材

セメントペースト中に練り混ぜる砂や砂利などを骨材という。骨材には硬化したコンクリートの骨格となるほかに、コンクリートの発熱や収縮を減らす役割がある。また、骨材の体積は、コンクリート全体の65～80%を占め、その品質がコンクリートの性質に大きく影響する。

骨材の区分

骨材は粒径により細骨材と粗骨材に分けられる。**10mmふるいを全量通過し、5mmふるいを質量で85%以上通るもの**を細骨材といい、**5mmふるいに質量で85%以上留まるもの**を粗骨材という。

骨材の生産

骨材は、採取および生産される条件により天然骨材と人工骨材に分けられる。

天然骨材とは、河川や海浜、あるいは山や丘陵地から採取される骨材のことである。

人工骨材には、岩山から採取された岩石を砕いた**砕石**や**砕砂**、製鉄所の副産物である高炉スラグを冷やして砕いた**高炉スラグ骨材**、頁岩(けつがん)や粘土などを焼成した**人工軽量骨材**、廃棄されたコンクリート中から取り出される**再生骨材**などがある。

これだけは覚える

砕石といえば…丸みをおびた骨材と比べ表面が粗であるため、モルタルとの付着がよくなり、強度は大きくなる。

骨材の含水状態

骨材の含水状態は、図2-1のように分けられる。

吸水量とは、**絶乾状態**から**表乾状態**になるまでに骨材が吸収する水量のことである。また、表面水量とは、骨材の表面についている水量のことであり、表面水率とは、表面水量を**表乾状態**にある骨材の質量で割った値の百分率である。

これだけは覚える

コンクリートの配合設計上での細骨材および粗骨材といえば…ともに表乾状態にあることを前提としている。

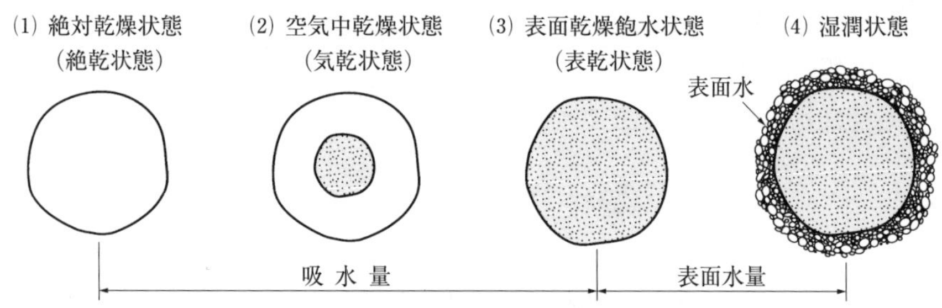

図2-1 骨材の含水状態

骨材の性質

骨材は、コンクリート容積の7割程度を占めるので、骨材の良否がコンクリートの品質に及ぼす影響は大きい。

ひとこと
近年、良質なコンクリート骨材の入手が困難になってきており、所要の品質や使用料を確保するために、複数の骨材を混合して用いることが多い。

表2-3　骨材の性質

性質	内容
密度	配合設計における骨材の密度は、表乾状態における密度である。密度は骨材の硬さ、強さ、耐久性を判断する指針になり、**密度の高い骨材ほど堅硬で吸水率も低い。**
吸水率	吸水量を絶乾状態にした骨材の質量で割った値の百分率で、骨材の吸水性を表す。**吸水率の大きい骨材**を用いたコンクリートでは、**耐凍害性が低下**しやすい。
安定性	骨材を硫酸ナトリウム溶液に繰り返し漬ける試験で、失われた試料の質量の百分率で表される。この値が大きいと、コンクリートの耐凍害性が低下しやすい。
すりへり減量	粗骨材と鋼球を同容器内で回転させるロサンゼルス試験で、すり減った試料の質量の百分率で表される。この**値が大きい**と、コンクリートの**すりへり抵抗性が低下**しやすい。
粒度	粒度とは、骨材の**大小粒が混ざっている程度**のことである。**骨材のふるい分け試験**を行い、その結果を**粒度曲線**に表し、粒度の良否を判断する。また、粒度を数値的に表したものに**粗粒率**がある。一般に細骨材の粒度の方が、粗骨材の粒度よりコンクリートのワーカビリティーに及ぼす影響は大きい。
粒形	骨材の粒形は、偏平や細長ではなく、**球形**に近いものがよい。
粗骨材の最大寸法	粗骨材の最大寸法は、**質量で90%以上の試料が通るふるいのうち、最小寸法のふるいの呼び寸法**である。実際に用いる粗骨材の最大寸法は、構造物の種類や**鉄筋どうしの間隔（あき）**などにより定める。
アルカリシリカ反応	骨材のシリカ分とセメントに含まれるアルカリ分との反応しやすさのことである。反応が進むと骨材表面に膨張性物質が生じて、**コンクリートのひび割れや崩壊**を引き起こすことがある。

(3) 混和材料

混和材料とは、コンクリートの性質を改善するためにセメント、水、骨材以外にコンクリートに加える材料のことである。混和材料は、使用量の多少によって混和材と混和剤に分けられる。また、混和材には粉体状のものが多く、混和剤には液体状のものが多い。

混和材

混和材は、**使用量が比較的多く**、セメント質量の10～70%程度である。

表2-4　主な混和材

名称	特徴・用途
フライアッシュ	・石炭火力発電所で粉炭の燃焼後にでる灰分を集めて粉末にしたもの ・セメントの使用量が節約できるとともに、粒子の表面が滑らかであるため、コンクリートの**ワーカビリティーがよくなり、単位水量を減らす**ことができる ・**水和熱が低下**し、化学的抵抗が増加する ・混入量が増すと凝結が遅れ、初期の強度が小さくなる ・ダムなどに用いられる
膨張材	・石灰系、鉄粉系などの種類がある ・コンクリートを膨張させることで、収縮に伴う**ひび割れの発生を抑制**できる ・ひび割れを抑制したい部材などに用いられる
高炉スラグ微粉末	・製鉄所で高炉から出るスラグに、水を吹きかけて砕き、さらに粉末にしたもの ・コンクリートの**施工性、化学抵抗性等を改善**できる ・**水密性**を高め**塩化物イオン**などのコンクリート中への浸透を抑える。 ・海岸沿いの構造物などに用いられる

混和剤

混和剤は、使用量が少なく、セメント質量の1.0%以下である。主として、その界面活性作用により、コンクリートの諸性質を改善するために用いる。

表2-5 主な混和剤

名称	特徴・用途
AE剤	• 微小な独立した空気の泡を、コンクリート中に一様に分布させるもの • 混入された微細な気泡により、コンクリートの**ワーカビリティーがよくなり、施工がしやすくなる** • 互いに独立した気泡が、コンクリート中に含まれる水の凍結による膨張応力を吸収して、**凍結融解に対する抵抗性を著しく増大**させる • 水セメント比を一定にして空気量を増加させると、空気量1%の増加によって、**圧縮強度が4～6%低下**する
減水剤	• セメント粒子に静電気を帯電させ、反発させあうことで、粒子が分散する • 単位水量を増やさずコンクリートの**流動性を高める**
AE減水剤	AE剤と減水剤の効果を両方備えているもの。
流動化剤	配合や硬化後の品質を変えることなく、練上がり後に添加することで、流動性を大幅に改善させるもの。

例題2-1　令和元年後期　2級土木施工管理技術検定（学科）試験〔No.5〕 

コンクリート用セメントに関する次の記述のうち，**適当でないもの**はどれか。

(1) セメントは，風化すると密度が大きくなる。
(2) 粉末度は，セメント粒子の細かさをいう。
(3) 中庸熱ポルトランドセメントは，ダムなどのマスコンクリートに適している。
(4) セメントは，水と接すると水和熱を発しながら徐々に硬化していく。

ワンポイントアドバイス　風化すると密度は小さくなる。普通ポルトランドセメントの密度は約3.15g/cm^{3}であるが、水の密度は1g/cm^{3}であるので、風化してこれらが結合したものは、3.15g/cm^{3}より小さくなる。

正解：(1)

例題2-2　令和2年後期　2級土木施工管理技術検定（学科）試験〔No.5〕

コンクリートに用いられる次の混和材料のうち，収縮にともなうひび割れの発生を抑制する目的で使用する混和材料に**該当するもの**はどれか。

(1) 膨張材
(2) AE剤
(3) 高炉スラグ微粉末
(4) 流動化剤

ワンポイントアドバイス　24ページ「表2-4　主な混和材」を参照。

正解：(1)

試験に出る

令和2年後期、平成30年後期、平成29年第1回・第2回、平成27、26、23年に出題
【過去10年で7回】

2.2 コンクリートの性質

まだ固まらない状態のフレッシュコンクリートは、所要の強度や耐久性をもつコンクリートにするために、早く確実に施工することが重要であり、硬化したコンクリートは、所要の強度や耐久性をもつことが重要である。

(1) フレッシュコンクリートの性質

フレッシュコンクリートは、型枠のすみずみや鉄筋の間に十分にゆきわたるような軟らかさをもち、締固め、仕上げが容易であり、これらの作業において材料分離が少ないものでなければならない。フレッシュコンクリートにおけるこれらの性質を表すのに、次のような用語が用いられる。

用語解説

コンシステンシー
コンクリートの軟らかさの程度のこと。

コンシステンシー

フレッシュコンクリートの変形あるいは流動に対する抵抗性をコンシステンシーという。一般に、コンシステンシーは図2-2のようなスランプ試験により測定される。この試験は、次の方法で行う。

①コンクリートをほぼ等しい量の3層に分けてスランプコーンに詰め、各層を突き棒で25回ずつ一様に突く

②スランプコーンに詰めたコンクリートの上面をならした後、スランプコーンを静かに引き上げ、コンクリートの中央部でスランプを測定する（**0.5cm単位**）

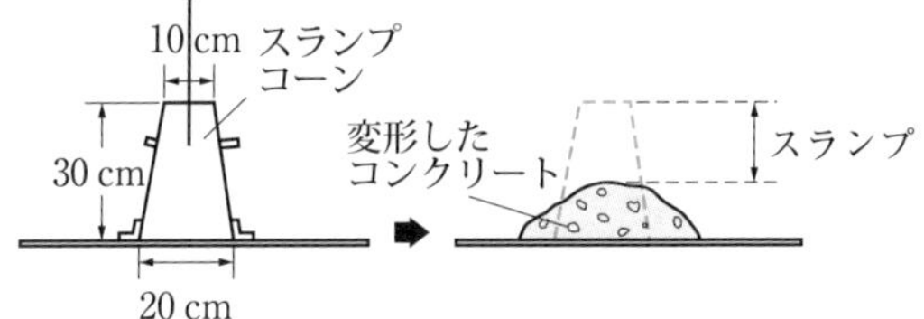

図2-2　スランプ試験

材料の分離

密度の小さい材料は上昇し、大きな材料は沈下して、材料が密度によって分離することを材料の分離という。コンクリートは、密度や大きさが異なるいろいろな粒子を水で練り混ぜてつくるので、材料の分離を起こしやすい。材料が分離すると強度が低下して、所要の品質のコンクリートにはならない。したがって、分離しにくいコンクリートとなるような材料や配合を選ぶとともに、分離を起こさないような施工を行わなければならない。

コンクリートを打ち終わると、水がコンクリート表面に上昇してくる。この現象をブリーディングといい、コンクリートの強度、耐久性、水密性を小さくする。ブリーディングに伴い、コンクリート表面に浮かび出て沈殿する物質をレイタンスという。レイタンスはセメント、砂の微粒子および泥などの混合物で、強度や水密性を小さくするので、コンクリートの**打継目を施工**する場合には、**レイタンスを取り除かなければならない。**

用語解説

水密性
水の浸入または透過に対する抵抗性。

ワーカビリティー

ワーカビリティーとは、フレッシュコンクリートの練混ぜ、運搬、打込み、締固め、仕上げなどの作業のしやすさをいう。

フィニッシャビリティー

仕上げのしやすさをフィニッシャビリティーという。

ポンパビリティー

コンクリートをコンクリートポンプで打込むときの、圧送のしやすさをいう。

空気量

空気量とは、コンクリート中に含まれている空気の量である。AE剤などの混和剤の使用により多くなり、**ワーカビリティー**や硬化後の**凍害抵抗性**を改善する。また、空気量が増すとコンクリートの強度は小さくなるので、一般に空気量は4～7%を標準とする

(2) 硬化したコンクリートの性質

硬化したコンクリートに必要な性質としては、所要の強度、耐久性、水密性等がある。

強度

コンクリートには圧縮、引張り、曲げ、せん断などの強度があるが、一般に圧縮強度で表す。圧縮強度は、一般に材齢28日における値を基準にしている。

用語解説

材齢
コンクリートを練り混ぜてから経過した時間のこと。一般に日数で表す。

体積変化とひび割れ

硬化したコンクリートでは、膨張や収縮といった体積変化によってひび割れが発生することがある。コンクリートの体積変化が生じる原因として、表2-6に示すものがある。

表2-6　コンクリートの体積変化の原因と特徴

原因	特徴
温度変化	コンクリートは、温度が上がると膨張し、下がると収縮する。温度変化の原因の一つに、セメントの水和反応によって生じる水和熱がある。水和熱の上昇や下降が著しい材齢初期のコンクリートでは、ひび割れが発生しやすい。
乾燥収縮	コンクリートの水分が外部に蒸発し、乾燥することでコンクリートが収縮する現象をいう。セメントペースト量の多いコンクリートが発生しやすい。
自己収縮	セメントと水との水和反応によりコンクリートが収縮する現象をいう。セメントペースト量の多いコンクリートが発生しやすい。

耐久性

　コンクリートの耐久性とは、コンクリートが所要の強度や鉄筋保護性などを長期間にわたり維持し続けられる性質のことである。コンクリートの耐久性は、表2-7のような現象により低下する。

表2-7　コンクリートの耐久性低下に影響する現象

現象	内容
中性化	コンクリートのアルカリ性が空気中の炭酸ガスの侵入などにより失われていく現象。これが鉄筋近くまで達すると、鉄筋が腐食する。
塩害	コンクリート中に侵入した塩化物イオンが、鉄筋の腐食を引き起こす現象。
凍害	コンクリート中に含まれる水分が凍結し、氷の生成による膨張圧によりコンクリートが破壊される現象。
化学的侵食	硫酸や硫酸塩などによりコンクリートが溶解する現象。温泉地域や下水道管内などで起こりやすい。
アルカリシリカ反応	骨材中のシリカ分とセメント中のアルカリ分とが化学反応を生じ、骨材表面に膨張性の物質が生じて、コンクリートのひび割れや崩壊を引き起こす現象。反応性の高い骨材を用いた場合に起こりやすい。
疲労	荷重が繰り返し作用することで、コンクリート中に微細なひび割れが発生し、やがて大きな損傷となっていく現象。

例題2-3　　平成30年後期　2級土木施工管理技術検定（学科）試験〔No.6〕 

フレッシュコンクリートの「性質を表す用語」と「用語の説明」に関する次の組合せのうち，**適当でないもの**はどれか。

［性質を表す用語］　　　　［用語の説明］

(1) ワーカビリティー ……………… コンクリートの打込み，締固めなどの作業のしやすさ

(2) コンシステンシー ……………… コンクリートのブリーディングの発生のしやすさ

(3) ポンパビリティー ……………… コンクリートの圧送のしやすさ

(4) フィニッシャビリティー …… コンクリートの仕上げのしやすさ

ワンポイントアドバイス　コンシステンシーは、コンクリートの変形あるいは流動に対する抵抗性である。簡単に言えば軟らかさの程度ということである。

正解：(2)

試験に出る

平成30年前期、平成28、26、23年に出題【過去10年に4回】

これだけは覚える

コンクリートの配合といえば…要求される性能を満足する範囲内で、単位水量をできるだけ少なくなるように定めなければならない。

2.3 コンクリートの配合設計

コンクリートの配合とは、コンクリート中のセメント、水、骨材、混和材料の混合割合または混合量のことである。配合設計とは、それらの配合を定めることで、硬化後のコンクリートに所要の強度や耐久性を与え、また、フレッシュコンクリートに所要のワーカビリティーを与えるために行う。

ひとこと

配合のことを、建築では調合という。

(1) 配合設計の手順

配合設計の手順を、図2-3に示す。

条件の確認	① 設計条件の確認 ② 使用材料の確認

↓

暫定の配合の設定	① 粗骨材の最大寸法の決定 ② スランプの設定 ③ 配合強度の設定 ④ 水セメント比の設定 ⑤ 各材料の単位量の算出 ⑥ 暫定の配合を決定

↓

試し練りと計画配合の設定	① 暫定の配合でコンクリートを練る。 ② フレッシュコンクリートの性質の確認 ③ 硬化コンクリートの性質の確認 ④ 必要に応じて暫定の配合を修正 ⑤ 計画配合を決定

↓

現場配合への修正	① 骨材の粒径による修正 ② 骨材の表面水による修正 ③ 現場配合を決定

図2-3　配合設計の手順

計画配合（示方配合）

計画配合とは、硬化コンクリートおよびフレッシュコンクリートが所要の性能を満たすように定める配合のことである。暫定の配合とは、計画配合を定める前提として、過去の実績などに基づいた設計により定める配合である。暫定の配合を用いてコンクリートの試し練りを行い、所要の性能を満足しているかを確認し、満足していなければ修正を加えることで、計画配合が定まる。

現場配合

計画配合を定める段階では、骨材の含水状態は表乾状態、**細骨材**はすべて5mm未満、**粗骨材**はすべて5mm以上の粒径をもつものと仮定する。しかし、実際には骨材が表乾状態にあることはほとんどなく、細骨材や粗骨材にはそれぞれの粒径を上回るものや下回るものが混入していることが多い。このことをふまえて計画配合を修正したものが、現場配合である。

(2) 暫定の配合設定の詳細

暫定の配合は、次の点に留意して設定を行う。

粗骨材の最大寸法の決定

部材断面の寸法や鉄筋のあきなどから粗骨材の最大寸法を決定する。

スランプの決定

スランプは、施工（運搬、打込み、締固め作業）に適する範囲内で、できるだけ小さくなるようにする。

配合強度の設定

コンクリートの配合強度は、コンクリートの配合を定める際に目標とする強度であり、設計基準強度に割増し係数（現場におけるコンクリートの品質のバラツキを考慮したもの）をかけて算出する。

水セメント比の設定（W／C）

水セメント比とは、コンクリート中の水とセメントの質量比のことである。水セメント比は、コンクリートの強度や耐久性、水密性に大きく影響する。水セメント比が小さくなるほど強度は高くなり、耐久性や水密性も高くなる。よって水セメント比を設定する際には、強度や耐久性、水密性などを満足する水セメント比のうち、最も小さい値を選び、原則として65%以下にしなければならない。

各材料の単位量の算出

各材料の単位量（1m^{3}のコンクリートに必要な質量）等を、表2-8のように算出する。

用語解説

あき
鉄筋表面どうしの上下左右の間隔。

これだけは覚える

鉄筋コンクリートの粗骨材の最大寸法といえば…鉄筋の最小あきの3／4以下とする。

これだけは覚える

スランプといえば…打設する部材の最小寸法が小さいほど、鉄筋の配置が密なほど、大きくする。

これだけは覚える

圧縮強度といえば…バラツキが大きいほど、割増し係数を大きくする。

これだけは覚える

水密性をもとにして水セメント比を定めるといえば…その値は、55%以下を標準とする。

表2-8　各材料の単位量等の算出方法

項目	算出方法
単位水量（W）	**単位水量**（W）は、施工ができる範囲内でできるだけ**少なく**なるようにし、上限は、コンクリート標準示方書では175kg／m^3が標準である。
単位セメント量（C）	単位セメント量（C）は、水セメント比（W／C）と単位水量（W）から求める。また、コンクリートのワーカビリティーを確保するため、少なくても270kg／m^3以上とするのが望ましい。
細骨材率（s／a）	細骨材率（s／a）は、骨材全体の体積（a）中に占める細骨材の体積（s）の割合である。細骨材率は、施工が可能な範囲で、**単位水量**ができるだけ**少なく**なるように定める。
単位細・粗骨材量	単位細骨材量と単位粗骨材量は、骨材全体の体積と細骨材率により求めることができる。

これだけは覚える

AE剤といえば…所要のワーカビリティーを得るための単位水量を減らすことができる。

これだけは覚える

水セメント比といえば…質量比であるが、細骨材率は体積比である。

これだけは覚える

細骨材率を大きくするといえば…所要のスランプのコンクリートを得るために必要な単位水量を増やさなければならない。

例題2-4　平成28年　2級土木施工管理技術検定（学科）試験〔No.6〕 

レディーミクストコンクリートの配合に関する次の記述のうち，**適当でないもの**はどれか。

(1) 配合設計の基本は，所要の強度や耐久性を持つ範囲で，単位水量をできるだけ少なくする。
(2) 水セメント比は，コンクリートの強度，耐久性や水密性などを満足する値の中から大きい値を選定する。
(3) スランプは，運搬，打込み，締固めなどの作業に適する範囲内でできるだけ小さくする。
(4) 空気量は，AE 剤などの混和剤の使用により多くなり，ワーカビリティーを改善する。

ワンポイントアドバイス　水セメント比は強度、耐久性、水密性を満足する値のうちで最小の値を設定する。水セメント比が小さければ、水が少なくセメントが多いということで、濃いセメントペーストということである。

正解：(2)

よく出る!★

令和2年後期、令和元年前期・後期、平成30年前期・後期、平成29年第1回・第2回、平成28、27、26、25、24、23年に出題
【過去10年に13回】

これだけは覚える

練混ぜから打ち終わるまでの時間といえば…外気温が25℃以下のときで2時間以内、25℃を超えるときで1.5時間以内を標準とする。

2.4 コンクリートの施工（レディーミクストコンクリート）★

レディーミクストコンクリートとは、工場で製造され、フレッシュコンクリートの状態で現場に運搬されるコンクリートのことで、**生コンクリート（生コン）**ともよばれる。現場でコンクリートを製造する手間がはぶけ、品質の安定したコンクリートが得られることから、広く用いられている（受入検査においては、170ページ「8.4　各種工事等の品質管理」参照）。

(1) 運搬

レディーミクストコンクリート工場から現場までの運搬には、トラックアジテータ（トラックミキサ）が用いられる。また、現場内での運搬には、コンクリートポンプ（圧送ポンプ）、バケット、シュートなどが用いられるが、コンクリートを**バケット**を用いてクレーンで運搬する方法は、コンクリートに振動を与えることが少なく**最良の方法**である。なお、コンクリートポンプでの圧送は、できるだけ連続的に行わなければならない。

これだけは覚える

高所からのコンクリートの打込みといえば…原則として縦シュートとするが、やむを得ず斜めシュートを使う場合には材料分離を起こさないようにする。

(2) 打込み（打設）

打込みとは、運搬されたフレッシュコンクリートを所定の位置に詰め込む作業である。また、コンクリートの打込み前に鉄筋、型枠などが、施工計画で定められたとおりに配置されていることを確かめ、表2-9に示す点に留意する。

表2-9　打込みに関しての留意事項

作業	留意点
打込み準備	・コンクリートと接して吸水するおそれのあるところは、あらかじめ湿らせておく ・型枠やせき板が硬化したコンクリート表面からはがれやすくするため、はく離剤を塗布する ・型枠内に溜まった水は、打込み前に取り除く ・直接地面にコンクリートを打ち込む場合は、あらかじめ均しコンクリートを敷いておく
打込み	・打ち込んだコンクリートは、型枠内で横移動してはならない ・打込みにあたっては、できるだけ材料が分離しないようにし、鉄筋と十分に付着させ型枠の隅々まで充てんさせる ・打込み中に著しい**材料分離**が認められた場合には、**打込みを中断**し、材料分離の原因を調べて対策を講じる ・固まり始めたコンクリートは、練り直して用いてはならない ・打ち込んだコンクリートの粗骨材が分離してモルタル分が少ない部分では、その分離した粗骨材をすくい上げてモルタルの多いコンクリートの中へ埋め込んで締め固める ・コンクリートの打込み中、表面に集まった**ブリーディング水**は、適当な方法で取り除いてからコンクリートを打ち込む ・コンクリートは、打上り面がほぼ**水平**になるように打ち込む ・多量のコンクリートを広範囲に打ち込む場合には、打込み箇所を多くし、打込み区画全体が**水平**に打ち上がるようにする ・2層以上に分けて打ち込む場合には、1層あたりの打込み高さを40～50cm以下とし、上層と下層とが一体になるように打ち重ねる。打ち重ねに時間がかかると、上層と下層との間に**コールドジョイント**が発生することがある。許容打重ね時間間隔は、気温が25℃以下のときは2.5時間、25℃を超えるときは2.0時間以内とする ・打込み位置から打込み面までの高さは、1.5m以下が標準である ・打上がり速度は、30分あたり1.0～1.5mが標準である

用語解説

せき板
型枠の一部で、コンクリートに直接接する木や金属などの板類。

コールドジョイント
下層のコンクリートの凝結が進み、打ち重ねた上層のコンクリートの一体性が失われる現象。

(3) 締固め

コンクリートの締固めは、打ち込まれたコンクリートからコンクリート中の空隙をなくして、密度の大きなコンクリートをつくるために行う。コンクリートの締固めには、内部振動機（棒状バイブレータ）を用いることを原則とし、それが困難な場合には型枠振動機（型枠バイブレータ）を使用してよい。

内部振動機を用いる場合の留意事項を、表2-10に示す。

表2-10　内部振動機を用いる場合の留意事項

留意事項	標準
挿入深さ	上下層が一体になるように、下層コンクリート中に10cm程度挿入する。
挿入間隔	平均的な流動性や粘性をもつコンクリートでは、50cm以下にする。
挿入時間	標準は、5～15秒程度である。
使用方法	内部振動機は、コンクリートに穴を残さないように、ゆっくりと引き抜く。また、コンクリートの材料分離の原因となるため、コンクリートを横移動させる目的で用いてはならない。
締固め可能容積	1台の内部振動機で締め固められるコンクリートの容積は、一般的に1時間あたり4～8m^{3}程度である。
再振動	コンクリートの締固めが可能な範囲で、できるだけ遅い時期に行う。

例題2-5　令和2年後期　2級土木施工管理技術検定（学科）試験〔No.7〕 

コンクリートの施工に関する次の記述のうち，**適当でないもの**はどれか。

(1) コンクリートを打ち重ねる場合には，上層と下層が一体となるように，棒状バイブレータ（内部振動機）を下層のコンクリートの中に10cm程度挿入する。

(2) コンクリートを打ち込む際は，打上がり面が水平になるように打ち込み，1層当たりの打込み高さを40～50cm以下とする。

(3) コンクリートの練混ぜから打ち終わるまでの時間は，外気温が25℃を超えるときは1.5時間以内とする。

(4) コンクリートを2層以上に分けて打ち込む場合は，外気温が25℃を超えるときの許容打重ね時間間隔は3時間以内とする。

ワンポイントアドバイス　外気温が25℃を超えるときの許容打重ね時間間隔は2時間以内である。

正解：(4)

(4) 仕上げ

仕上げとは打込み、締固めがなされたフレッシュコンクリートの表面を平滑に整える作業のことである。これは、コンクリート上面に、しみ出た水がなくなるか、または上面の水を取り除いてから行う。

滑らかで密実な表面を必要とする場合は、作業が可能な範囲で、できるだけ**遅い時期**に、**金ごて**で強い力を加えてコンクリート上面を仕上げる。

(5) 養生（ようじょう）

養生とは、仕上げを終えたコンクリートを十分硬化させるために、適当な温度と湿度を与え、衝撃や余分な荷重を加えずに風雨、霜、直射日光から露出面を保護することである。

養生では散水、湛水（たんすい）、湿布で覆うなどして、コンクリートを湿潤状態に保つ。また、寒い場合にはヒーターなどで温め、暑い場合には散水して冷却するなどしてコンクリートの温度を適切に保つ。

湿潤養生期間の標準を表2-11に示す。

これだけは覚える

混合セメントを用いたコンクリートといえば…養生期間は、普通ポルトランドセメントを用いた場合より長い。

表2-11　湿潤養生期間の標準

日平均気温	普通ポルトランドセメント	混合セメント（B種）	早強ポルトランドセメント
15℃以上	5日	7日	3日
10℃以上	7日	9日	4日
5℃以上	9日	12日	5日

(6) 打継ぎ

硬化したコンクリートに接して、新たにコンクリートを打ち込む作業が**打継ぎ**である。また、打継ぎの際に生じる新旧コンクリートの境目が**打継目**である。

打継目の留意点は、次のとおりである。

- 打継目は、構造上の弱点になりやすく、漏水やひび割れの原因にもなりやすいため、その配置や処理に注意しなければならない
- 打継目は、型枠の転用や鉄筋の組立てなど、コンクリートをいくつかの区画に分けて打ち込むために必要となる
- 打継目は、できるだけせん断力の小さな位置に設け、打継目を部材の圧縮力の作用方向と直角にすることを原則とする

これだけは覚える

旧コンクリートの打継面といえば…十分吸水させる。

打継目には**水平打継目**と**鉛直打継目**があり、その施工の留意点を表2-12に示す。

表2-12　水平打継目と鉛直打継目の施工上の留意点

種類	施工上の留意点
水平打継目	水平打継目の施工は、型枠を締め直したのち、旧コンクリート表面からはく離している骨材粒、レイタンス、雑物などを完全に取り除いて十分吸水させ、旧コンクリート面にモルタルを敷き、新しいコンクリートを打って締め固める。また、この**敷モルタルの水セメント比**は、使用するコンクリートの**水セメント比以下**とし、水平打継目が型枠に接する線は、できるだけ水平な直線になるようにする。
鉛直打継目	鉛直打継目の場合は、旧コンクリート面の表面をワイヤブラシで削ったり、のみなどを用いて表面を粗にしたのち、十分吸水させ、セメントペーストかモルタルを塗り、新しいコンクリートを打ち込む。

(7) 鉄筋工

鉄筋は、引張力に弱いコンクリートを補強するもので、所定の寸法や形状に、材質を害さないように加工し、正しく配置して、堅固に組み立てなければならない。

鉄筋の加工と組立ての留意点を、表2-13に示す。

表2-13　鉄筋の加工と組立ての留意点

作業	留意点
鉄筋の加工	・鉄筋は、常温で加工することを原則とする ・鉄筋は、溶接を行わないことを原則とする ・鉄筋は、曲げ加工した鉄筋の曲げ戻しは行わないことを原則とする
鉄筋の組立て	・鉄筋を組み立てる前には、表面の浮きさびなどを清掃する ・鉄筋の交点の要所は、直径0.8mm以上の焼きなまし鉄線または適切なクリップで緊結する ・鉄筋のかぶりを正しく保つためにスペーサーを用いる ・**型枠に接するスペーサー**は、モルタル製あるいはコンクリート製を使用することを原則とする ・組み立てた鉄筋が長時間大気にさらされる場合には、鉄筋の防錆（せい）処理を行うことを原則とする
鉄筋の接手	鉄筋の継手位置および継手方法は、設計図に示すのが原則である。設計図に示されていない継手を設ける場合は、次による。 ・鉄筋の接手位置は、できるだけ応力の大きい断面を避け、同一の断面に集中させないように互いにずらして設ける ・接手部と隣接する鉄筋とのあき、または接手部相互の**あき**は、**粗骨材の最大寸法以上**とする

これだけは覚える

鉄筋の加工といえば…加熱してはならない。

用語解説

かぶり
コンクリート表面から鉄筋表面までの最短距離。

スペーサー
鉄筋を正しい位置に配置し、所定のかぶりや間隔を確保するために用いる器具。

継手
鉄筋の軸方向を一致させて行う接合。

例題2-6　平成30年前期　2級土木施工管理技術検定（学科）試験〔No.8〕 

鉄筋の組立と継手に関する次の記述のうち，**適当でないもの**はどれか。

(1) 型枠に接するスペーサは，モルタル製あるいはコンクリート製を原則とする。
(2) 組立後に鉄筋を長期間大気にさらす場合は，鉄筋表面に防錆処理を施す。
(3) 鉄筋の重ね継手は，焼なまし鉄線で数箇所緊結する。
(4) 鉄筋の継手は，大きな荷重がかかる位置で同一断面に集めるようにする。

ワンポイントアドバイス　鉄筋の継手は、大きな荷重がかかる位置を避け、同一断面に集めないようにする。

正解：(4)

参考

型枠および支保工は、コンクリート構造物の設計図に示されている形状、寸法となるように事前に作成した施工計画に基づき、原則として設計図を作成した上で施工しなければならない。

(8) 型枠および支保工

型枠とは、コンクリートを所定の形状・寸法とし、養生中のコンクリートを保護するために用いる枠のことである。また、支保工とは、型枠を固定して支えるための支柱のことである。

型枠

型枠には、木製型枠と鋼製型枠がある。型枠の施工にあたっては、次の点に留意する。

- 型枠の施工は、所定の精度内におさまるよう加工および組立てをする
- 型枠は、ボルトや鋼棒などによって締め付け、角材や軽量形鋼などによって連結し補強する

木製型枠の固定器具の例を図2-4に示す。

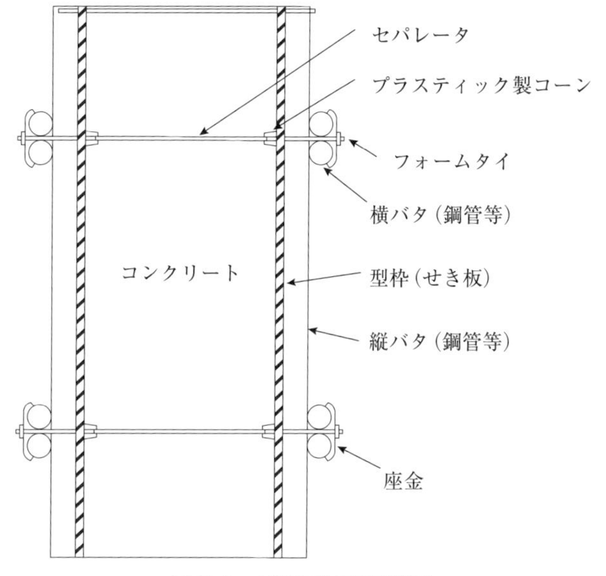

図2-4　木製型枠の固定器具

- 必要のある場合には、型枠の清掃、検査およびコンクリートの打込みに便利なように、適当な位置に一時的な開口を設ける
- せき板内面には、はく離剤を塗布することを原則とする
- コンクリート打込み中は、型枠のはらみ、モルタルの漏れなどの有無の確認をする

支保工

支保工には、単管支柱や枠組支柱などがあり、材料には主に鋼材が用いられるが、上下の横材などには、木材が用いられることもある。

支保工は、組立てや取り外しが容易でなければならない。また、施工時および完成後のコンクリートの自重による沈下や変形を想定して、適切な**上げ越し**をつけておかなければならない。

用語解説

上げ越し
支保工をあらかじめ上げておくこと。

これだけは覚える

型枠および支保工の取外しの順序といえば…比較的荷重を受けにくい部分をまず取り外し、その後、残りの重要な部分を取り外す。

取外し

型枠および支保工は、コンクリートがその自重および施工期間中に加わる荷重を受けるのに必要な強度に達するまで、取り外してはならない。また、コンクリートが必要な強度に達する時間を判定するには、構造物に打ち込まれたコンクリートと同じ状態で養生したコンクリート供試体の圧縮強度によるのがよい。

例題2-7　令和元年後期　2級土木施工管理技術検定（学科）試験〔No.8〕 

型枠・支保工の施工に関する次の記述のうち，**適当でないもの**はどれか。

(1) 型枠内面には，はく離剤を塗布する。
(2) 型枠の取外しは，荷重を受ける重要な部分を優先する。
(3) 支保工は，組立及び取外しが容易な構造とする。
(4) 支保工は，施工時及び完成後の沈下や変形を想定して，適切な上げ越しを行う。

ワンポイントアドバイス　取外しは、荷重を受ける重要な部分を後回しとする。

正解：(2)

令和元年前期、平成27、25年に出題
【過去10年に3回】

2.5 各種のコンクリート

特殊な環境でコンクリートを施工する場合には、特別な注意が必要である。また、狭い場所や水中での工事などでは、特殊なコンクリートを用いる場合がある。

(1) 特殊な環境で施工されるコンクリート

特殊な環境で施工するコンクリートには、寒中・暑中・マスコンクリートがある。

寒中コンクリート

日平均気温が4℃以下になることが予想されるときは、**寒中コンクリート**として施工しなければならない。施工にあたっての留意点は、表2-14のとおりである。

表2-14　寒中コンクリートの施工に関する留意点

項目	留意点
材料	• セメントは早強または普通ポルトランドセメントを用いる • 材料を加熱する場合は、水または骨材を加熱する
配合	• **単位水量**を、許容の範囲でできるだけ少なくする
打込み	• 打込み時のコンクリートの温度は、5～20℃の範囲に保つ
養生	• 十分な圧縮強度が得られるまで、コンクリートの温度を5℃以上に保ち、さらに2日間は0℃以上に保つ • コンクリートに給熱する場合、コンクリートが急激に乾燥することや局部的に熱せられることがないようにする • 保温養生または給熱養生を終了する場合は、コンクリートの温度を急激に低下させてはならない

これだけは覚える

材料の加熱といえば…セメントを直接加熱してはならない。

ひとこと

寒中コンクリートの養生には、保温養生と給熱養生がある。保温養生は断熱素材でコンクリートを覆い養生するが、それでも温度が低下してしまいそうな場合、さらに加熱をし、給熱養生に切り替える。

暑中コンクリート

日平均気温が25℃を超える時期に施工することが予想される場合には、**暑中コンクリート**として施工しなければならない。施工にあたっての留意点は、表2-15のとおりである。

表2-15　暑中コンクリートの施工に関する留意点

項目	留意点
材料	• 骨材や水を冷やすなどの事前処置をとっておく。**混和剤には遅延型**のものを用いる
配合	• **単位水量と単位セメント量**を、許容の範囲でできるだけ**少なくする**
打込み	• 練混ぜ開始から打込み終わりまでの時間は1.5時間以内、打込み時のコンクリートの温度は35℃以下にする
養生	• コンクリートの打込みを終了したときは、**速やかに養生を開始**し、表面からの急激な乾燥を防ぐ

これだけは覚える

マスコンクリートといえば…セメントの水和熱による温度変化に伴う構造物のひび割れに注意が必要である。

マスコンクリート

セメントと水との水和反応により生じる**水和熱**が、コンクリートを膨張させたり、それが冷めることによりコンクリートが収縮したりする。これらの変形が拘束されることにより生じる応力を温度応力と呼ぶ。これは**ひび割れの原因**となる。マスコンクリートとは、セメントの水和熱による**温度応力が問題**となるコンクリートのことである。施工にあたっての留意点は、表2-16のとおりである。

表2-16　マスコンクリートの施工に関する留意点

項目	留意点
材料	・**水和熱の出にくい**セメント（中庸熱や低熱ポルトランドセメント）を用いる
配合	・**単位セメント量**を、許容の範囲内でできるだけ**少なく**する
製造	・コンクリートの**温度**を、許容の範囲内でできるだけ**低く**する
施工	・新旧コンクリートの**打込み時間の間隔**を、できるだけ**短く**する
打込み	・打込み時のコンクリートの**温度**を、許容の範囲内で**低く**する
養生	・表面を散水などで冷やすと逆にひび割れを誘発することがあるので、内部にパイプを配して冷水を流す**パイプクーリング**などを行うのがよい

(2) 特殊コンクリート

一般的に用いられるコンクリート以外のコンクリートを特殊コンクリートと呼ぶ。表2-17のように、特殊な材料、特殊な施工方法および特殊な環境下で使用されるものがある。

用語解説

膨張材

セメントおよび水と練り混ぜた場合に、水和反応によってコンクリートを膨張させる作用のある混和材である。

表2-17　主な特殊コンクリート

種類	特徴
膨張コンクリート	**膨張材**を加えて施工され、硬化後も体積膨張を起こすコンクリート。主に乾燥収縮に伴うひび割れを防ごうとするもので、貯水槽やプールなどの水密性を要する構造物に用いられる。

種類	特徴
軽量骨材コンクリート	骨材の全部または一部に、膨張粘土、フライアッシュなどを主原料として焼成した**人工軽量骨材**を用いてつくったコンクリート。長大橋の床版など自重を軽減したい部材などに用いられる。
流動化コンクリート	単位水量を増大させないで、**流動化剤**の添加によって、コンクリートの流動化を高めたコンクリート。コンクリートの品質を変化させなくても、打込みや締固めがしやすく、コンクリートポンプによる圧送性が高く、施工を早めることができる。
水中コンクリート	**水中で施工**するコンクリート。打込みは、静水中で材料が分離しないよう、原則として**トレミー管**を用いる。

例題2-8　令和元年前期　2級土木施工管理技術検定（学科）試験〔No.8〕 

各種コンクリートに関する次の記述のうち，**適当でないもの**はどれか。

(1) 日平均気温が4℃以下となると想定されるときは，寒中コンクリートとして施工する。
(2) 寒中コンクリートで保温養生を終了する場合は，コンクリート温度を急速に低下させる。
(3) 日平均気温が25℃を超えると想定される場合は，暑中コンクリートとして施工する。
(4) 暑中コンクリートの打込みを終了したときは，速やかに養生を開始する。

ワンポイントアドバイス　寒中コンクリートの養生を終了するときは、コンクリート温度の急速に低下させてはならない。

正解：(2)

第Ⅰ編　土木一般

第3章　基礎工

基礎は、構造物、施工位置、基礎地盤の良否、周辺環境への影響などにより、形式や工法が異なる。一般に、地表から浅い箇所に基礎地盤が得られる場合は、直接基礎が用いられ、浅い箇所に基礎地盤が得られないときは、既製杭や場所打ち杭の杭基礎などが用いられる。

3.1　直接基礎

直接基礎は、構造物からの荷重を基礎地盤に直接伝達する基礎で、特に基礎底面と基礎地盤を密着させることが大切である。そのため、基礎地盤の掘削完了後は、基礎地盤面を均しコンクリートなどで覆い、基礎地盤面の乱れや緩みを防止する。

試験に出る

平成26年に出題
【過去10年で1回】
直接基礎については、最近あまり出題されていない。

(1) 良質な支持層の目安

粘性土はN値が20程度以上、**砂層や砂礫層**はN値が30程度以上あれば良質な支持層とみなしてよい。また、基礎地盤の支持力は、**平板載荷試験**などの結果から確認する。

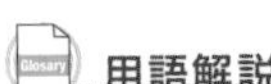

用語解説

N値
標準貫入試験で得られる土の硬さ、締まりの程度を表す値。質量63.5kgのハンマーを75cmの高さから自由落下させ、サンプラーを30cm貫入させるのに要する打撃回数で表す。

(2) 荷重分担

鉛直荷重は**鉛直地盤反力のみ**で抵抗させ、水平荷重は基礎底面地盤の**せん断地盤反力のみ**で抵抗させるものとする。

(3) 基礎底面の処理

基礎が滑動する際のせん断面は、基礎の床付け面のごく浅い箇所に生じることから、施工時に地盤の過度の乱れが生じないようにする。

基礎底面の処理は、表3-1に示すように、それぞれの地盤に応じた処理が必要になる。

用語解説

床付け
構造物の基礎底面が支持地盤に接する面。

用語解説

割栗石（わりぐりいし）
採石場で人工的に破砕された粗石（10～20cm程度の石）。

不陸（ふりく）
地盤が平らでなく、凹凸がある状態。

栗石（ぐりいし）
玉石または割石の小さいもの。

玉石（たまいし）
天然の丸みを帯びた粒形15～18cm以上の石。

均（なら）しコンクリート
本体構造物が精度よく構築できるよう敷き均す強度の小さい（貧配合）コンクリート。

表3-1　基礎底面の処理

砂地盤の場合

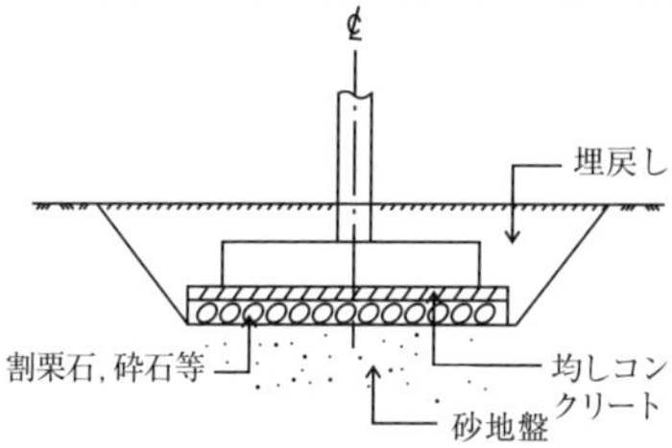

埋戻し
割栗石，砕石等
均しコンクリート
砂地盤

図3-1

割栗石や砕石とかみ合いが期待できるようにある程度の不陸を残して基礎地盤底面を整地し、その上に**割栗石や砕石**を配置する。

岩盤の場合

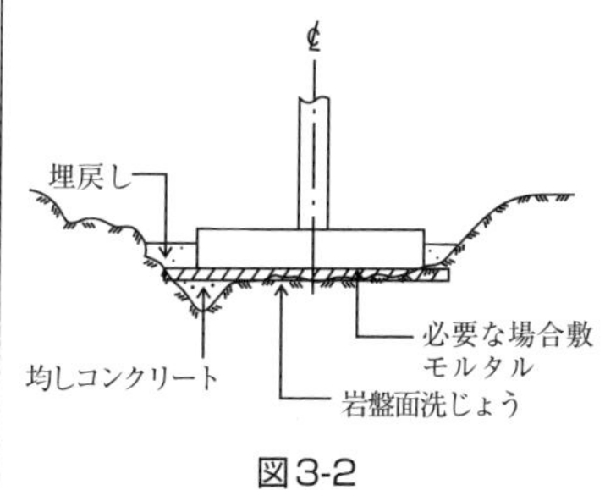

図3-2

岩盤のように基礎地盤と十分かみ合う割栗石を設けられない場合には、均しコンクリートを用いる。また、均しコンクリートと基礎地盤が十分かみ合うようにし、基礎底面地盤にはある程度の不陸を残し、平滑な面としないようにする。

突起を付ける場合

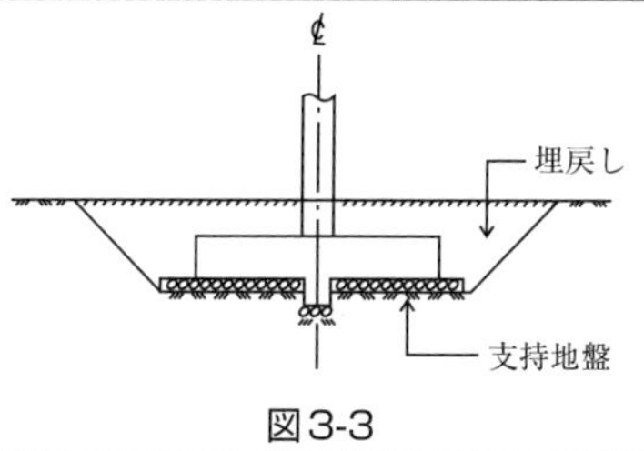

図3-3

せん断抵抗力が不足する場合は、基礎底面に突起を設けて、せん断抵抗力の増加をはかることができる。突起は割栗石、砕石等で処理した層を貫いて、十分に支持地盤に貫入させる。

よく出る！★

令和2年後期、令和元年前期・後期、平成30年前期・後期、平成29年第1回・第2回、平成28、27、26、24、23年に出題
【過去10年に12回】

用語解説

建込み
杭を打設できる状態に据付けること。

打込み精度
杭の平面位置、杭の傾斜、杭軸の直線性などの精度をいう。

一群
杭間隔が小さく、全体としてその効果を発揮する杭の集団。

根入れ深さ
地表面から杭先端までの長さ。

リバウンド量
はね上がり量。

3.2 既製杭の施工 

既製杭工法は工場製品の杭を運搬して打ち込むもので、分類すると図3-4のようになる。

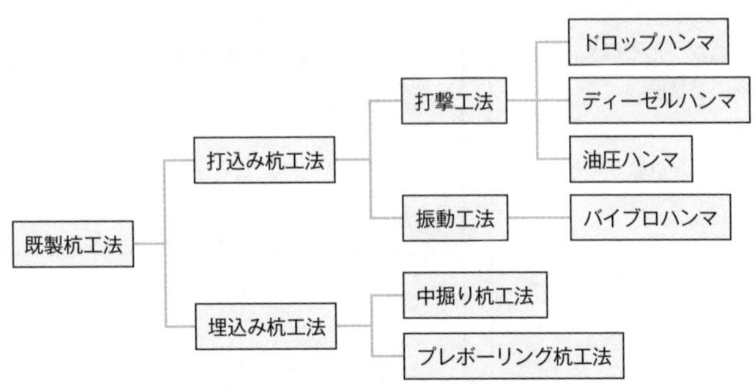

図3-4　既製杭の工法による分類

打撃・振動による打込み杭工法は、最も確実であるが、騒音および振動を伴う。この騒音・振動を減らす工法として既製杭の中を掘削しながら杭を貫入していく中掘り杭工法と、アースオーガであらかじめ杭径より10cm程度大きな穴を地盤にあけておき、その中に既製杭を挿入するプレボーリング杭工法とがある。

ひとこと
既製杭の種類には、鉄筋コンクリート杭（RC杭）、プレストレストコンクリート杭（PC杭）、鋼管杭、H形鋼杭などがある。

(1) 打込み杭工法

打込み杭工法は、中掘り杭工法に比べて、**施工速度が速く**、**支持層への貫入**をある程度**確認**でき、施工管理が**比較的容易**である。

打撃工法は既製杭の杭頭部をハンマで打撃して地盤に貫入させるもので、振動工法はバイブロハンマの振動により杭を地盤に貫入させるものである。

打込み杭工法の留意点

打込み杭工法の留意点を、表3-2に示す。

表3-2　打込み杭工法の留意点

項目	留意点
試験杭	杭の施工に際しては、あらかじめ**試験杭**の施工を行うのを原則とする。ただし、施工地点における杭の施工性が十分把握されている場合は、試験杭の施工を**省略**することができる。また、試験杭は橋台または橋脚の基礎ごとに適切な位置を選定し、本杭より**1～2m長い**ものを用いる。
建込み	打込みを正確に行うには、杭軸方向を設計で想定した角度で建て込む必要がある。建込み後は、杭を直交する2方向から検測するのがよい。また、打込み精度は、建込み精度により大きく左右される。
打込み	・杭の打込みは、常に杭のずれと傾斜に注意し、杭本体に損傷のないよう打ち込む ・打込み杭工法で一群の杭を打つときは、中心部の杭から周辺部の杭へと順に打ち込む ・打込み杭工法で1本の杭を打ち込むときは、杭打ちを中断すると時間の経過とともに杭周面の摩擦力が増大し、以後の打込みが困難になることがあるので、連続して行うことを原則とする
打止め管理（打撃工法）	・杭の打止め条件は、試験杭の結果から決定し、杭の根入れ深さ、一打あたりの貫入量、リバウンド量などで示される ・打撃工法では、打止め管理式などにより簡易に支持力の確認が可能である ・杭の動的支持力は、リバウンド量に比例しており、リバウンド量が大きくなれば、動的支持力は大きくなる ・打止めの**一打あたりの貫入量**は、**2～10mm**を目安とする ・所定の長さに打ち込んでも打止め条件に達しない場合には、継ぎ杭によって処理し、継ぎ杭が不可能な場合には、設計条件を考慮して処理する

杭打ち機の種類

杭打機のハンマには、表3-3に示す種類のものがあり、それぞれ特徴がある。

表3-3　杭打ち機の種類

機種	概要
ドロップハンマ	ドロップハンマは、**ハンマ（モンケン）**を落下させて打ち込むもので、ハンマの重量は**杭の重量以上**が望ましい。
ディーゼルハンマ	ラム（ハンマ）の落下で燃焼室内に吹き込まれた混合ガスを圧縮・爆発させ、杭頭に打撃を与え、ラムを押し上げて次の工程に移る。打撃力は大きく燃料費は安いが、騒音・振動と油の飛散を伴う。硬い地盤ではラムのストロークが大きく爆発力も増すため作業能率がよいが、**軟弱地盤では作業能率が低下**する。
油圧ハンマ	油圧でラムを押し上げるため、**低騒音で油の飛散はない**が、振動を伴う。ラムの落下高さを調節し、**打撃力を調整**できる。
バイブロハンマ	**振動機**を杭頭に取り付け、振動と振動機・杭の重量によって杭を地盤に押し込むものである。また、打止め管理は、打止め管理式などにより、簡易に支持力の確認が可能である。

(2) 中掘り杭工法

中掘り杭工法は、**既製杭の内部**を**アースオーガ**で**掘削**しながら杭を所定の深さまで沈設したのち、所定の支持力が得られるよう**先端処理**を行う工法である。沈設方法には、杭体を下方に押し込んで圧入させる方法と、掘削と同時に杭体を回転させながら圧入する方法がある。

中掘り杭工法の特徴と留意点等を、表3-4に示す。

表3-4　中掘り杭工法の特徴と留意点等

項目	内容
特徴	・打込み杭工法に比べて**近接構造物に対する影響が少ない** ・打込み杭工法に比べて**騒音・振動が小さい** ・一般に、**打込み杭工法**に比べて**支持力は低下**する ・汚水処理、排土処理が必要である ・打込み杭工法に比べて**施工管理が難しい**

表3-4　中掘り杭工法の特徴と留意点等（続き）

項目	内容
掘削および沈設の留意点	・掘削は、原則として過大な先掘りを行ってはならない ・掘削中は、原則として**杭径以上の拡大掘りを行ってはならない** ・杭先端が所定の深さに達した際には、過度の掘削や長時間の攪拌などによって周囲の地盤を乱さないようにする
先端処理の方法	杭先端が所定の深さに達した後、設計で考慮した支持力を確保するための先端処理方法には、最終打撃方式、セメントミルク噴出攪拌方式、コンクリート打設方式がある。

(3) プレボーリング工法

アースオーガであらかじめ杭径より10㎝程度**大きな穴**をあけておき、その中に既製杭を挿入するものである。また、根固めに液状のセメントミルクを注入したり、ハンマーによる最終打撃を行って支持力を得る。打込み杭工法に比べて**騒音・振動は小さい**が、**支持力は低下**する。

例題3-1　　令和元年後期　2級土木施工管理技術検定（学科）試験〔No.9〕 

既製杭の打込み杭工法に関する次の記述のうち，**適当でないもの**はどれか。

(1) 杭は打込み途中で一時休止すると，時間の経過とともに地盤が緩み，打込みが容易になる。
(2) 一群の杭を打つときは，中心部の杭から周辺部の杭へと順に打ち込む。
(3) 打込み杭工法は，中掘り杭工法に比べて一般に施工時の騒音・振動が大きい。
(4) 打込み杭工法は，プレボーリング杭工法に比べて杭の支持力が大きい。

ワンポイントアドバイス　杭は打込み途中で一時休止すると、時間の経過とともに杭周面の摩擦力が増大し、打込みが困難になる。

正解：(1)

例題3-2　　平成30年後期　2級土木施工管理技術検定（学科）試験〔No.9〕 

既製杭工法の杭打ち機の特徴に関する次の記述のうち，**適当なもの**はどれか。

(1) バイブロハンマは，振動と振動機・杭の重量によって杭を地盤に貫入させる。
(2) ディーゼルハンマは，蒸気の圧力によって打ち込むもので，騒音・振動が小さい。
(3) 油圧ハンマは，低騒音で油の飛散はないが，打込み時の打撃力を調整できない。
(4) ドロップハンマは，ハンマを落下させて打ち込むが，ハンマの重量は杭の重量以下が望ましい。

ワンポイントアドバイス
(2) ディーゼルハンマは、ラムの落下とそれに伴うシリンダ内の爆発力により駆動するもので、騒音・振動が大きい。
(3) 油圧ハンマは、低騒音で油の飛散はなく、打込み時の打撃力を調整できる。
(4) ドロップハンマのハンマの重量は、杭の重量以上が望ましい。

正解：(1)

よく出る！★
令和2年後期、令和元年前期・後期、平成30年前期・後期、平成29年第1回・第2回、平成28、27、26、25、24、23年に毎年出題
【過去10年に13回】

3.3 場所打ち杭の施工 

場所打ち杭は、地盤に所要の杭孔を掘り、その中にあらかじめ用意された鉄筋かごを挿入し、さらにコンクリートを打設してつくった杭である。これには、アースドリル工法、リバースサーキュレーション工法、オールケーシング工法、深礎工法がある。

(1) 場所打ち杭工法の特徴

場所打ち杭は、特に騒音・振動などの公害を防ぐために用いられる。その特徴を表3-5に示す。

表3-5　場所打ち杭工法の特徴

項目	内容
長所	• 施工時の騒音・振動が、打込み杭に比べて小さい • 大口径の杭を施工することにより、大きな支持力が得られる • 杭材料の運搬や長さの調節が、比較的容易である • 掘削土により、基礎地盤の確認ができる • 打込み杭工法に比べて、近接構造物に対する影響が少ない
短所	• 施工管理が、打込み杭工法に比べて難しい • 泥水処理や排土処理が必要である • 小口径の杭の施工が困難である • 杭本体の信頼性は、既製杭に比べて小さい

(2) 各種場所打ち杭工法の概要

各種場所打ち杭工法の概要は、次のとおりである。

アースドリル工法

アースドリル工法は図3-5に示すように、ドリリング

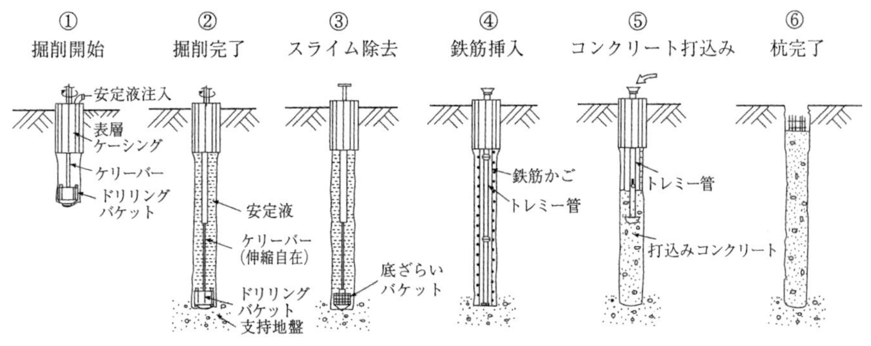

図3-5　アースドリル工法

図3-5出典：国土交通省大臣官房官庁営繕部監修、一般社団法人公共建築協会編『建築工事監理指針（上巻）／平成28年版』建設出版センター、2016年　263ページ「図4・5・3」

用語解説

表層ケーシング
アースドリル工法で表層付近に用いる鋼製パイプ。

用語解説

ベントナイト
粘土の一種で、水を含むと膨張してのり状になる。泥水の比重を高め孔壁を保護するための添加物。

用語解説

スタンドパイプ
リバース工法で表層付近に用いる鋼製のパイプ。

バケットで掘削を行い、ある程度の深さに達したら表層ケーシングを挿入し、地山の崩壊を防ぎながら掘削する。表層ケーシングより下部の孔壁の崩れを防ぐために、孔内に安定液（ベントナイト水）を注入する。所定の深さに達したら、鉄筋を建て込み、トレミー管によってコンクリートを打ち込む。

リバースサーキュレーション工法（リバース工法）

リバースサーキュレーション工法は図3-6に示すように、**スタンドパイプ**を建て込み、**削孔機**を用いて掘削する掘削孔に水を満たし、掘削土とともに**ドリルパイプ**と**サクションホース**を通して地上の水槽に吸い上げる。掘削土は水槽で沈殿させ、**水**はふたたび掘削孔に**循環**させて、**連続的**に掘削する。

この工法は、ベントナイト水を必要とせず、バケットを昇降しないでも連続して作業ができる。しかし、150mm以上の玉石や埋め木などがあると、排出が困難である。また、水槽が必要となる。

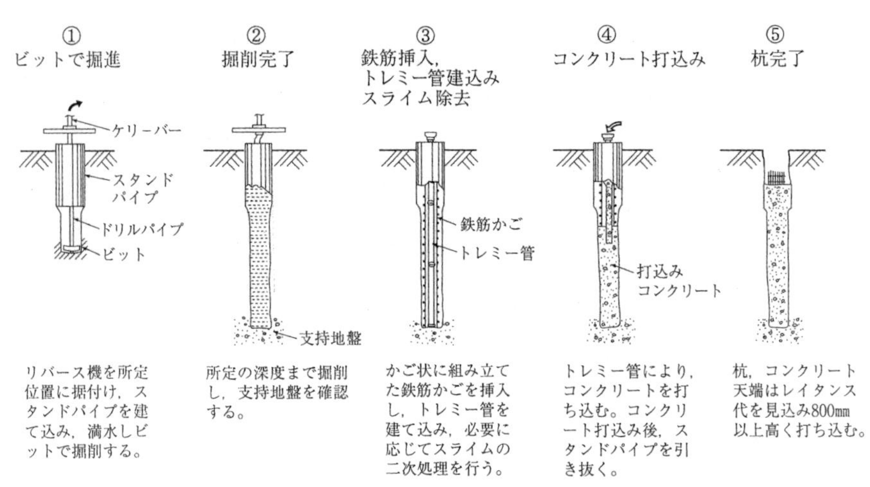

図3-6　リバースサーキュレーション工法
出典：前掲書264ページ「図4・5・5　リバース工法」

> **用語解説**
>
> **ケーシングチューブ**
>
> オールケーシング工法で孔壁保護のため、掘削孔全長に使用する鋼製のパイプ。

> **用語解説**
>
> **ハンマーグラブ**
>
> オールケーシング工法に使用される掘削用バケット。

オールケーシング工法

オールケーシング工法は図3-7に示すように、**ケーシングチューブ**を土中に挿入し、杭全長にわたりケーシングチューブを揺動圧入または回転圧入しながら、**ハンマーグラブ**で掘削・排土する工法である。

この工法は、崩壊性地質・砂利層・軟岩などの地質にも確実に施工ができる。また、斜杭の施工も可能であるが、機械が大きなため作業が制約され、高価である。

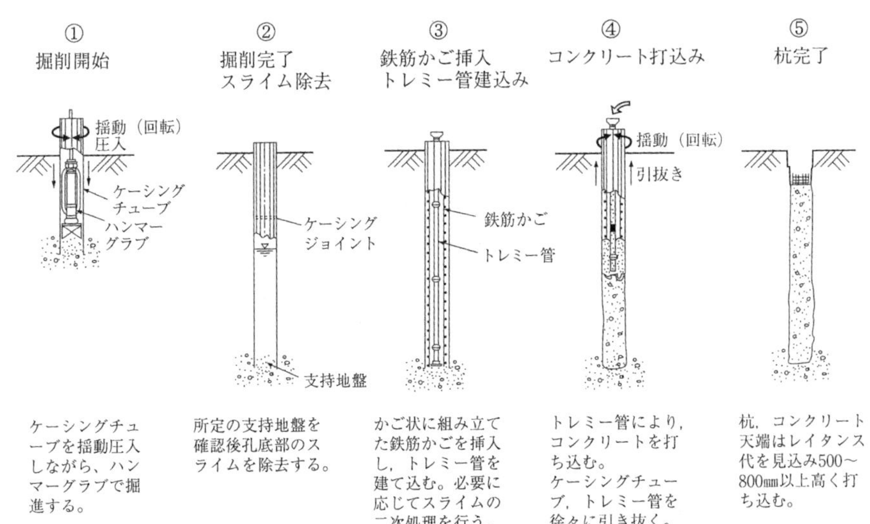

図3-7　オールケーシング工法

出典：前掲書265ページ「図4・5・7」

> **参　考**
>
> 深礎工法以外の場所打ち杭工法では、一般に泥水中等でコンクリート打設が行われるので、水中コンクリートとして施工される。

深礎工法

深礎工法は、図3-8に示すように掘削孔を一般に人力または機械で掘削する工法である。掘削孔の壁が自立する程度に掘削して、ライナープレートなどで**土留め**を施してから、さらに掘削を繰り返し、所定の深さまで削孔する。

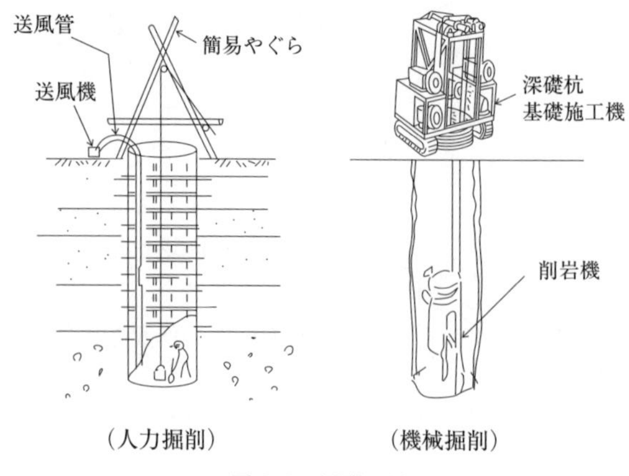

図3-8　深礎工法

(3) 掘削方式と孔壁の保護方法

各種場所打ち杭工法の掘削方式と孔壁の保護方法を、表3-6に示す。

表3-6　各種場所打ち杭工法の掘削方式と孔壁の保護方法

	アースドリル工法	リバース工法	オールケーシング工法	深礎工法
掘削方式	ドリリングバケット	削孔機	ハンマーグラブ	人力または掘削機械
孔壁の保護方法	表層ケーシング、安定液	スタンドパイプ、自然泥水	ケーシングチューブ	山留め材

例題3-3　　令和元年前期　2級土木施工管理技術検定（学科）試験〔No.10〕 

場所打ち杭の「工法名」と「掘削方法」に関する次の組合せのうち，**適当なもの**はどれか。

［工法名］　　　　　　　　　　［掘削方法］

(1) オールケーシング工法 ………… 表層ケーシングを建込み，孔内に注入した安定液の水圧で孔壁を保護しながら，ドリリングバケットで掘削する。

(2) アースドリル工法 ………… 掘削孔の全長にわたりライナープレートを用いて孔壁の崩壊を防止しながら，人力又は機械で掘削する。

(3) リバースサーキュレーション工法 ………… スタンドパイプを建込み，掘削孔に満たした水の圧力で孔壁を保護しながら，水を循環させて削孔機で掘削する。

(4) 深礎工法……………………… 杭の全長にわたりケーシングチューブを挿入して孔壁の崩壊を防止しながら，ハンマグラブで掘削する。

ワンポイントアドバイス (1) はアースドリル工法、(2) は深礎工法、(4) はオールケーシング工法の説明である。

正解：(3)

例題3-4　令和元年後期　2級土木施工管理技術検定（学科）試験〔No.10〕

場所打ち杭の特徴に関する次の記述のうち，**適当なもの**はどれか。

(1) 施工時の騒音・振動が打込み杭に比べて大きい。
(2) 掘削土による中間層や支持層の確認が困難である。
(3) 杭材料の運搬などの取扱いや長さの調節が難しい。
(4) 大口径の杭を施工することにより大きな支持力が得られる。

ワンポイントアドバイス
(1) 施工時の騒音・振動が打込み杭に比べて小さい。
(2) 場所打ち杭は、土砂の掘削を伴うため、中間層や支持層の確認をすることができる。
(3) 杭材料の運搬などの取扱いや長さの調節が、比較的容易である。

正解：(4)

例題3-5　平成30年前期　2級土木施工管理技術検定（学科）試験〔No.10〕

場所打ち杭の「工法名」と「孔壁保護の主な資機材」に関する次の組合せのうち，**適当でないもの**はどれか。

［工法名］　［孔壁保護の主な資機材］
(1) オールケーシング工法 ……………………… ケーシングチューブ
(2) アースドリル工法 …………………………… 安定液（ベントナイト水）
(3) リバースサーキュレーション工法 ………… セメントミルク
(4) 深礎工法………………………………………… 山留め材（ライナープレート）

ワンポイントアドバイス　リバースサーキュレーション工法は、セメントミルクではなく自然泥水により孔壁を保護する。

正解：(3)

よく出る！★
令和２年後期、令和元年前期・後期、平成30年前期・後期、平成29年第１回・第２回、平成28、27、25、24、23年に出題
【10年に12回】

これだけは覚える
土留め壁といえば…種類と特徴の組合せを覚える。

3.4 土留め工 

土留めは、一般に、基礎を施工する期間だけ必要な仮設構造物であるが、土留めには、土圧・水圧などが作用するので、これらを十分支えられる方法で施工しなければならない。

(1) 土留め壁の種類と特徴

土留め壁の種類と特徴を、表3-7に示す。

表3-7　土留め壁の種類と特徴

種類	概要	特徴
鋼矢板	鋼矢板工法は、地中に鋼矢板を連続して構築し、鋼矢板の継ぎ手部のかみ合わせで止水性を確保するものである。	• 止水性が高く、施工が比較的容易である • **止水性を有している**ので、地下水位の高い地盤に用いられる • たわみ性の壁体であるため、壁体の変形が大きくなる
親杭横矢板	親杭横矢板工法は、H形鋼を1.5～2.0m間隔で打ち込み、その間に木製横矢板をはめる工法である。	• 施工が比較的容易であるが、止水性がない • 土留め板と地盤との間に間隙が生じやすいため、地山の変形が大きくなる
鋼管矢板	鋼管矢板工法は、側部に継手を取り付けた鋼管を、かみ合せながら地中に打ち込み、連続した地中壁としたものである。	• 止水性がある • 剛性が比較的大きいため、地盤変形が問題となる場合に適し、深い掘削に用いられる • 引抜きは困難であり、残置する場合が多い

表3-7　土留め壁の種類と特徴（続き）

種類	概要	特徴
連続地中壁	連続地中壁工法は、掘削した壁状の溝の中に鉄筋かごを建て込み、場所打ちコンクリートを打設したものである。	• 止水性がある • 剛性が大きいため、大規模な開削工事、地盤変形が問題となる場合に適する • 本体構造物の一部として利用される場合もある • 騒音、振動が小さい • 適用地盤の範囲は広いが、**工事費が高い** • 軟弱地盤では、溝壁が崩壊しやすいため注意が必要である
柱列杭	柱列杭工法は、場所打ちコンクリート杭、モルタル杭などを連続して打設し、柱列式の壁を構築して土留壁としたものである。	• 止水性がある • 剛性が大きいため、地盤変形が問題となる場合に適し、深い掘削に用いられる

(2) 支保工の形式と特徴

土留め壁を支える支保工の形式と特徴を、表3-8に示す。

表3-8　支保工の形式と特徴

自立式	切ばり式	アンカー式
図3-9	図3-10	図3-11
切ばり、腹起しなどの支保工を用いず、主として掘削側の地盤の抵抗によって、土留め壁を支持する工法である。これは、支保工がないため土留め壁の変形が大きくなる。	切ばり、腹起しなどの支保工と掘削側の地盤の抵抗によって、土留め壁を支持する工法である。これは、機械掘削に際して、支保工が障害となりやすい。	掘削周辺地盤中に定着させた土留めアンカーと掘削側の地盤の抵抗によって、土留め壁を支持する工法である。これは、掘削面内に切ばりがないので、機械掘削が容易である。

これだけは覚える

土留め工といえば…部材の名称を覚える（図3-12）。

(3) 切ばり式鋼矢板土留め工

土留めの中で切ばり式は、最もよく用いられる形式である。

構造図

鋼矢板による切ばり式土留め工の構造図を図3-12に示す。

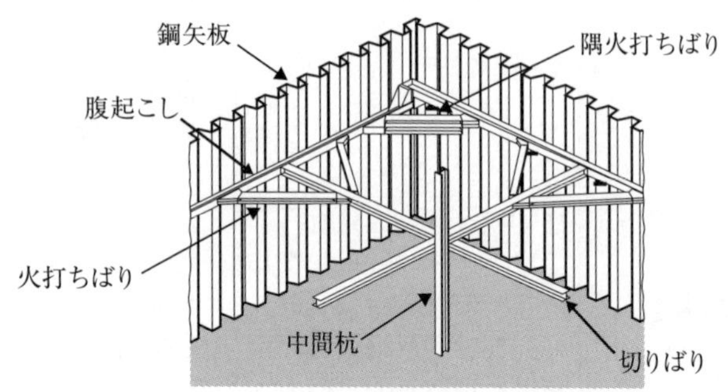

図3-12　切ばり式鋼矢板土留め工

各部材の名称と役割

腹起しと切ばりは、同じH形鋼であるが、表3-9に示すように役割が異なる。

表3-9　各部材の名称と役割

部材名	役割
腹起し	鋼矢板に加わる土圧や水圧を支持し、切ばりに伝える水平方向の梁。
切ばり	地盤の掘削時に土留め壁に作用する土圧や水圧などの外力を支えるための水平方向の支持部材。
火打ち	隅角部の腹起し荷重に対する補強や、切ばり間隔を広げる必要がある場合に、切ばり、腹起しを補強する目的で用いる部材。
中間杭	支保工の自重および施工時の荷重を支える部材。

例題3-6　令和元年前期　2級土木施工管理技術検定（学科）試験〔No.11〕 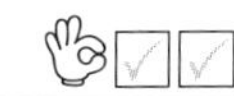

土留め壁の「種類」と「特徴」に関する次の組合せのうち，**適当なもの**はどれか。

［種類］　［特徴］

(1) 連続地中壁 ……………… 剛性が小さく，他に比べ経済的である。

(2) 鋼矢板 ……………………… 止水性が低く，地下水のある地盤に適する。

(3) 柱列杭 ……………………… 剛性が小さいため，深い掘削にも適する。

(4) 親杭・横矢板 ………… 地下水のない地盤に適用でき，施工は比較的容易である。

ワンポイントアドバイス

（1）連続地中壁は、剛性が大きいが、工事費が高い。

（2）鋼矢板は、止水性が高い。

（3）柱列杭は、剛性が大きい。

正解：(4)

例題3-7　令和2年後期　2級土木施工管理技術検定（学科）試験〔No.11〕 

下図に示す土留め工法の（イ），（ロ）の部材名称に関する次の組合せのうち，**適当なもの**はどれか。

（イ）　（ロ）

(1) 腹起し ……………… 中間杭

(2) 腹起し ……………… 火打ちばり

(3) 切りばり ………… 中間杭

(4) 切りばり ………… 火打ちばり

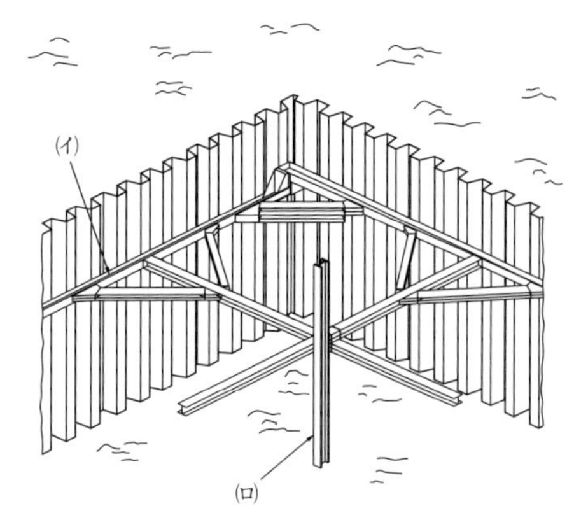

ワンポイントアドバイス

60ページ「図3-12　切ばり式鋼矢板土留め工」を参照。

正解：(1)

第Ⅱ編　施工管理等

第1章　測量

測量とは、測量機器を用いて、山の高さ、土地の広さ、建物・鉄道・道路・河川などの位置を求めることである。近年の測量の問題は、ほとんどが昇降式による地盤高の計算であり、時々トータルステーションに関するものが出題されている。

1.1　水準測量　

水準測量は、地表面上の高低差（比高）を知るために行い、ある点の基準面からの標高や、建設工事に必要な土地の高低差を求める測量である。

（1）水準測量の方法（昇降式）

水準測量は、図1-1のようにレベルと標尺（スタッフ）とによって高低差を求める方法である。レベルの種類にはいろいろあるが、最も精密な高低差の測定が可能なものは、**電子レベル**である。

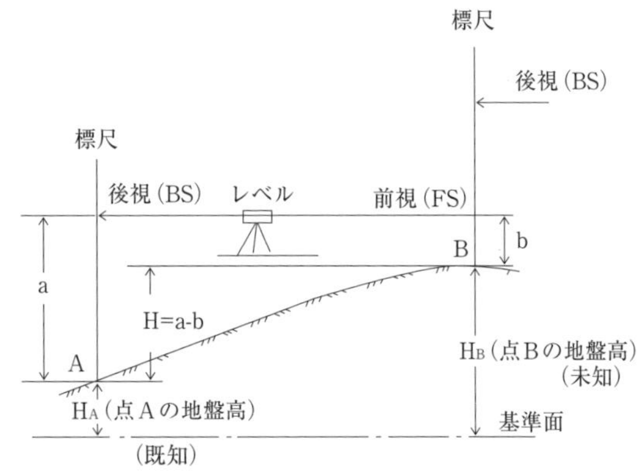

図1-1　水準測量

作業上の用語

水準測量を行うにあたって必要な、作業上の用語を表1-1に示す。

よく出る！★

令和2年後期、令和元年前期・後期、平成30年前期・後期、平成29年第1回・第2回、平成27、26、24年に出題【10年に10回】

これだけは覚える

昇降式の水準測量といえば…地盤高を求める計算問題が頻出（令和元年前期・後期、平成30年前期・後期、平成29年第1回・第2回、平成26、24年に出題）。

用語解説

昇降式
昇降式水準測量とは既知点から新点に至る路線を、レベルと標尺を何回も交互に据え換えて観測を行い、途中の高低差を累計して新点の標高を求める方法である。

表1-1　作業上の用語

用語	内容
後視と前視	標高の知られている点に立てた標尺の読みを後視といい、BSと略記する。また、標高を求めようとする点に立てた標尺の読みを前視といい、FSと略記する。ここで、前・後という語は、いずれも進行方向とは無関係である。
地盤高	地表面の標高を地盤高といい、GHと略記する。
高低差	2点間の標高の差Hを高低差といい、比高ともいう。

用語解説

外業
測量作業のうち、野外で行うもの。

内業
測量作業のうち、現場事務所等の室内において測量結果の計算整理、成果表および図面の作成業務を行うこと。

参考

日本の土地の高さ（標高）は、東京湾の平均海面を基準（標高0m）として測られている。東京湾の平均海面を地上に固定するために設置されたのが日本水準原点で、東京都千代田区永田町1-1国会前庭北地区内（憲政記念館付近）にある。

2点A、B間の距離が短い場合の外業の方法

図1-1において、水平視準線により、2点A、Bに立てた標尺を視準して、その読みをそれぞれa、bとすれば、2点A、B間の高低差Hは、次式で求められる。

$$H = a - b$$

点Aの地盤高をH_Aとすれば、点Bの地盤高H_Bは、次式で求められる。

$$H_B = H_A + a - b$$

2点A、B間の距離が長い場合の外業の方法

図1-2のように2点A、B間の距離が長いときは、適当な区間に分けて点C、Dを設け、後視・前視を読み取る（昇降式では、測点すべての地盤高を求める）。

点Aの後視をa_1、点Cの前視・後視をc_2、c_1、点Dの前視・後視をd_2、d_1、点Bの前視をb_2とすれば、2点A、B間の高低差Hは、次のように求められる。

$$H = (a_1 - c_2) + (c_1 - d_2) + (d_1 - b_2)$$
$$= (a_1 + c_1 + d_1) - (c_2 + d_2 + b_2) = \Sigma BS - \Sigma FS$$

ただし、ΣBS：後視の総和　　ΣFS：前視の総和

したがって、2点A、Bの地盤高をそれぞれH_A、H_Bとすれば、次の関係式が成り立つ。

$$H_B = H_A + (\Sigma BS - \Sigma FS)$$

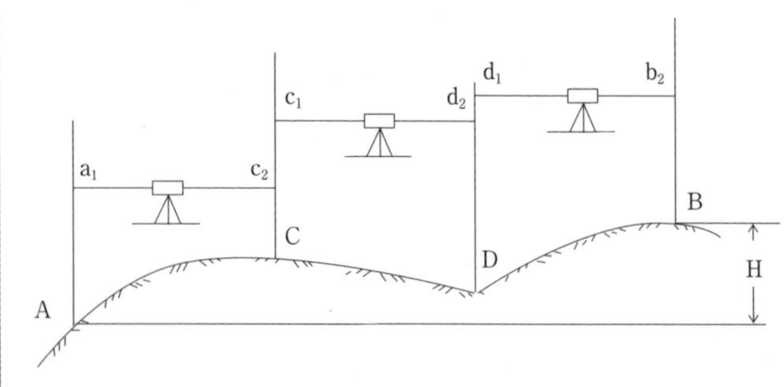

図1-2　水準測量

野帳の記入方法

野帳の記入例を、表1-2に示す。

表1-2　野帳の記入例（昇降式）

測点	距離（m）	後視（m）	前視（m）	高低差（m）		地盤高（m）
				昇（+）	降（−）	
1	50	0.805				10.000
2	45	1.200	2.000		**1.195**	**8.805**
3	50	1.600	1.705		**0.505**	**8.300**
4	50	1.625	1.425	**0.175**		**8.475**
5			1.380	**0.245**		**8.720**
計	**195**	5.230 −6.510 =−1.280	**6.510**	0.420 −1.700 =−1.280	**1.700**	

これだけは覚える

測点5だけの地盤高を求める問題であれば、ΣBS（5.230）とΣFS（6.510）の差（5.230−6.510=−1.280）を測点1の地盤高（10.000）に加えればよい。
（10.000−1.280＝8.720）

①表1-2のように後視から前視を引いた値が高低差となるから、その値が+のときは昇、−のときは降の欄にそれぞれ記入する。

②後視した点の地盤高に、昇・降の値を代数的に加え、前視した点の地盤高を求める。

(2) 公共測量における水準測量

公共測量における水準測量は、表1-3のように一般に測量精度で区別され使用機械、視準距離、往復回数、誤差の許容範囲などに制限を設けて実施されている。なお、表中の「s」は、「片道の観測距離（km）」を表す。

表1-3　主な水準測量制限

	1級	2級	3級	4級	簡易
視準距離	最大50m(注1)	最大60m(注2)	最大70m	最大70m	最大80m
読定単位	0.1mm	1mm	1mm	1mm	1mm
往復回数	1往復	1往復	1往復	1往復	片道可
往復差	2.5 mm$\sqrt{s}$	5 mm$\sqrt{s}$	10 mm$\sqrt{s}$	20 mm$\sqrt{s}$	ー
環閉合差	2 mm$\sqrt{s}$	5 mm$\sqrt{s}$	10 mm$\sqrt{s}$	20 mm$\sqrt{s}$	40 mm$\sqrt{s}$

注1：電子レベルは最大40m　　注2：電子レベルは最大50m

(3) 水準測量の留意事項

水準測量の留意事項は次のとおりである。

- 前視と後視の標尺距離は、できるだけ等しくする
- 標尺は、2本1組とし、**往路と復路**との観測において**標尺を交換**する
- 標尺底面の摩耗や変形により生じる誤差を消去するために、レベルの据付け回数を偶数回とし、出発点に立てた標尺を到着点に立てるよう2本の標尺を交互に立てる（固定点間の測定数を偶数とする）
- 往と復の観測は、気象条件が同じであると、同じ自然誤差が出てしまうので、異なった気象条件に測定し平均値をとるようにする
- レベルを移動させるときは、締付けネジを軽く締めて、なるべく垂直に抱え、激しい振動を与えないように静かに運ぶ
- レベルの据付けは、その視準線の位置が、なるべく**標尺の上部や下部を読まない高さ**とするのがよい。特に地表面近くの大気の屈折やゆらぎの影響を小さくするため、標尺の下端付近の視準は避ける

(4) 水準測量の誤差とその消去法

水準測量の誤差には、レベルに関する誤差、標尺に関する誤差、自然現象に関する誤差等がある。

表1-4　水準測量の誤差と消去法

項目	誤差の原因	消去法
レベル	視差による誤差	接眼レンズで十字線をはっきり映し出し、次に対物レンズで像を十字線上に結ぶ。
	視準線誤差（望遠鏡の視準軸と気泡管軸が平行でないための誤差）	前視・後視の視準距離を等しくする。
	レベルの三脚の沈下による誤差	堅固な地盤に据え付ける。
標尺	指標誤差（目盛の不正による誤差）	基準尺と比較し、尺定数を求めて補正する。
	零点誤差（標尺の零目盛誤差）	出発点に立てた標尺を到着点に立て、レベルの据付け回数を偶数回とする。
	標尺の傾きによる誤差	標尺を常に鉛直に立てる。
	標尺の沈下による誤差	堅固な地面に据え付ける。または、標尺台を用いる。
	標尺の継目による誤差	標尺を引き伸ばしたときは、継目が正しいかどうか確認する。
自然現象	球差、気差による誤差	前視・後視の視準距離を等しくする。
	かげろうによる誤差	地上、水面から視準線を離して測定する。
	気象（日照、風、温度、湿度など）の変化による誤差	傘などでレベルをおおう。往復の観測を午前と午後に分けて平均する。

用語解説

視差
目の位置などにより目標の像が十字線に対して動いて見える現象。

零点誤差
標尺底面が摩耗や変形している場合、標尺の零目盛が正しく0でないために生じる誤差。

球差
距離に応じて地球の曲率から生じる誤差。

気差
大気密度の鉛直方向の変化のため光が直進せず、大気密度の大きい方に屈折する光路の変化によって生じる誤差。

例題 1-1　令和元年前期　2級土木施工管理技術検定（学科）試験〔No.43〕

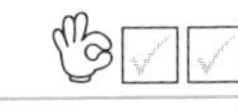

下図のようにNo.0からNo.3までの水準測量を行い，図中の結果を得た。**No.3の地盤高**は次のうちどれか。なお，No.0の地盤高は10.0mとする。

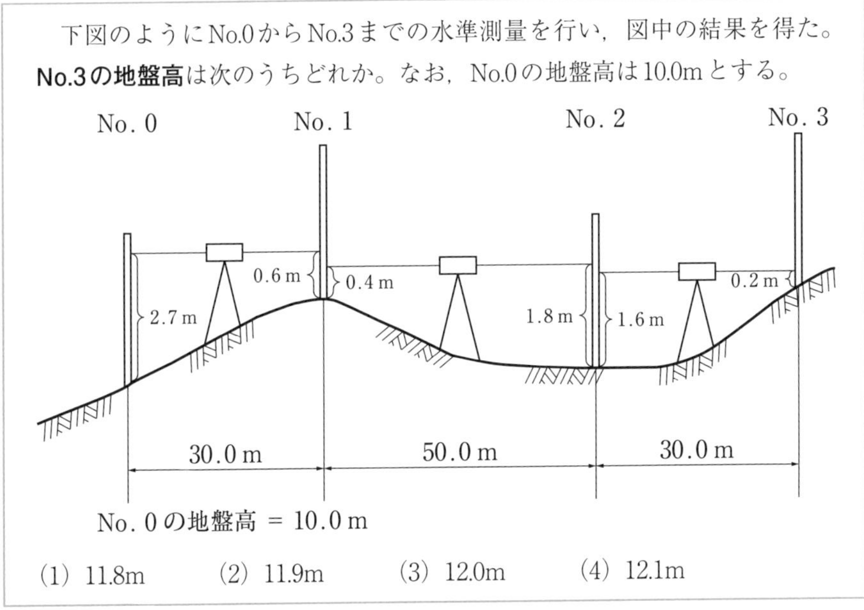

No. 0 の地盤高 ＝ 10.0 m

(1) 11.8m　(2) 11.9m　(3) 12.0m　(4) 12.1m

ワンポイントアドバイス　野帳への記入および計算は、表1-5のようになる。

これだけは覚える

それぞれの測点の高低差を求めて、No.4までの地盤高を求めてもよいが、後視の合計（4.7）と前視の合計（2.6）の差（4.7－2.6＝2.1）または昇の合計（3.5）と降の合計（1.4）の差（3.5－1.4＝2.1）がNo.0とNo.3の高低差となる。したがってNo.4の地盤高は、10.0+2.1＝12.1mとなる。

表1-5　例題1-1の野帳記入および計算結果

測点	後視 (m)	前視 (m)	高低差（m）		地盤高 (m)
			昇（+）	降（−）	
0	2.7				10.0
1	0.4	0.6	**2.1**		**12.1**
2	1.6	1.8		**1.4**	**10.7**
3		0.2	**1.4**		**12.1**
計	**4.7**	**2.6**	**3.5**	**1.4**	

正解：(4)

試験に出る

平成28、25、23年に出題
【過去10年に3回】

トータルステーションによる直線の延長方法として同じ問題が平成28、23年に出題されている。

1.2 トータルステーション

トータルステーションは、デジタルセオドライトに光波測距儀と小型コンピュータを内蔵した測量機器である。

(1) 機能

トータルステーションには、次の機能がある。

- 1回の視準で水平角・鉛直角・距離を同時に測定・記憶できる
- 許容範囲を設定することで、観測値の良否の判定ができる
- 気温・気圧を入力すれば、自動的に気象補正ができる
- アプリケーションソフトにより、測量現場でトラバース計算などの様々な処理を行うことができる

(2) トータルステーションによる直線の延長方法

図1-3において、直線ABの延長線上に点Cを設置する場合は、望遠鏡正位と反位の観測値を平均することにより器械誤差を消去するため、次のようにして行う。

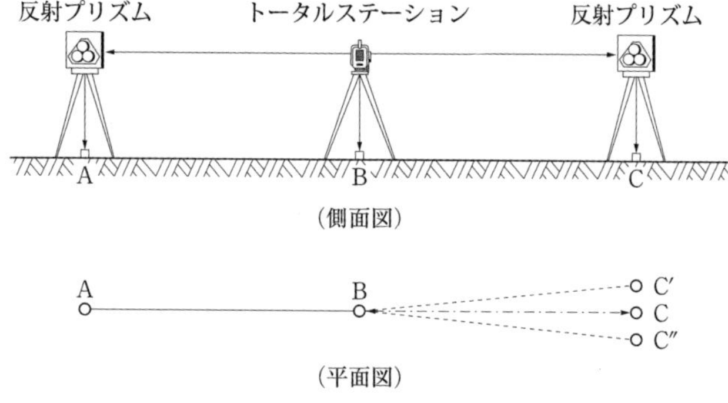

図1-3　トータルステーションによる直線の延長方法
(平成28年　No.43より)

①図のようにトータルステーションを測点Bに据付け、望遠鏡正位で点Aを視準して望遠鏡を反転し、点C′をしるす。
②望遠鏡反位で点Aを視準して望遠鏡を反転し、点C″をしるす。
③C′ C″の中点に測点Cを設置する。

例題1-2　　平成25年度　2級土木施工管理技術検定（学科）試験〔No.43〕 

測量に関する次の説明文に**該当するもの**は，次のうちどれか。

この観測方法は，主として地上で水平角，高度角，距離を電子的に観測する自動システムで器械と鏡の位置の相対的三次元測量である。その相対位置の測定は，水準面あるいは重力の方向に準拠して行われる。

この測量方法の利点は，1回の視準で測距，測角が同時に測定できることにある。

(1) 汎地球測位システム（GPS）
(2) 光波測距儀
(3) 電子式セオドライト
(4) トータルステーション

ワンポイントアドバイス
（1）汎（はん）地球測位システム（GPS）は、人工衛星を利用した測量方法である。
（2）光波測距儀は、角度を測定することはできない。
（3）電子式セオドライトは、距離を測定することはできない。

正解：(4)

第Ⅱ編 施工管理等

第2章 公共工事標準請負契約約款

公共工事標準請負契約約款とは、公共工事における契約関係の明確化、適正化のために、発注者と受注者間の権利義務の内容を定めたものであり、中央建設業審議会が作成している。

試験に出る

令和元年前期、平成30年前期、平成29年第1回、平成27、24、23年に出題
【過去10年に6回】

これだけは覚える

設計図書といえば…何かを覚える(施工計画書は、設計図書ではない)。

用語解説

図面
設計者の意志を一定の規約に基づいて図示した書面（設計図）。

仕様書
施工に必要な工事の基準を詳細に説明した書面。

現場説明書
工事の入札前に、現場において入札参加者に対して行われる現地の状況説明および図面、仕様書に表示しがたい見積り条件を示した書面。

質問回答書
図面、仕様書、現場説明書の不明確な部分に関する入札者の質問に対し、発注者が全入札者に回答した書面。

2.1 基本的内容

契約の基本となる規定を表2-1に示す。

表2-1 基本的内容

項目	内容
基本的事項	①**発注者および受注者**は、この約款に基づき、設計図書（図面、仕様書、現場説明書及び現場説明に対する質問回答書をいう。）に従い、この契約を履行しなければならない。 ②**受注者**は、契約書記載の工事を契約書記載の**工期内**に完成し、工事目的物を発注者に引き渡すものとし、**発注者**は、その請負代金を支払うものとする。 ③仮設、施工方法その他工事目的物を完成するために必要な一切の手段については、この約款および設計図書に特別の定めがある場合を除き、受注者がその責任において定める。
権利義務の譲渡等	受注者は、この契約により生ずる権利または義務を第三者に譲渡し、又は承継させてはならない。ただし、あらかじめ、発注者の承諾を得た場合は、この限りでない。
一括委任または一括下請負の禁止	受注者は、工事の全部もしくはその主たる部分または他の部分から独立してその機能を発揮する工作物の工事を一括して第三者に委任し、または請け負わせてはならない。

令和２年後期、令和元年後期、平成30年後期、平成26、25、23年に出題
【過去10年に6回】

用語解説

監督員
発注者側の工事担当者。

2.2 発注者側の規定

主に発注者側に関する規定を表2-2に示す。

表2-2　発注者側の規定

項　目	内　容
関連工事の調整	**発注者**は、**受注者**の施工する工事および**発注者**の発注に係る第三者の施工する他の工事が施工上密接に関連する場合において、必要があるときは、その施工につき、調整を行うものとする。この場合においては、**受注者**は、**発注者**の調整に従い、当該第三者の行う工事の円滑な施工に協力しなければならない。
下請負人の通知	**発注者**は、**受注者**に対して、**下請負人**の商号または名称その他必要な事項の通知を**請求**することができる。
監督員	①**発注者**は、**監督員**を置いたときは、その氏名を**受注者**に通知しなければならない。**監督員**を変更したときも同様とする。 ②**監督員**は、この約款の他の条項に定めるものおよびこの約款に基づく発注者の権限とされる事項のうち**発注者**が必要と認めて**監督員**に委任したもののほか、設計図書に定めるところにより、次に掲げる権限を有する。 1）この契約の履行についての**受注者**または**受注者の現場代理人**に対する指示、承諾又は協議 2）設計図書に基づく工事の施工のための詳細図等の作成及び交付又は**受注者**が作成した詳細図等の承諾 3）設計図書に基づく工程の管理、立会い、工事の施工状況の検査又は工事材料の試験若しくは検査（確認を含む。） ③②の規定に基づく**監督員**の指示または承諾は、原則として、**書面**により行わなければならない。 ④**発注者**が**監督員**を置いたときは、この約款に定める請求、通知、報告、申出、承諾及び解除については、設計図書に定めるものを除き、**監督員**を経由して行うものとする。この場合においては、**監督員**に到達した日をもって**発注者**に到達したものとみなす。 ⑤**発注者**が**監督員**を置かないときは、この約款に定める**監督員**の権限は、発注者に帰属する。

次ページへ続く

表2-2　発注者側の規定（続き）

項　目	内　容
工事用地の確保等	①発注者は、工事用地その他設計図書において定められた工事の施工上必要な用地（工事用地等）を受注者が工事の施工上必要とする日（設計図書に特別の定めがあるときは、その定められた日）までに確保しなければならない。 ②**受注者**は、確保された工事用地等を善良な管理者の注意をもって管理しなければならない。 ③工事の完成、設計図書の変更等によって工事用地等が不用となった場合において、当該工事用地等に**受注者**が所有または管理する工事材料、建設機械器具、仮設物その他の物件（**下請負人**の所有または管理するこれらの物件を含む。）があるときは、**受注者**は、当該物件を撤去するとともに、当該工事用地等を修復し、取り片付けて、**発注者**に明け渡さなければならない。
設計図書の変更	**発注者**は、必要があると認めるときは、設計図書の変更内容を受注者に通知して、**設計図書を変更**することができる。この場合において、**発注者**は、必要があると認められるときは工期もしくは請負代金額を変更し、または**受注者**に損害を及ぼしたときは**必要な費用を負担**しなければならない。
工事の中止	①工事用地等の確保ができない等のためまたは天災等により**受注者**の責めに帰すことができないものにより工事目的物等に損害を生じもしくは工事現場の状態が変動したため、**受注者**が工事を施工できないと認められるときは、**発注者**は、工事の中止内容を直ちに**受注者**に通知して、工事の全部または一部の施工を**一時中止**させなければならない。 ②発注者は、前項の規定によるほか、必要があると認めるときは、工事の中止内容を受注者に通知して、工事の全部又は一部の施工を一時中止させることができる。

よく出る！★

令和２年後期、令和元年前期・後期、平成30年前期・後期、平成29年第２回、平成28、27、26、24、23年に出題

【過去10年に11回】

2.3　受注者側の規定 

主に受注者側に関する規定を表2-3に示す。

ひとこと

現場代理人とは、契約を取り交わした会社の代理として、任務を代行する責任者をいう。

表2-3　受注者側の規定

項　目	内　容
請負代金内訳書および工程表	①受注者は、設計図書に基づいて請負代金内訳書および工程表を作成し、発注者に提出し、その承認を受けなければならない。 ②内訳書には、健康保険、厚生年金保険および雇用保険に係る法定福利費を明示するものとする。 ③内訳書および工程表は、この約款の他の条項において定める場合を除き、**発注者**および**受注者**を拘束するものではない。
現場代理人および主任技術者等	①**受注者**は、次の各号に掲げる者を定めて工事現場に設置し、設計図書に定めるところにより、その氏名その他必要な事項を**発注者**に通知しなければならない。これらの者を変更したときも同様とする。 1）現場代理人 2）主任技術者 3）監理技術者（特定建設業の許可業者が、設置の要件に該当する場合に置く） 4）専門技術者（一式工事の一部である専門工事や付帯工事を、下請け業者に請け負わせず、自社で施工する場合に置く技術者 ②現場代理人は、この契約の履行に関し、工事現場に常駐し、その運営、取締りを行うほか、請負代金額の変更、請負代金の請求および受領、**現場代理人**の変更請求の受理と変更の決定および通知、この契約の解除に係る権限を除き、この契約に基づく**受注者**の一切の権限を行使することができる。 ③**発注者**は、②の規定にかかわらず、**現場代理人**の工事現場における運営、取締りおよび権限の行使に支障がなく、かつ、**発注者**との連絡体制が確保されると認めた場合には、**現場代理人について工事現場における常駐を要しないこととすることができる。** ④**受注者**は、②の規定にかかわらず、自己の有する権限のうち**現場代理人**に委任せず自ら行使しようとするものがあるときは、あらかじめ、当該権限の内容を**発注者**に通知しなければならない。 ⑤現場代理人、主任技術者（監理技術者）及び専門技術者は、これを兼ねることができる。
支給材料および貸与品	①**発注者**が**受注者**に支給する工事材料（支給材料）および貸与する建設機械器具（貸与品）の品名、数量、品質、規格または性能、引渡場所および引渡時期は、設計図書に定めるところによる。 ②**監督員**は、支給材料又は貸与品の引渡しに当たっては、**受注者**の立会いの上、**発注者**の負担において、当該支給材料または貸与品を検査しなければならない。この場合において、当該検査の結果、その品名、数量、品質又は規格もしくは性能が設計図書の定めと異なり、または使用に適当でないと認めたときは、**受注者**は、その旨を直ちに**発注者**に通知しなければならない。

次ページへ続く

表2-3　受注者側の規定（続き）

項　目	内　容
支給材料および貸与品	③**受注者**は、設計図書に定めるところにより、工事の完成、設計図書の変更等によって不用となった支給材料または貸与品を**発注者**に返還しなければならない。 ④**受注者**は、支給材料または貸与品の使用方法が設計図書に明示されていないときは、**監督員**の指示に従わなければならない。
条件変更等	①受注者は、工事の施工に当たり、次の事項のいずれかに該当する事実を発見したときは、その旨を直ちに監督員に通知し、その確認を請求しなければならない。 1）図面、仕様書、現場説明書及び現場説明に対する質問回答書が一致しないこと（これらの優先順位が定められている場合を除く。）。 2）設計図書に誤謬または脱漏があること。 3）設計図書の表示が明確でないこと。 4）工事現場の形状、地質、湧水等の状態、施工上の制約等設計図書に示された自然的または人為的な施工条件と実際の工事現場が一致しないこと。 5）設計図書で明示されていない施工条件について予期することのできない特別な状態が生じたこと。 ②**監督員**は、①の規定による確認を請求されたとき、または自ら①に掲げる事実を発見したときは、**受注者**の立会いの上、直ちに調査を行わなければならない。ただし、**受注者**が立会いに応じない場合には、**受注者**の立会いを得ずに行うことができる。
臨機の措置	①**受注者**は、災害防止等のため必要があると認めるときは、**臨機の措置**をとらなければならない。この場合において、必要があると認めるときは、**受注者**は、あらかじめ**監督員**の意見を聴かなければならない。ただし、緊急やむを得ない事情があるときは、この限りでない。 ②前項の場合においては、**受注者**は、そのとった措置の内容を**監督員**に直ちに**通知**しなければならない。 ③**監督員**は、災害防止その他工事の施工上特に必要があると認めるときは、**受注者**に対して**臨機の措置**をとることを請求することができる。 ④**受注者**が、①③の規定により**臨機の措置**をとった場合において、当該措置に要した費用のうち、**受注者**が請負代金額の範囲において負担することが適当でないと認められる部分については、**発注者**が負担する。

これだけは覚える

条件変更といえば…1）～5）の内容を覚える。

用語解説

誤謬（ごびゅう）
まちがえ。

脱漏（だつろう）
もれおちる。

試験に出る

平成25年に出題
【過去10年に1回】

2.4 工期の変更等

工期の変更等に関する主な規定を表2-4に示す。

表2-4　工期の変更等

項目	内容
受注者の請求による工期の延長	①**受注者**は、天候の不良、**2.2（関連工事の調整）**の規定に基づく関連工事の調整への協力その他受注者の責めに帰すことができない事由により工期内に工事を完成することができないときは、その理由を明示した書面により、**発注者**に**工期の延長変更**を請求することができる。 ②**発注者**は、前項の規定による請求があった場合において、必要があると認められるときは、工期を延長しなければならない。**発注者**は、その工期の延長が**発注者**の責めに帰すべき事由による場合においては、請負代金額について必要と認められる変更を行い、または**受注者**に損害を及ぼしたときは必要な費用を負担しなければならない。
発注者の請求による工期の短縮等	①**発注者**は、特別の理由により工期を短縮する必要があるときは、**工期の短縮変更**を**受注者に請求**することができる。 ②**発注者**は、この約款の他の条項の規定により工期を延長すべき場合において、特別の理由があるときは、延長する工期について、通常必要とされる工期に満たない工期への**変更を請求**することができる。 ③**発注者**は、①②の場合において、必要があると認められるときは請負代金額を変更し、または**受注者**に損害を及ぼしたときは**必要な費用を負担**しなければならない。
工期の変更方法	**工期の変更**については、**発注者と受注者とが協議**して定める。ただし、協議開始の日から決められた日以内に協議が整わない場合には、**発注者**が定め、**受注者**に通知する。

2.5 損害

損害に関する主な規定を表2-5に示す。

表2-5　損害

項　目	内　容
一般的損害	工事目的物の引渡し前に、工事目的物又は工事材料について生じた損害その他工事の施工に関して生じた損害については、受注者がその費用を負担する。ただし、その損害のうち発注者の責めに帰すべき事由により生じたものについては、発注者が負担する。
第三者に及ぼした損害	①工事の施工について第三者に損害を及ぼしたときは、受注者がその損害を賠償しなければならない。ただし、その損害のうち発注者の責めに帰すべき事由により生じたものについては、発注者が負担する。 ②前項の規定にかかわらず、工事の施工に伴い通常避けることができない騒音、振動、地盤沈下、地下水の断絶等の理由により**第三者に損害**を及ぼしたときは、**発注者**がその損害を負担しなければならない。ただし、その損害のうち工事の施工につき**受注者**が善良な管理者の注意義務を怠ったことにより生じたものについては、**受注者**が負担する。 ③工事の施工について第三者との間に紛争を生じた場合においては、**発注者**および**受注者**は協力してその処理解決に当たるものとする。
不可抗力による損害	①工事目的物の引渡し前に、天災等発注者と**受注者**のいずれの責めにも帰すことができないもの（不可抗力）により、工事目的物、仮設物又は工事現場に搬入済みの工事材料もしくは建設機械器具に損害が生じたときは、**受注者**は、その事実の発生後直ちにその状況を**発注者**に通知しなければならない。 ②**発注者**は、通知を受けたときは、直ちに調査を行い、同項の損害の状況を確認し、その結果を**受注者**に通知しなければならない。 ③**受注者**は、損害の状況が確認されたときは、損害による費用の負担を**発注者**に請求することができる。

試験に出る

令和元年前期・後期、平成30年前期、平成27、26年に出題
【過去10年に5回】

2.6 検査等

検査等に関する主な規定を表2-6に示す。

表2-6　検査等

項　目	内　容
工事材料の品質および検査等	①工事材料の品質については、設計図書に定めるところによる。設計図書にその品質が明示されていない場合にあっては、中等の品質を有するものとする。 ②**受注者**は、設計図書において**監督員**の検査を受けて使用すべきものと指定された工事材料については、当該検査に合格したものを使用しなければならない。この場合において、当該検査に直接要する**費用**は、**受注者**の負担とする。 ③受注者は、工事現場内に搬入した工事材料を監督員の承諾を受けないで工事現場外に搬出してはならない。 ④**受注者**は、検査の結果不合格と決定された工事材料については、当該決定を受けた日から契約書に定められた日以内に工事現場外に搬出しなければならない。
監督員の立会い等	①**受注者**は、設計図書において**監督員**の立会いの上調合し、または調合について見本検査を受けるものと指定された工事材料については、当該立会いを受けて調合し、または当該見本検査に合格したものを使用しなければならない。 ②**受注者**は、設計図書において**監督員**の立会いの上施工するものと指定された工事については、当該立会いを受けて施工しなければならない。
設計図書不適合の場合の改造義務および破壊検査等	①**受注者**は、工事の施工部分が設計図書に適合しない場合において、**監督員**がその改造を請求したときは、当該請求に従わなければならない。この場合において、当該不適合が**監督員**の指示によるときその他**発注者**の責めに帰すべき事由によるときは、発注者は、必要があると認められるときは工期もしくは請負代金額を変更し、または受注者に損害を及ぼしたときは必要な費用を負担しなければならない。 ②**監督員**は、**受注者**が工事材料の監督員の検査または監督員の立会いの規定に違反した場合において、必要があると認められるときは、工事の施工部分を破壊して**検査**することができる。 ③**監督員**は、工事の施工部分が設計図書に適合しないと認められる相当の理由がある場合において、必要があると認められるときは、当該相当の理由を**受注者**に通知して、工事の施工部分を最小限度破壊して**検査**することができる。 ④前項②、③の場合において、検査および復旧に直接要する費用は受注者の負担とする。

次ページへ続く

表2-6　検査等（続き）

項目	内容
検査および引渡し	①受注者は、工事を完成したときは、その旨を発注者に通知しなければならない。 ②発注者は、通知を受けた日から14日以内に受注者の立会いの上、設計図書に定めるところにより、工事の完成を確認するための検査を完了し、当該検査の結果を受注者に通知しなければならない。この場合において、発注者は、必要があると認められるときは、その理由を受注者に通知して、**工事目的物を最小限度破壊**して検査することができる。 ③前項の場合において、検査または復旧に直接要する費用は、受注者の負担とする。 ④**発注者**は、②の検査によって工事の完成を確認した後、受注者が工事目的物の引渡しを申し出たときは、直ちに当該工事目的物の引渡しを受けなければならない。 ⑤**発注者**は、**受注者**が前項の申出を行わないときは、当該工事目的物の引渡しを請負代金の支払いの完了と同時に行うことを請求することができる。この場合においては、**受注者**は、当該請求に直ちに応じなければならない。 ⑥**受注者**は、工事が②の検査に合格しないときは、直ちに修補して**発注者**の検査を受けなければならない。

例題2-1　　令和元年後期　2級土木施工管理技術検定（学科）試験〔No.44〕 

公共工事標準請負契約約款に関する次の記述のうち，**誤っているもの**はどれか。

(1) 設計図書において監督員の検査を受けて使用すべきものと指定された工事材料の検査に直接要する費用は，受注者が負担しなければならない。

(2) 受注者は工事の施工に当たり，設計図書の表示が明確でないことを発見したときは，ただちにその旨を監督員に通知し，その確認を請求しなければならない。

(3) 発注者は，設計図書において定められた工事の施工上必要な用地を受注者が工事の施工上必要とする日までに確保しなければならない。

(4) 工事材料の品質については，設計図書にその品質が明示されていない場合は，上等の品質を有するものでなければならない。

ワンポイントアドバイス　上等ではなく中等の品質を有するものでなければならない。

正解：(4)

例題2-2　令和元年前期　2級土木施工管理技術検定（学科）試験〔No.44〕 

公共工事標準請負契約約款に関する次の記述のうち，**正しいもの**はどれか。

(1) 受注者は，一般に工事の全部若しくはその主たる部分を一括して第三者に請け負わせることができる。
(2) 発注者は，工事の完成を確認するため，工事目的物を最小限度破壊して検査を行う場合，検査及び復旧に直接要する費用を負担する。
(3) 発注者は，現場代理人の工事現場における運営などに支障がなく，発注者との連絡体制が確保される場合には，現場代理人について工事現場に常駐を要しないこととすることができる。
(4) 受注者は，工事の完成，設計図書の変更等によって不用となった支給材料は，発注者に返還を要しない。

ワンポイントアドバイス
(1) 第三者に請け負わせてはならない。
(2) 費用は、発注者ではなく受注者の負担とする。
(4) 不用となった支給材料は、発注者に返還しなければならない。

正解：(3)

例題2-3　平成29年1回　2級土木施工管理技術検定（学科）試験〔No.44〕 

公共工事で発注者が示す設計図書に**該当しないもの**は，次のうちどれか。

(1) 現場説明書
(2) 実行予算書
(3) 設計図面
(4) 特記仕様書

ワンポイントアドバイス　設計図書とは図面、仕様書、現場説明書および現場説明に対する質問回答書をいう。

正解：(2)

第Ⅱ編　施工管理等

第3章　図面等の見方

図面などの見方については、毎年1問出題されている。しかし数多い土木構造物の中で、どのような構造物の図面が出題されるかは不明である。そのため、過去10年に出題されたものを掲載する。

3.1　図面等の見方に慣れる

図面関係は、広い分野から出題されているので、各種の土木設計図に見慣れておくことが重要である。また、問題によっては、ある程度の土木設計の知識が必要なものもあるが、ここでは土木設計に関しての記述は省略するので、他の参考書を参考にすること。

試験に出る
令和元年前期、平成30年前期、平成29年第1回、平成27年に出題
【過去10年に4回】

(1) 逆T型擁壁

令和元年前期　2級土木施工管理技術検定（学科）試験〔No.45〕
平成30年前期　2級土木施工管理技術検定（学科）試験〔No.45〕
例題3-1　平成29年第1回　2級土木施工管理技術検定（学科）試験〔No.45〕

下図は逆T型擁壁の断面図であるが，逆T型擁壁各部の名称と寸法記号の表記として2つとも**適当なもの**は，次のうちどれか。

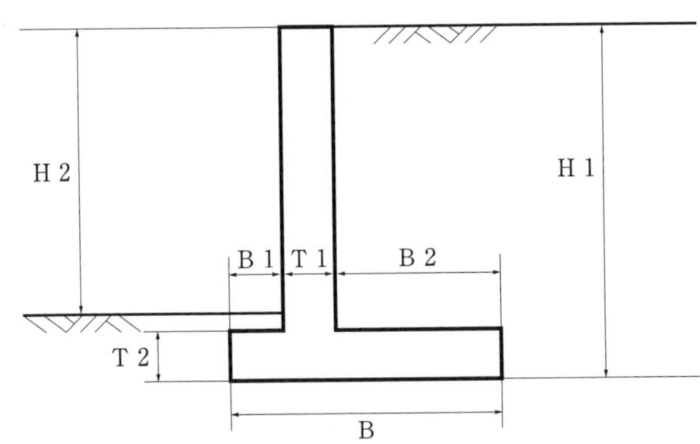

（1）擁壁の高さH1，つま先版幅B1　　（2）擁壁の高さH1，底版幅B2
（3）擁壁の高さH2，たて壁厚B1　　（4）擁壁の高さH2，かかと版幅B2

ワンポイントアドバイス H1：擁壁の高さ、H2：擁壁の地上高、B：底版幅、B1：つま先版幅、B2：かかと版幅、T1：たて壁厚、T2：底版（つま先版、かかと版）厚

正解：(1)

例題3-2　平成27年度　2級土木施工管理技術検定（学科）試験〔No.45〕

右図は逆T型擁壁の断面配筋図を示したものである。たて壁の引張側の主鉄筋の**呼び名**は次のうちどれか。

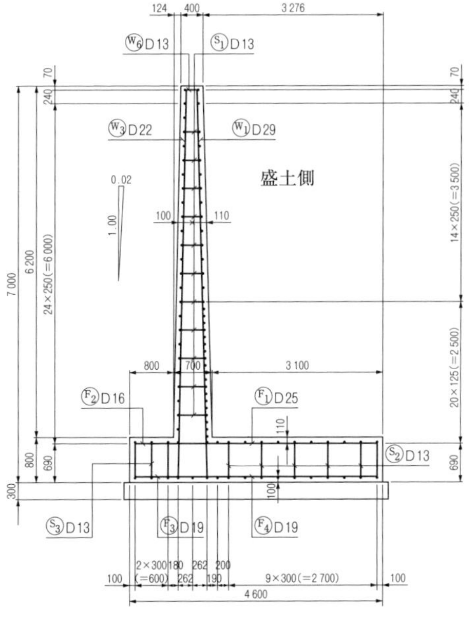

逆T型擁壁の断面配筋図
（単位：mm）

（1）D19　　（2）D22　　（3）D25　　（4）D29

ワンポイントアドバイス 逆T型擁壁のたて壁は、底板との結合部を固定する片持ちばりとして設計され、水平方向の土圧が荷重となる。このため、たて壁の盛土側が引張側となる。配筋図より、たて壁の引張側の主鉄筋は、盛土側でたて方向に配置されたW_1であり、呼び名はD29である。

正解：(4)

試験に出る

令和2年後期、令和元年後期、平成30年後期、平成29年2回、平成26年に出題
【過去10年に5回】

(2)橋梁

例題3-3　令和2年後期　2級土木施工管理技術検定（学科）試験〔No.45〕
令和元年後期　2級土木施工管理技術検定（学科）試験〔No.45〕

下図は道路橋の断面図を示したものであるが，（イ）～（ニ）の構造名称に関する次の組合せのうち，**適当なもの**はどれか。

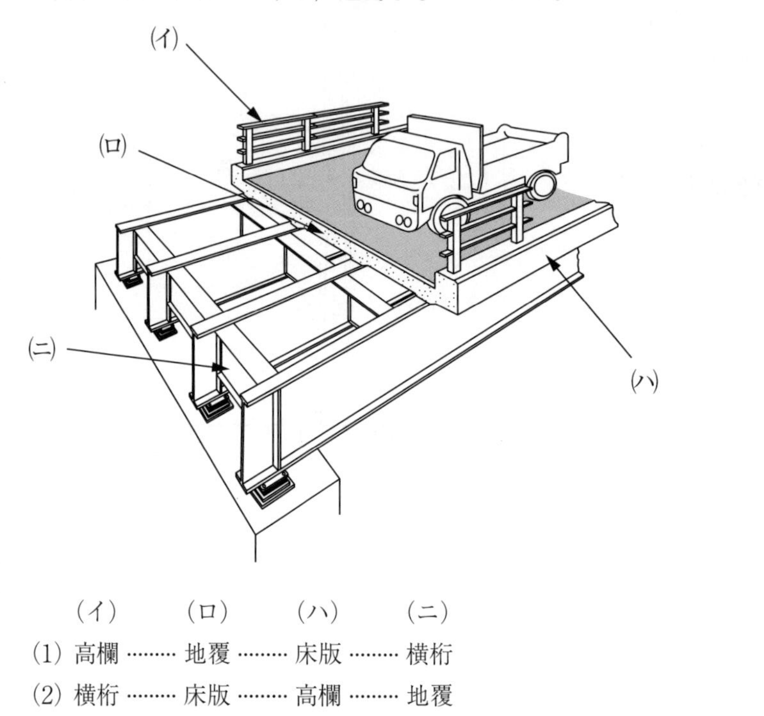

	（イ）	（ロ）	（ハ）	（ニ）
(1)	高欄 ………	地覆 ………	床版 ………	横桁
(2)	横桁 ………	床版 ………	高欄 ………	地覆
(3)	高欄 ………	床版 ………	地覆 ………	横桁
(4)	地覆 ………	横桁 ………	高欄 ………	床版

ワンポイントアドバイス

・高欄（こうらん）とは、歩道と車道の区別がある橋の地覆（じふく）上に、歩行者の安全のために設ける柵状の防護施設。
・床版とは、自動車や人などの荷重を直接受ける部材。
・地覆（じふく）とは、歩行者および自動車の安全のため、橋の側端部に道路面より高く段差をつけた縁取りの部分。
・横桁とは、橋軸に対して横方向に設けられた桁で、主桁にかかる荷重を分散する。

正解：(3)

例題3-4　平成30年度後期　2級土木施工管理技術検定（学科）試験〔No.45〕 

下図は道路橋の断面図を示したものであるが，次の（イ）～（ニ）の各構造名に関する次の組合せのうち，**適当なもの**はどれか。

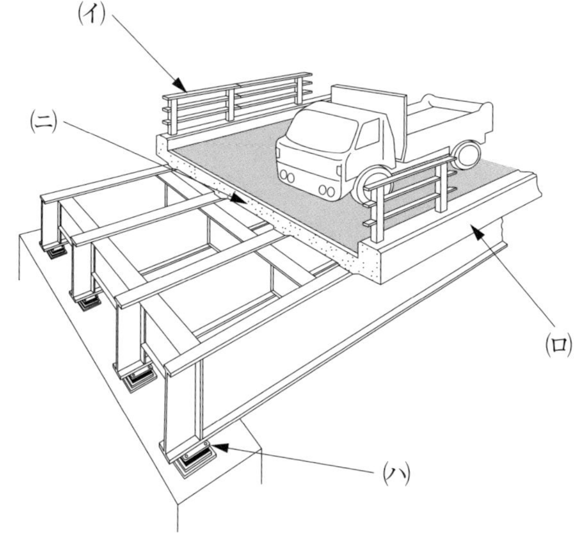

	（イ）	（ロ）	（ハ）	（ニ）
(1)	高欄	鉄筋コンクリート床版	地覆	支承
(2)	地覆	支承	鉄筋コンクリート床版	高欄
(3)	支承	鉄筋コンクリート床版	高欄	地覆
(4)	高欄	地覆	支承	鉄筋コンクリート床版

ワンポイントアドバイス 支承とは、橋の上部構造を支持して荷重を下部構造に伝達させる機能を有する構造で、上部構造の変形に対する自由度に応じて固定支承と可動支承がある（その他の名称は、例題3-5のワンポイントアドバイス参照）。

正解：(4)

例題3-5　平成29年第2回　2級土木施工管理技術検定（学科）試験〔No.45〕

下図は橋梁の一般図を表わしたものであるが，次のA～Dのうち**支間を示すもの**はどれか。

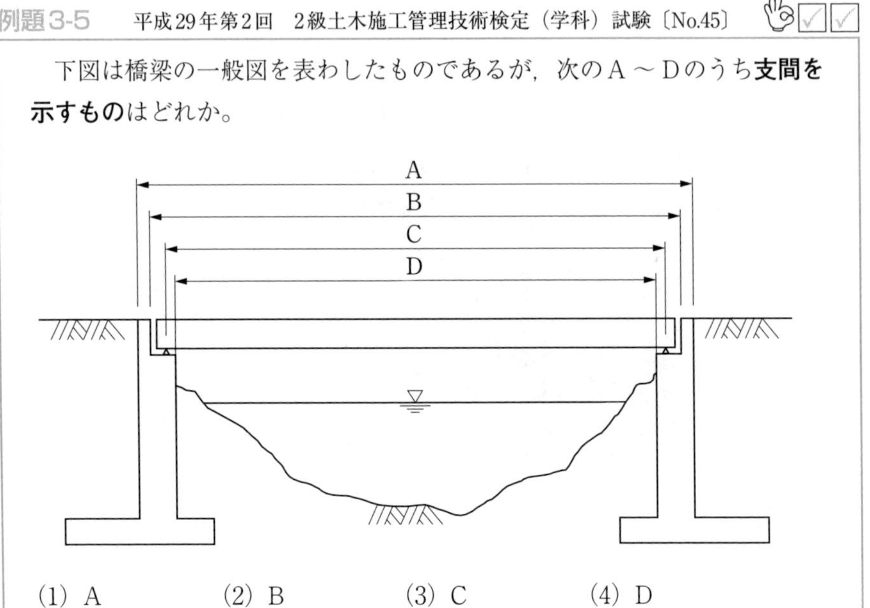

(1) A　(2) B　(3) C　(4) D

ワンポイントアドバイス
- Aは定義されていない。
- Bは橋長であり、両端の橋台のパラペット（胸壁）前面間の長さである。
- Cは支間であり、支承中心間距離を表す。
- Dは径間であり、橋脚や橋台の全面区間の長さである。

正解：(3)

例題3-6　平成26年度　2級土木施工管理技術検定（学科）試験〔No.45〕

下図に示す道路の橋台構造一般図に関する次の記述のうち，**適当でないもの**はどれか。

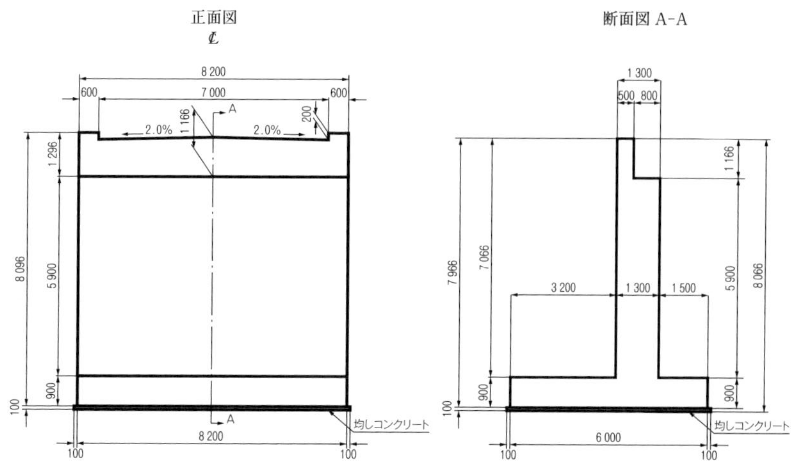

橋台構造一般図（単位：mm）

(1) パラペット（胸壁）の高さは1.166mである。

(2) 車道幅員は8.2mである。

(3) フーチングの厚さは0.9mである。

(4) 横断勾配は2.0%である。

ワンポイントアドバイス　車道とは、車両の走行に使用される道路上の部分で、地覆や縁石等は含まない。車道幅員は、正面図で地覆部を除いて7000mmと表示されている。

正解：(2)

平成28、24年に出題
【過去10年に2回】

(3) 道路

例題3-7 平成28年 2級土木施工管理技術検定(学科)試験〔No.45〕

下図の道路横断面図に関する次の記述のうち，**適当でないもの**はどれか。

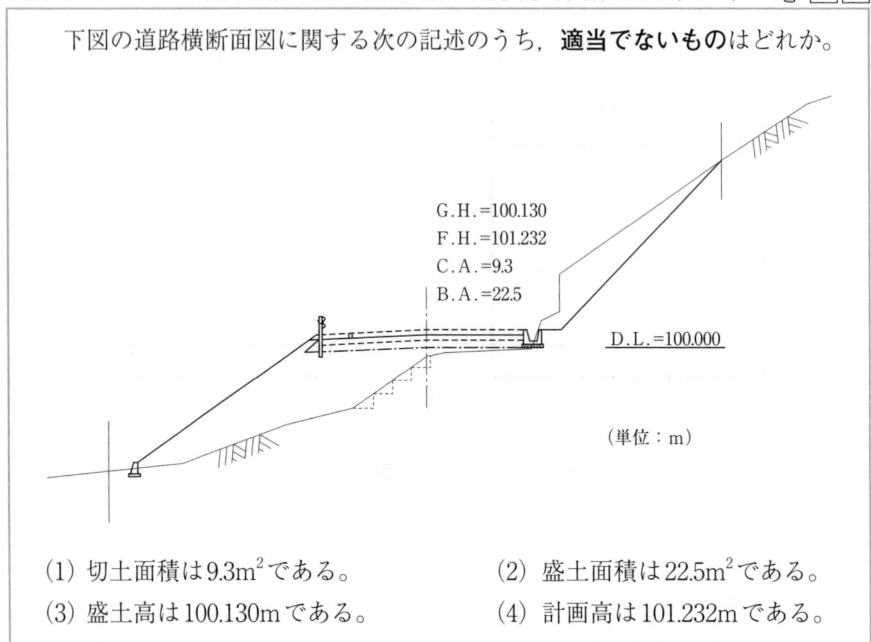

(1) 切土面積は9.3m^{2}である。　(2) 盛土面積は22.5m^{2}である。

(3) 盛土高は100.130mである。　(4) 計画高は101.232mである。

ワンポイントアドバイス　一般に、道路横断面図には盛土高は記入しない。またG.H.＝100.130は地盤高である。(詳細は例題3-8のワンポイントアドバイスを参照)

正解：(3)

例題3-8　平成24年度　2級土木施工管理技術検定（学科）試験〔No.45〕

下図は，道路の横断面図を示したものである。図の㋑～㋥で，**現地盤高を示しているもの**はどれか。

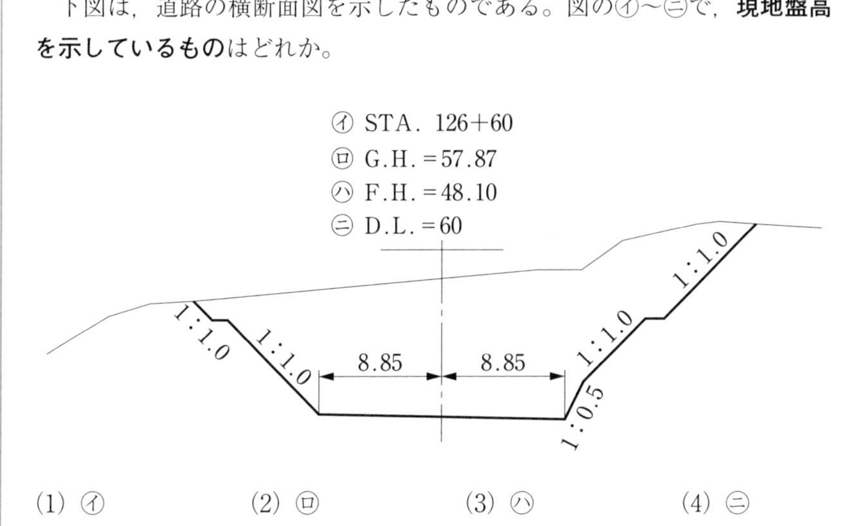

(1) ㋑　(2) ㋺　(3) ㋩　(4) ㋥

ワンポイントアドバイス　道路の横断面図の記載事項には、次のものがある。

- 測点番号（STA. またはNo.）
- 地盤高（G. H.）
- 計画高（F. H. またはP. H.）
- 切土面積（C. A. またはC）
- 盛土面積（B. A. またはB）
- 基準面（D. L.）

正解：(2)

平成25、23年に出題
【過去10年に2回】

(4) 堤防

例題3-9　平成25年度　2級土木施工管理技術検定（学科）試験〔No.45〕

下図は，海岸堤防の形式を示したものであるが，次の（A）～（D）のうち**混成型**はどれか。

(A)

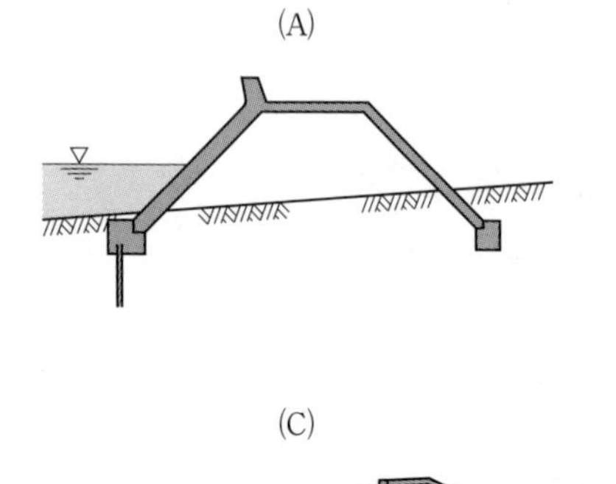

(B)

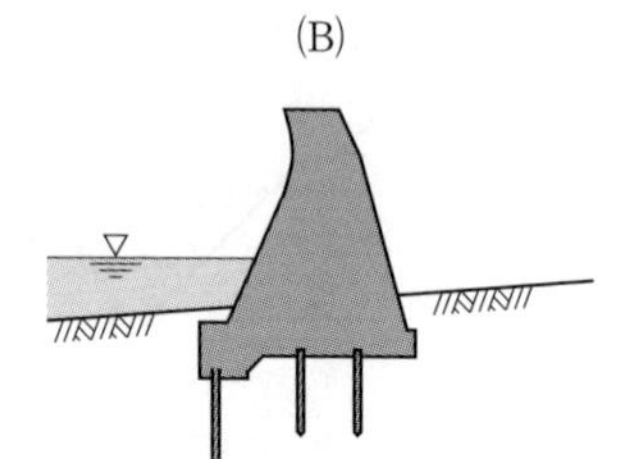

(C)

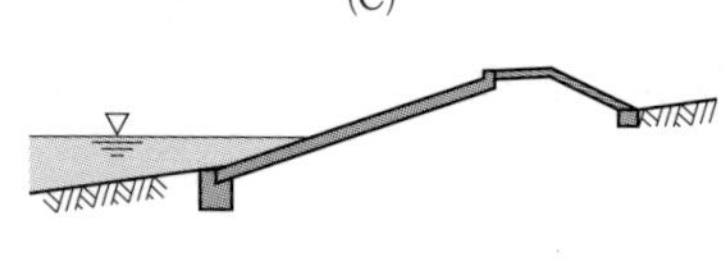

(D)

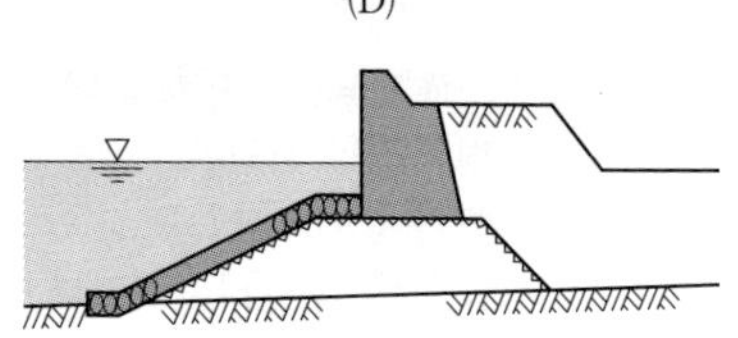

(1)（A）
(2)（B）
(3)（C）
(4)（D）

ワンポイントアドバイス

堤防の形式の分類は、前面の勾配により傾斜型、緩傾斜型、直立型および混成型の４種類に分類される。

（A）は、勾配が１：１以上なので傾斜型である。

（B）は、勾配が１：１未満なので直立型である。

（C）は、傾斜堤の中で勾配が１：３以上なので緩傾斜型である。

混成型は、捨石マウンド等の傾斜型構造物の上に、ケーソンやブロックなどの直立型構造物が載せられたもの、あるいは直立壁に傾斜堤が載せられたものをいうので、（D）が該当する。

正解：(4)

例題3-10　　平成23年度　2級土木施工管理技術検定（学科）試験〔No.45〕 

下図は，河川堤防の横断面を示したものであるが，図の（A）～（D）のうち，**表小段**はどれか。

(A)　(B)　(C)　(D)　HWL

基礎地盤

(1)　A　　(2)　B　　(3)　C　　(4)　D

ワンポイントアドバイス　Aは犬走り、Bは裏小段、Cは天端、Dは表小段である。また、河川堤防では、流水がある側が表である。

正解：(4)

第4章 建設機械

建設機械については、一般土木の選択問題として出題されるほかに、施工管理等の必須問題として毎年2問出題されている。

よく出る!★
令和2年後期、令和元年前期・後期、平成30年前期・後期、平成29年第2回、平成28、27、25、24年に出題
【過去10年に10回】

4.1 建設機械一般

建設機械は、その機械の種類によって性能の表示方法が異なり、主な作業に関係する性能で表す。

(1) 主な建設機械の特徴

主な建設機械の特徴は、土木一般の選択問題と施工管理等の必須問題の両方で出題されている。詳細については、15ページ「1.5　建設機械」を参照すること。

例題4-1　令和元年前期　2級土木施工管理技術検定（学科）試験〔No.46〕

建設機械の用途に関する次の記述のうち，**適当でないもの**はどれか。

(1) ドラグラインは，ワイヤロープによってつり下げたバケットを手前に引き寄せて掘削する機械で，しゅんせつや砂利の採取などに使用される。
(2) ブルドーザは，作業装置として土工板を取り付けた機械で，土砂の掘削・運搬（押土），積込みなどに用いられる。
(3) モータグレーダは，路面の精密な仕上げに適しており，砂利道の補修，土の敷均しなどに用いられる。
(4) バックホゥは，機械が設置された地盤より低い場所の掘削に適し，基礎の掘削や溝掘りなどに使用される。

ワンポイントアドバイス　ブルドーザによる積込みはできない。

正解：(2)

例題4-2　平成30年前期　2級土木施工管理技術検定（学科）試験〔No.46〕

建設機械に関する次の記述のうち，**適当でないもの**はどれか。

(1) バックホゥは，かたい地盤の掘削ができ，機械の位置よりも低い場所の掘削に適する。
(2) ドラグラインは，軟らかい地盤の掘削など，機械の位置よりも低い場所の掘削に適する。
(3) ローディングショベルは，掘削力が強く，機械の位置よりも低い場所の掘削に適する。
(4) クラムシェルは，シールド工事の立坑掘削など，狭い場所での深い掘削に適する。

ワンポイントアドバイス　ローディングショベルは、機械の位置よりも高い場所の掘削に適する。

正解：(3)

試験に出る

平成29年第1回、平成26年に出題【過去10年に2回】

これだけは覚える

モーターグレーダの規格といえば…ブレードの幅で表す。

用語解説

運転質量

完全な作業装置を装備して作業するときの総質量（オペレータを含んだときの総質量）。

用語解説

定格総荷重

133ページの用語解説を参照。

(2) 主な建設機械の性能表示

主な建設機械の規格（性能表示）の表し方を、表4-1に示す。

表4-1　建設機械の規格（性能表示）

建設機械	規格
ブルドーザ	機械質量（t）
トラクターショベル	バケット容量（m^3）
スクレーパ	ボウル容量（m^3）
ショベル系掘削機	バケット容量（m^3）
モーターグレーダ	ブレード幅（m）
タイヤローラ・ロードローラ・振動ローラ	運転質量（t）
クレーン	定格総荷重（ t ）
ダンプトラック	最大積載質量（ t ）

例題4-3　平成29年第1回　2級土木施工管理技術検定（学科）試験〔No.46〕 

建設工事における建設機械の「機械名」と「性能表示」に関する次の組合せのうち、**適当なもの**はどれか。

［機械名］　　　　　　［性能表示］

(1) ロードローラ ……………… 質量（t）
(2) バックホゥ ………………… バケット質量（kg）
(3) ダンプトラック ………… 車両重量（t）
(4) クレーン …………………… ブーム長（m）

ワンポイントアドバイス
・バックホウの性能表示は、バケット容量（m³）で表す。
・ダンプトラックの性能表示は、最大積載質量（t）で表す。
・クレーンの性能表示は、定格総荷重（t）で表す。

正解：(1)

試験に出る
令和元年前期、平成30年後期、平成28年に出題
【過去10年に3回】

(3) トラフィカビリティー

建設機械が軟弱な土の上を走行する場合、土の種類や含水比によって作業能率が大きく異なる。特に高含水比の粘性土や粘土では、建設機械の走行に伴うこね返しにより土の強度が低下し、走行不能になることもある。このように**車両の走行の良否**を**トラフィカビリティー**といい、ポータブルコーン貫入試験で測定した**コーン指数**の値で判断される。

表4-2に主な建設機械の走行に必要なコーン指数を示す。

表4-2　建設機械の走行に必要なコーン指数

建設機械の種類	コーン指数 q_c（kN/m²）
超湿地ブルドーザ	200以上
湿地ブルドーザ	300以上
普通ブルドーザ（15t級）	**500以上**
普通ブルドーザ（21t級）	700以上
スクレープドーザ	600以上（超湿地型は400以上）
被けん引式スクレーパ（小形）	700以上
自走式スクレーパ（小形）	1,000以上
ダンプトラック	**1,200以上**

例題4-4　令和元年前期　2級土木施工管理技術検定（学科）試験〔No.49〕

施工計画の作成にあたり，建設機械の走行に必要なコーン指数が**最も大きい建設機械**は次のうちどれか。

(1) 普通ブルドーザ（21 t級）
(2) ダンプトラック
(3) 自走式スクレーパ（小型）
(4) 湿地ブルドーザ

ワンポイントアドバイス　表4-2より、湿地ブルドーザ<普通ブルドーザ（21 t級）<自走式スクレーパ（小型）<ダンプトラックである。

正解：(2)

(4) 運搬距離と勾配

土工では、土の運搬が主要な工事の一つである。特に多量の土を移動する場合は、運搬機械を選定するときに、運搬距離や勾配および作業場の面積に注意が必要である。

運搬距離

表4-3に主な運搬機械の適用運搬距離を示す。

表4-3　運搬機械と土の適用運搬距離

運搬機械の種類	適用運搬距離
ブルドーザ	60m以下
スクレープドーザ	40～250m
被けん引式スクレーパ	60～400m
自走式スクレーパ	200～1200m
ショベル系掘削機＋ダンプトラック	100m以上

勾配

運搬機械が坂路を上る場合には、速度が遅くなり、作業効率が低下する。逆に下る場合には、一定の勾配を超えると速度が増し危険である。一般に、運搬路の勾配の適応限界は、被けん引式スクレーパやスクレープドーザが **15～25%**、自走式スクレーパやダンプトラックでは **10%**以下、坂路が短くても **15%**が限界である。

試験に出る

令和2年後期、平成30年前期、平成25、24年に出題
【過去10年に4回】

(5) 作業能力の算定

土工機械の作業能力は、単独の機械または組み合わされた機械の時間あたりの平均作業量で表す。また、それが1日あるいは1ヶ月あたりの作業能力を表す場合の基本となる。一般に、時間あたりの作業量Qは、次式で求める。

$$Q = q \times n \times f \times E \ (m^3/h)$$

q：1作業サイクルあたりの標準作業量（m^3）

n：時間あたりの作業サイクル数（1時間にその作業ができる回数）

時間あたりのサイクル数nは、サイクルタイム（1回の作業に要する時間）C_mの単位が分の場合は$60/C_m$、秒の場合は$3600/C_m$となる。

f：土量換算係数

qは、ほぐされた状態であるが、求めるQは一般に地山の土量であるので、qを地山の土量に換算するため、$f=1/L$とする場合が多い。

E：作業効率

現場の地形や土質などの状況によって決めるもので、これに影響を与える要因としては、次のようなものがある。

- 気象条件
- 地形や作業場の広さ
- **土質の種類や状態**
- **工事の規模**や作業の連続性
- 交通条件、工事の段取り
- 建設機械の管理状態
- 運転員の技量

ひとこと

土量の変化率については、5ページ「1.2　土量の変化」を参照。

ブルドーザの作業量

ブルドーザのサイクルタイムC_mの時間は分で計算するので、$n=60/C_m$となり、次式で求める。

$$Q = \frac{q \times f \times E}{C_m} \times 60 \ (m^3/h)$$

q：1回の掘削押土量（m^3）

ショベル系掘削機の作業量

ショベル系掘削機のサイクルタイムC_mの時間は秒で計算するので、n＝3600／C_mとなり、次式で求める。

$$Q = \frac{q_0 \times K \times f \times E}{C_m} \times 3600 \ (m^3/h)$$

q_0：バケット容量　　K：バケット係数（バケットの形などで決まる係数）

ダンプトラックの作業量

ダンプトラックのサイクルタイムC_mの時間を分で計算した場合、n＝60／C_mとなり、次式で求める。

$$Q = \frac{q \times f \times E}{C_m} \times 60 \ (m^3/h)$$

q：1回の積載土量（m^3）

ダンプトラックの所要台数

積込み機械を有効に稼働させるのに必要な組合せダンプトラックの台数N（台）は、次式で求められる。

$$N = Q_S / Q_D \ (台)$$

Q_S：積込み機械の運転時間あたりの作業量（m^3／h）

Q_D：ダンプトラック1台の運転時間あたりの作業量（m^3／h）

例題4-5　　令和2年後期　2級土木施工管理技術検定（学科）試験〔No.49〕

ダンプトラックを用いて土砂を運搬する場合，時間当たり作業量（地山土量）Qとして，次のうち**正しいもの**はどれか。

ただし，土質は普通土（土量変化率　L＝1.2　C＝0.9とする）

$$Q = \frac{q \times f \times E \times 60}{C_m} (m^3/h)$$

ここに　q：1回の積載土量　5.0m^3　　f：土量換算係数

E：作業効率　0.9　　Cm：サイクルタイム（25min）

（1）9m^3/h　（2）10m^3/h　（3）11m^3/h　（4）12m^3/h

ワンポイントアドバイス　qはほぐした土量であり、求めるQは地山の土量であるので、qを地山の土量に換算するため、$f=\frac{1}{L}$となる。

$$Q=\frac{q\times\frac{1}{L}\times E\times 60}{C_m}=\frac{5\times\frac{1}{1.2}\times 0.9\times 60}{25}=9\,(m^3/h)$$

正解：(1)

平成23年に出題
【過去10年に1回】

4.2 建設機械の組合せ

掘削から締固めまでの土工事を行う場合、組み合わせる建設機械の作業能力が均衡するように規格と台数を決めることが必要である。表4-4に作業の種類と主な建設機械の組合せ例を示す。

表4-4　作業と建設機械の組合せ例

作業の種類	組合せ建設機械
伐開・除根・積込み・運搬	ブルドーザ+バックホゥ（トラクターショベル）+ダンプトラック
掘削・積込み・運搬	集積（補助）ブルドーザ+積込み機械+ダンプトラック
敷均し・締固め	モーターグレーダ+タイヤローラ+マカダムローラ
掘削積込み・運搬・まき出し	自走式スクレーパ+プッシャ（後押し用トラクタ）

組合せ機械については、次の点に留意する。

- 各建設機械の**作業能力**に**大きな格差**を生じないように、建設機械の規格と台数を決めることが必要である
- 組み合わせた一連の作業の作業能力は、組み合わせた建設機械の中で最小の作業能力の建設機械によって決定される
- **従作業**の施工能力を**主作業**の施工能力と**同等**か、あるいは幾分高めに計画を立てる
- 全体的に建設機械の**作業能力のバランス**をとると、作業系列全体の**施工単価が安く**なる

第5章 施工計画

土木構造物を契約図書に定められた内容に基づき、現場および周辺の環境に配慮しながら、決められた工期内に最小の費用で、品質と安全を確保して施工するために、必要な条件と具体的な方法を生み出すことを施工計画という。

試験に出る
令和2年後期、平成27、26、25、24、23年に出題
【過去10年に6回】

5.1 施工計画の基本事項

施工計画は、実際に工事を進める上で基本となるため、十分な**予備調査**によって慎重に立案するだけでなく、工事中においても常に**計画と対比**し、計画とずれが生じた場合には、適切な是正処置をとらなければならない。また、発注者側と十分協議して、その意図を理解した上で、計画を立てる。

ひとこと
受注者は、工事着手前に工事目的物を完成するために必要や手順や工法等についての施工計画書を監督職員に提出しなければならない。

(1) 施工計画を立てるときの留意事項

施工計画は、次の点に留意して計画する。

①発注者の要求品質を確保するとともに、安全を最優先にした施工計画とする。
②施工計画は、複数の案を立て、その中から選定する。
③過去の同種工事の資料を集め、それを参考として検討する。また従来の方法にとらわれず、できるだけ新しい方法や改良を試みることが大切である。
④個人の考えや技術水準だけで計画せず、企業内の関係組織を活用して、全社的な技術水準で検討することが望ましい。

⑤**発注者**から示された工程が、**最適工程であるとは限らない**ので、経済性や安全性、品質の確保を考慮して検討する。

⑥**簡単な工事**でも、必ず適正な**施工計画を立てて見積り**をすることが大切である。

用語解説

契約条件
物価や労務費の変動による契約変更、工事代金の支払条件など請負契約書の中で規定される条件。

(2) 施工計画立案の手順

施工計画立案の手順は、図5-1に示すようにまず事前調査を行い、それぞれの計画を立てる。

事前調査	発注者との**契約条件**の確認 **現場条件**など実地調査	・設計図書、契約書など ・地形、地質、気象、輸送、交通、地下構造など
↓		
施工技術計画	施工の順序と施工方法 工程計画 使用機械計画	・作業工程の流れとその施工方法 ・1日あたりの作業量、工程表 ・使用機械の選定と組合せ
↓		
仮設備計画	仮設備の設計 仮設備の配置計画	・**直接仮設**（工事用道路、給排水設備、電力設備、安全設備など） ・**間接仮設**（現場事務所、作業員宿舎、倉庫など）
↓		
調達計画	労務計画 機械計画 資材計画	・職種、人数と期間 ・機種、数量と期間 ・種類、数量と時期
↓		
管理計画	品質保証計画 環境保全計画 現場管理組織 安全衛生計画 実行予算・資金計画	・管理基準の設定 ・公害防止計画（騒音振動、建設廃棄物、水質汚濁、土壌汚染など） ・社員編成表 ・安全管理組織、安全対策 ・工事原価の管理基準

図5-1　施工計画立案の手順

(3) 工程・原価・品質の関係

施工計画を立案するうえで、基本事項となる工程・原価・品質の一般的な関係は、図5-2において次のようになる。

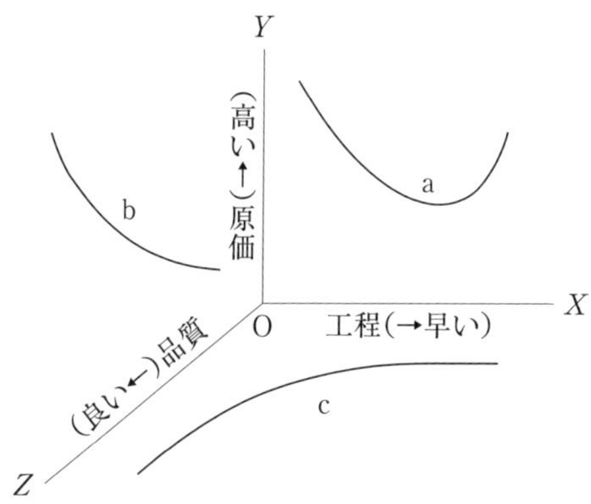

図5-2　工程・原価・品質の関係

工程と原価の関係

施工速度を遅らせて施工量を少なくすると、単位施工量あたりの原価は一般に高くなる。また極端に施工速度を早めると、突貫工事となり、単位施工量あたりの原価が高くなる。施工速度が最適のときに、単位施工量あたりの原価が最も安くなり、その関係は曲線aで示される。

用語解説

突貫工事
人力、資材、機材を大量に投入し、工期を大幅に短縮して行う工事。工期短縮を優先するため、原価は高くなる。

原価と品質の関係

一般に、**品質がよいと原価が高く**なり、**悪いと原価が安く**なる。その関係は曲線bで示される。

品質と工程の関係

一般に、**品質のよい**ものを得ようとすると**工期は長く**なり、**悪いもの**でよければ**工期は短く**なる。その関係は曲線cで示される。

これだけは覚える
工程・原価・品質といえば…特に工程と原価の関係が重要である。

このように工程・原価・品質は互いに関連しあっている。そのため、施工計画を立てるときは、これらの関係を考慮しながら、最善の計画を立てることが望ましい。

例題5-1　令和2年後期　2級土木施工管理技術検定（学科）試験〔No.48〕 

施工計画作成の留意事項に関する次の記述のうち，**適当でないもの**はどれか。

(1) 施工計画は，企業内の組織を活用して，全社的な技術水準で検討する。
(2) 施工計画は，過去の同種工事を参考にして，新しい工法や新技術は考慮せずに検討する。
(3) 施工計画は，経済性，安全性，品質の確保を考慮して検討する。
(4) 施工計画は，一つのみでなく，複数の案を立て，代替案を考えて比較検討する。

ワンポイントアドバイス　施工計画は、過去の同種工事を参考にするが、新しい工法や改良を試みることが大切である。

正解：(2)

5.2 施工計画の内容

新傾向 NEW
令和元年前期・後期、平成30年前期・後期、平成29年第1回・第2回、平成28、24年に出題
【過去10年に8回】

(1) 事前調査 NEW

事前調査には、契約条件の確認と現場条件の調査がある。

契約条件の確認

工事内容の理解のため、**契約約款、設計図および仕様書**の内容を検討し、**工事数量の確認**を行う。もしその内容に疑問があれば、発注者に問い合わせる。

主な確認内容を表5-1に示す。

表5-1　契約条件の確認内容

契約内容の確認	・**事業損失、不可抗力による損害に対する取扱い方法** ・**工事中止に基づく損害に対する取扱い方法** ・資材、労務費の変動に基づく請負代金の変更 ・**かし担保の範囲**など ・**工事代金の支払い条件** ・**数量の増減による変更の取扱い方法**
設計図書の確認	・図面と現場との相違点および数量の違算の有無 ・**図面、仕様書、施工管理基準などによる規格値や基準値** ・**工事材料の品質や検査の方法** ・現場説明事項の内容
その他の確認	・監督職員の指示、承諾、協議事項の範囲 ・当該工事に影響する付帯工事、関連工事 ・工事が施工される都道府県、市町村の各種条例とその内容

現場条件の調査

現場条件の事前調査の結果が、その後の施工計画の良否を決めるので、個々の現場に応じた適切な事前調査を実施する必要がある。

現場条件の事前調査項目を表5-2に示す。

表5-2　現場条件の事前調査項目

自然条件	**地形、地質、地下水**、気象など
近隣環境 工事公害	**現場用地の状況、近接構造物**、近隣施設（病院・学校など）、文化財、**地下埋設物、地上障害物**、交通量、騒音・振動の影響、作業時間の制限、建設副産物の処分先など
輸送・電力 用水・用地	**鉄道・道路状況**、工事用電力・用水の供給、**工事用地、事務所用地**、電話・通信設備など
労務・資機材	**労務の供給、賃金水準、資機材の調達先**など

例題5-2　　令和元年前期　2級土木施工管理技術検定（学科）試験〔No.47〕 

施工計画作成のための事前調査に関する次の記述のうち，**適当でないもの**はどれか。

(1) 近隣環境の把握のため，現場周辺の状況，近隣施設などの調査を行う。
(2) 工事内容の把握のため，設計図書及び仕様書の内容などの調査を行う。
(3) 現場の自然条件の把握のため，地質調査，地下埋設物などの調査を行う。
(4) 労務・資機材の把握のため，労務の供給，資機材などの調達先などの調査を行う。

ワンポイントアドバイス　地下埋設物は自然条件ではなく、近隣環境である。

正解：(3)

(2) 施工技術計画

施工技術計画の主な内容は次のとおりである。

作業計画

予定された**工程**、**仕様書**に示された品質、工事現場の諸条件などを考慮して、各作業の最適の施工法と使用機械の組合せを決定し、どのようにこれらを配置し作業させるかを計画する。また**施工手順**を検討する際は、次の点に留意する。

- **全体工期、全体工費**に及ぼす影響の大きい工種を**優先**して考える
- 工事施工上の制約条件（環境・立地など）を考慮して、労働力、材料、機械など**工事の円滑な回転**を図る
- 全体のバランスを考え、**作業の過度な集中を避ける**
- 繰返し作業を増やすことにより、習熟を図り、効率を高める

工程計画

工事を予定した期間内に完成するため、工事全体が無駄なく整然と順序どおり円滑に進むように計画することを工程計画という。

よく出る！★

令和２年後期、令和元年前期、平成30年後期、平成29年第１回・第２回、平成28、25年に出題

【過去10年に7回】

これだけは覚える

仮設備といえば…指定仮設は契約変更の対象となるが、任意仮設は契約変更の対象とはならない。

工程計画を立てるには、設計図書から工事量を的確に把握し、使用する機械・設備・人などの**１日あたりの作業量**を、過去の実績や経験、現場の条件などを参考にして算出する。これらをもとに定められた**工期・施工順序**に従い、**各工種の始めと終わりの時期を合理的に決定**する。

(3) 仮設備計画 ★

仮設備とは、目的とする構造物を建設するために必要な工事用施設で、原則として工事完成時に取り除かれるものである。

指定仮設と任意仮設

仮設備は、契約上の取扱いによって、表5-3のような指定仮設と任意仮設に分かれる。

表5-3　指定仮設と任意仮設

種類	内容
指定仮設	土留め、締切りなどで特に大規模で重要なものがある場合に、本工事と同様に**発注者が設計図書**でその**構造や仕様を指定**するもので、**仮設備の変更**が必要になった場合には、**設計変更（数量の増減などの契約内容の変更）の対象**となり、**発注者の承認**を得なければならない。
任意仮設	仮設備の経費は、契約上一式計上され、特にその構造について条件は明示されず、どのようにするかは**施工業者の自主性と企業努力にゆだねられている**ものであり、**契約変更の対象とはならない。**

直接仮設と間接仮設

仮設備工事は、表5-4に示すように本工事施工のために直接必要な直接仮設工事と、工事事務所などのように工事の遂行に必要な間接仮設工事がある。また、指定仮設の対象となるものは、直接仮設である。

主な直接仮設工事と間接仮設工事を表5-4に示す。

表5-4　主な仮設工事

種類	主な工事名
直接仮設工事	**工事用道路**、足場、工事用電力設備、**材料置場**、土留め工、**仮締切工**、コンクリート打設設備（型枠、型枠支保工等）、安全施設、バッチャープラントなど
間接仮設工事	**工事事務所**、**労務宿舎**、倉庫など

仮設備計画（任意仮設）の要点

仮設備（任意仮設）は、特にその構造について明示されずどのようにするかは施工業者自身の判断に任されているので、施工業者の企業努力や技術力が発揮できるものである。仮設備計画は、次の点に留意する。

- 仮設備は、本工事と比べて、**施工業者の技術と工夫や改善の余地**が多く残されているので、工事規模に見合った、むだやむりのない合理的な計画を立てなければならない
- 仮設備は、その使用目的や期間に応じて、構造計算を行い、**労働安全衛生規則などの基準に合致**しなければならない
- 仮設備は、仮設備の設置、維持管理、撤去、後片付け工事まで含めて計画する
- 材料は、一般の**市販品**を使用し、可能な限り規格を統一する。また他工事にも転用できるような計画にする

例題5-3　令和元年前期　2級土木施工管理技術検定（学科）試験〔No.48〕 

工事の仮設に関する次の記述のうち，**適当でないもの**はどれか。

(1) 仮設には，直接仮設と間接仮設があり，現場事務所や労務宿舎などの快適な職場環境をつくるための設備は，直接仮設である。

(2) 仮設は，使用目的や期間に応じて構造計算を行い，労働安全衛生規則の基準に合致するかそれ以上の計画としなければならない。

(3) 仮設は，目的とする構造物を建設するために必要な施設であり，原則として工事完成時に取り除かれるものである。
(4) 仮設には，指定仮設と任意仮設があり，指定仮設は変更契約の対象となるが，任意仮設は一般に変更契約の対象にはならない。

ワンポイントアドバイス　現場事務所や労務宿舎などは、間接仮設である。

正解：(1)

新傾向 NEW
令和元年後期、平成30年後期、平成29年第2回目、平成25年に出題
【過去10年に4回】

(4) 調達計画 NEW

調達計画は、表5-5に示すように、工程計画に基づき労務の調達や、材料・機械などの調達、輸送、保管計画を立案することをいう。

表5-5　調達計画の主な内容

種類	内容
労務計画	**作業計画**に基づいて、各作業に必要な人員を準備・計画する。労務計画は、実働労務者数の変化が最小限となるようにする。
機械計画	工事を実施するために、最も適した機械の使用計画を立てる。
資材計画	工事に必要な資材の注文・調達・保管・使用に関する業務を円滑に行い、工事の工程に支障がないように計画する。

試験に出る
令和元年後期、平成29年第2回、平成25年に出題
【過去10年に3回】

(5) 管理計画

これまでの諸計画を確実に実施するため、表5-6に示す管理計画等を作成する。

表5-6　管理計画の主な内容

種類	内容
品質管理計画	工事目的物に対して、発注者が設計図面や仕様書に基づいて要求する品質を満足させるために、**規格値**を的確に把握するとともに、その**規格値内**に**構造物の形状・寸法や強度**が収まるように施工する必要がある。そのために、施工に先立って、品質上管理すべき項目とその管理方法と異常が生じた場合の処置などを一覧表にして、関係者全員に分かりやすく、確実に実施できる計画を作成する。

次ページへ続く

表5-6　管理計画の主な内容（続き）

種類	内容
環境保全計画	環境保全計画は、法規に基づく規制基準に適合するように計画することが主な内容である。**考慮すべき主な環境問題**には、次のものがある。 ・公害問題（騒音、振動、粉じん、水質汚濁、土壌汚染、建設廃棄物） ・交通問題（工事用車両による沿道障害） ・近隣環境への影響（掘削などによる隣接構造物への影響、土砂・排水の流出、井戸涸れ、樹木の伐採、自然生物の保護など）
現場管理組織	施工計画に基づき、工事を実施するための現場の体制づくりを目的として、各社員の担当業務ならびにその責任と権限を明確にするため、**社員組織表**を作成する。
安全衛生計画	着工から完成まで全工期を通して、**無事故・無災害**で工事を安全に施工するために、施工計画立案時に、あらゆる状況を想定し、未然に事故を防止するための適切な対策を講じておく。また計画を立てるには、労働安全衛生法など**関連法規**の内容にも十分配慮しなければならない。
実行予算	実行予算は、施工計画を原価の面から検討したものであり、**原価管理の指針**となる。実行予算は、決められた工事費の中で、種々の工事をいくらで、どのように実施するかを示すことが目的である。
資金計画	**工事代金の収入と支出の関係**について計画を立て、資金の調達や利益金の把握などをすることを資金計画という。

例題5-4　令和元年後期　2級土木施工管理技術検定（学科）試験〔No.47〕 

施工計画に関する次の記述のうち，**適当でないもの**はどれか。

(1) 環境保全計画は，法規に基づく規制基準に適合するように計画することが主な内容である。

(2) 事前調査は，契約条件・設計図書を検討し，現地調査が主な内容である。

(3) 調達計画は，労務計画，資材計画，安全衛生計画が主な内容である。

(4) 品質管理計画は，設計図書に基づく規格値内に収まるよう計画することが主な内容である。

ワンポイントアドバイス　安全衛生計画は、管理計画の内容である。

正解：(3)

試験に出る
令和元年後期、平成30年前期、平成23年に出題
【過去10年に3回】

5.3 施工体制台帳および施工体系図の作成等

下請、孫請等の体制を明確にするため、施工体制台帳等の整備が義務づけられている。また、これらは工事の目的物の引渡しから**5年間保存**しなければならない。

(1) 施工体制台帳等の作成義務

平成27年4月1日以降に契約締結する公共工事については、下請金額にかかわらず、施工体制台帳の作成および提出、施工体系図の作成および掲示が義務づけられた。

施工体制台帳の整備

施工体制台帳の整備について、表5-7に示す。

表5-7　施工体制台帳の整備

誰が	• 発注者から直接建設工事を請け負った建設業者（元請負業者）
いつ	• 民間工事では、その工事を施工するために締結した下請金額の総額が、4,000万円以上となった時点 • 公共工事では、その工事を施工するために下請契約を締結した時点
何を	• **下請負人**から提出された**再下請負通知書等**に基づき、施工体制台帳を整備する
なぜ	• 建設工事を適正に施工するため（建設業法により義務づけられている）
どうする	• 民間工事では、**発注者**から請求があったときは、**施工体制台帳**をその**発注者**の閲覧に供しなければならない • 公共工事では、**施工体制台帳の写し**を**発注者**に**提出**しなければならない。また受注者は、発注者から施工体制が施工体制台帳の記載と合致しているかどうかの**点検**を求められたときは、これを受けることを拒んではならない。

施工体系図の整備

施工体系図は、作成された施工体制台帳に基づいて、各下請負人の施工分担関係が一目で分かるようにした図のことである。施工体系図の整備について、表5-8に示す。

表5-8　施工体系図の整備

誰が	• 発注者から直接建設工事を請け負った建設業者（元請負業者）
いつ	• **民間工事**では、その工事を施工するために締結した下請金額の総額が、4,000万円以上となった時点 • 公共工事では、その工事を施工するために下請契約を締結した時点
何を	• 当該建設工事に係るすべての**建設業者名、技術者名等**を記載し、工事現場における**施工の分担関係**を明示した施工体系図を作成する
なぜ	• 下請業者も含めたすべての**工事関係者**が、建設工事の**施工体制**を把握するため • 建設工事の施工に対する**責任**と、工事現場における**役割分担**を明確にするため • **技術者**の**適正な配置**の確認のため
どうする	• 民間工事は、**工事関係者**の見やすい場所に掲げなければならない • 公共工事は、**工事関係者**の見やすい場所および**公衆**の見やすい場所に掲げなければならない

(2) 施工体制台帳の記載内容と添付書類

発注者から直接建設工事を請け負った建設業者である**元請負人**は、**施工体制台帳**に**元請負人**に関する事項を記載するとともに、**一次下請負人**に関する事項も記載し、添付すべき書類をそろえなければならない。

作成した施工体制台帳や再下請負通知書の記載事項または添付書類について変更があったときは、遅滞なく、変更があった年月日を付記し、既に記載されている事項に加えて変更後の事項を記載し、または添付されている書類に加えて変更後の書類を添付しなければならない。

工事の目的物の**引渡し**を行うまでは、施工体制台帳を工事現場に備え置かなければならない。

施工体制台帳に記載すべき事項

施工体制台帳に記載しなければならない主な事項を表5-9に示す。

表5-9　施工体制台帳に記載すべき主な事項

元請負人に関する事項	下請負人に関する事項
元請負人に関する事項 ・許可を受けて営む建設業の種類 ・健康保険等の加入状況 **建設工事に関する事項** ・建設工事の名称、内容および工期 ・発注者と請負契約を締結した年月日、当該発注者の商号、名称または氏名および住所ならびに当該請負契約を締結した営業所の名称および所在地 ・発注者が監督員を置くときは、当該監督員の氏名等 ・現場代理人を置くときは、当該現場代理人の氏名等 ・主任技術者または監理技術者の氏名等	**下請負人に関する事項** ・商号または名称および住所 ・許可を受けた建設業の種類等 ・健康保険等の加入状況 **請け負った建設工事に関する事項** ・建設工事の名称、内容および工期 ・下請負人が注文者と下請契約を締結した年月日 ・注文者が監督員を置くときは、当該監督員の氏名等 ・下請負人が現場代理人を置くときは、当該現場代理人の氏名等 ・下請負人が置く主任技術者等の氏名等

例題5-5　令和元年後期　2級土木施工管理技術検定（学科）試験〔No.48〕

公共工事において建設業者が作成する施工体制台帳及び施工体系図に関する次の記述のうち，**適当でないもの**はどれか。

(1) 施工体制台帳は，下請負人の商号又は名称などを記載し，作成しなければならない。

(2) 施工体系図は，変更があった場合には，工事完成検査までに変更を行わなければならない。

(3) 施工体系図は，工事関係者及び公衆が見やすい場所に掲げなければならない。

(4) 施工体制台帳は，その写しを発注者に提出しなければならない。

ワンポイントアドバイス　施工体系図は、変更があった場合には、遅滞なく変更して、工事目的物の引き渡しをするまで掲示する。

正解：(2)

例題5-6　平成30年度前期　2級土木施工管理技術検定（学科）試験〔No.48〕 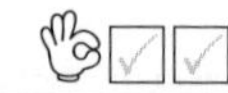

施工体制台帳の作成に関する次の記述のうち，**適当でないもの**はどれか。

(1) 公共工事を受注した元請負人が下請契約を締結したときは，その金額にかかわらず施工の分担がわかるよう施工体制台帳を作成しなければならない。
(2) 施工体制台帳には，下請負人の商号又は名称，工事の内容及び工期，技術者の氏名などについて記載する必要がある。
(3) 受注者は，発注者から工事現場の施工体制が施工体制台帳の記載に合致しているかどうかの点検を求められたときは，これを受けることを拒んではならない。
(4) 施工体制台帳の作成を義務づけられた元請負人は，その写しを下請負人に提出しなければならない。

ワンポイントアドバイス　元請負人は、その写しを下請負人ではなく、発注者に提出しなければならない。

正解：(4)

第6章 工程管理

工程管理とは、はじめに計画した工程と、実際に進行している工程とを比較検討して、そこに差があるときは、その原因を追究、改善することによって、工事が工程計画どおりに進行するように、調整をはかることである。

試験に出る

令和２年後期、令和元年後期、平成29年第１回に出題
【過去10年で３回】

参考

工程管理は、工事の着工から完成までの施工計画を時間的に管理することである。

6.1 工程管理の手順

工程管理の手順は、**計画→実施→検討→処置**の順となる。主な留意点を、次に示す。

- **計画工程**と**実施工程**の間に**生じた差**は、**労務**、**機械**、**資材**および**作業日数**など、あらゆる方面から**検討**する。また、原因が分かったときは、すみやかにその原因を**除去**するか、計画工程の一部を修正するなどの**処置**をとる
- 工程管理にあたって、**実施工程**が**計画工程**よりも、**やや上回る程度**に管理することが望ましい
- 常に**工程の進行状況**を**全作業員**に**周知徹底**させ、全作業員に**作業能率を高める**ように努力させる

例題6-1　令和2年後期　2級土木施工管理技術検定（学科）試験〔No.50〕

工程管理に関する次の記述のうち，**適当でないもの**はどれか。

(1) 工程表は，常に工事の進捗状況を把握でき，予定と実績の比較ができるようにする。
(2) 工程管理では，作業能率を高めるため，常に工程の進捗状況を全作業員に周知徹底する。
(3) 計画工程と実施工程に差が生じた場合は，その原因を追及して改善する。
(4) 工程管理では，実施工程が計画工程よりも，下回るように管理する。

ワンポイントアドバイス 下回るように管理するのではなく、やや上回るように管理する。

正解：(4)

よく出る！★

令和元年前期、平成30年前期・後期、平成29年第2回、平成28、27、26、25、24、23年に出題

【過去10年で10回】

6.2 工程表の種類 

工程表は工事を工期内に完成させるために、**工事の施工順序**と**所要の日数**を分かりやすく図表化したものである。工程表は、施工の途中において、常に工事の進み具合が把握でき、予定と実績の比較ができるようになっていなければならない。

工程表には横線式工程表、曲線式工程表、ネットワーク式工程表などがあり、それぞれ特徴がある。表6-1に各種工程表の特徴を示す。

表6-1　各種工程表の特徴

工程表名称		概略図	作業の手順	作業に必要な日数	作業進行の度合い	工期に影響する作業	図表の作成
横線式工程表	バーチャート	実績 予定 作業A B 日数	**漠然**	判明	**漠然**	不明	**容易**
	ガントチャート	実績 予定 作業A B 0　50　100　出来高比率（%）	不明	不明	判明	不明	容易

表6-1　各種工程表の特徴（続き）

工程表名称		概略図	作業の手順	作業に必要な日数	作業進行の度合い	工期に影響する作業	図表の作成
曲線式工程表	グラフ式	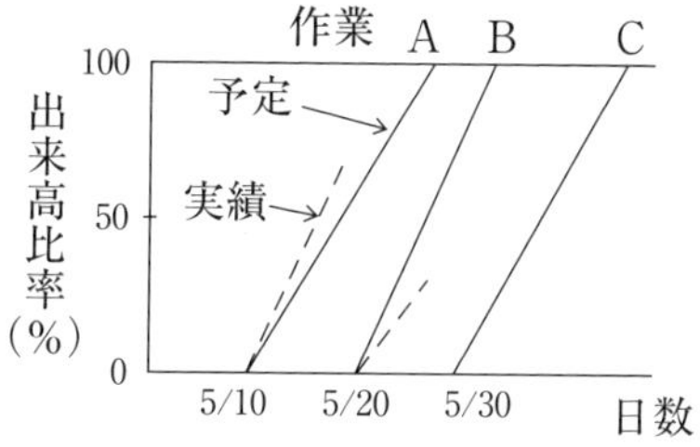	不明	**判明**	判明	不明	容易
	斜線式	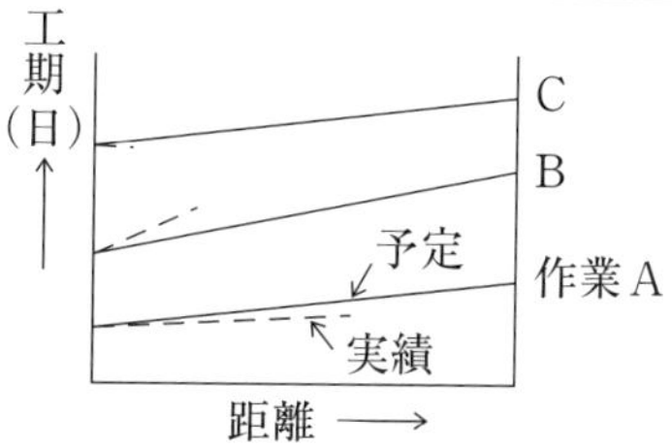	漠然	**判明**	判明	不明	容易
	出来高累計曲線	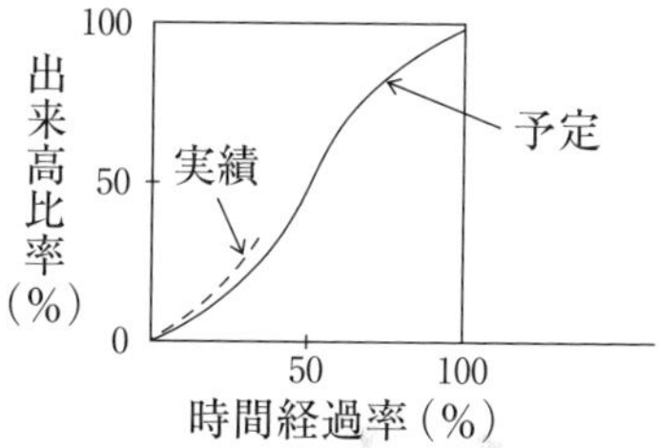	不明	**不明**（バーチャートを併用すれば判明）	判明	不明	やや難
ネットワーク式工程表		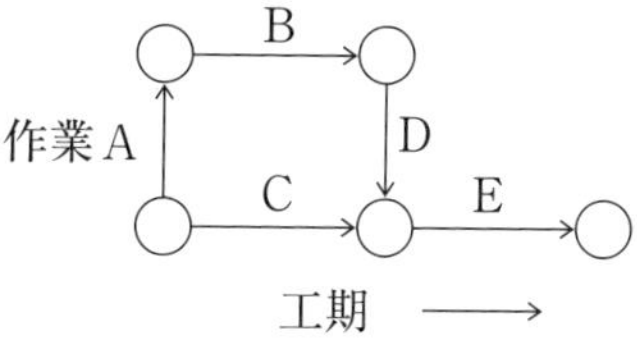	判明	判明	判明	判明	複雑

(1) 横線式工程表

横線式工程表には、表6-2に示すようなバーチャートとガントチャートがある。

表6-2　横線式工程表

種類	内容
バーチャート	**縦軸**に部分工事をとり、**横軸**にその工事に必要な日数を棒線で記入した図表で、作成が簡単でしかも各工事の工期が分かりやすいので、総合工程表として、一般に使用されている。
ガントチャート	**縦軸**に部分工事をとり、**横軸**に各工事の出来高比率を棒線で記入した図表で、各作業の進捗状況が一目で分かるようになっている。

(2) 曲線式工程表

曲線式工程表には、表6-3に示すようなグラフ式工程表、斜線式工程表および出来高累計曲線がある。

表6-3　曲線式工程表

種類	内容
グラフ式工程表	**出来高**または**工事作業量比率**を**縦軸**にとり、**日数**を**横軸**にとって、工種ごとの**工程を斜線**で表した図表である。
斜線式工程表	トンネル工事のように工事区間が線上に長く、一定の方向にしか進行できない工事に使用され、一般に**縦軸**に**日数**、**横軸**に**距離**がとられる。
出来高累計曲線	**縦軸**に**出来高比率（%）**をとり、**横軸**に**時間経過率（%）**をとって、工事全体の**出来高比率の累計**を**曲線**で表した図表である。この曲線は、一般にS字型となり、工事が非採算的な突貫工事とならないように、図6-1のような工程管理曲線（バナナ曲線）によって管理する。この工程管理曲線の上方許容限界曲線および下方許容限界曲線は、過去の工事の実績より求められた曲線である。 図6-1 工程管理曲線 （バナナ曲線）

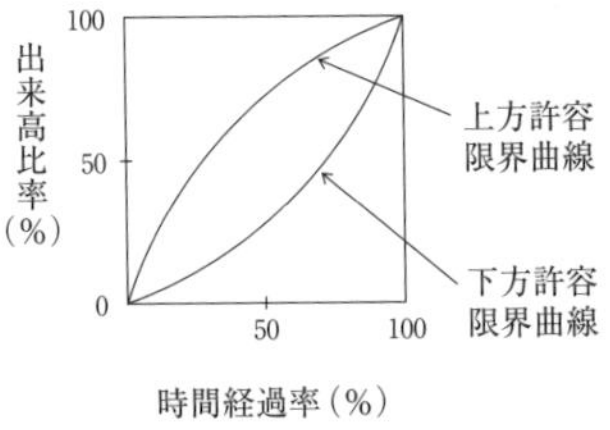

参考

ネットワーク式工程表は、1958年アメリカの海軍が潜水艦を建造するにあたって開発されたものが主となったものである。

(3) ネットワーク式工程表

ネットワーク式工程表は、**矢線**（→）と**丸印**（○）で組み立てられたネットワーク表示により、工事内容を系統だてて明確にし、**作業相互**の**関連**や**順序**、**重点管理**を必要とする**作業**などを的確に判断できるようにした図表である。

例題6-2　令和元年前期　2級土木施工管理技術検定（学科）試験〔No.50〕

工程管理曲線（バナナ曲線）に関する次の記述のうち，**適当でないもの**はどれか。

(1) 出来高累計曲線は，一般的にS字型となり，工程管理曲線によって管理する。
(2) 工程管理曲線の縦軸は出来高比率で，横軸は時間経過比率である。
(3) 実施工程曲線が上方限界を下回り，下方限界を超えていれば許容範囲内である。
(4) 実施工程曲線が下方限界を下回るときは，工程が進み過ぎている。

ワンポイントアドバイス　実施工程曲線が下方限界を下回るときは、工程が遅れている。

正解：(4)

例題6-3　平成29年第2回　2級土木施工管理技術検定（学科）試験〔No.50〕

工程管理に関する次の記述のうち，**適当でないもの**はどれか。

(1) 曲線式工程表は，一つの作業の遅れが，工期全体に与える影響を，迅速・明確に把握することが容易である。
(2) 横線式工程表（ガントチャート）は，各作業の進捗状況が一目でわかるようになっている。
(3) 横線式工程表（バーチャート）は，作成が簡単で各工事の工期がわかりやすくなっている。
(4) ネットワーク式工程表は，全体工事と部分工事が明確に表現でき，各工事間の調整が円滑にできる。

ワンポイントアドバイス　一つの作業の遅れが、工期全体に与える影響を、迅速・明確に把握することが容易なのは、ネットワーク式工程表だけである。

正解：(1)

6.3 ネットワーク式工程表 

令和2年〜平成23年に毎回出題
【過去10年で13回】

横線式工程表や曲線式工程表による工程計画や進度管理では、一つの作業の遅れが、ほかの作業や工事全体の工期に与える影響を、迅速・明確に把握することは難しい。

そこで、近年では大型で複雑化した土木工事の工程管理を、効果的に行うために**ネットワーク式工程表**が用いられている。

これだけは覚える

工程表といえば…特にネットワーク式工程表のクリティカルパスの日数（工期）を計算できるようにする。

(1) ネットワーク式工程表の特徴

ネットワーク式工程表は、一目で工事の概要がつかめ、次のような特徴がある。

- **図式表現**を用いるので、**説得力**が強い
- **全体工事**と**部分工事**の**関連が明確**に表現でき、**担当者間**の**調節が円滑**にできる
- クリティカルパスを求めることができ、**重点管理作業**や**工事完成日の予測**が的確にできる
- **コンピュータ処理**ができ、日程管理や施工管理などの急激な変化にも**短時間**で対応できる

(2) ネットワーク図の作成

ネットワークの表示方法は、工事全体を個々の独立した**作業（アクティビティ）**に分解し、これらの各作業を実施順序に従って**矢線（アロー）**でつなぎ、工事を構成する全作業の連続的な関係を表した**矢線図（アローダイヤグラム）**によって示される。

矢線

矢線の書き方は以下のルールに従う。

- **矢線**は、図6-2のように作業を示し、その作業の実行のために所要時間の経過を表し、**矢印**は**作業の進行**を示す

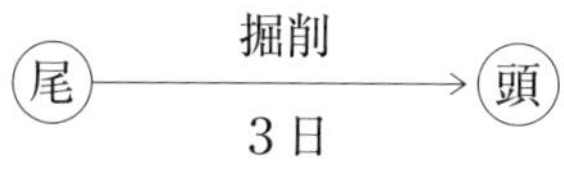

図6-2　矢線の書き方

- 矢線の**長さ**は**時間に無関係**で、形は任意でよい
- 矢線の**尾が作業開始、頭が作業完了**を示す
- 作業の**所要時間を矢線の下**に書き、**作業内容を上**に書く

結合点（イベント）

結合点の書き方には、次のようなルールがある。

- 結合点（イベント）は、○で示し、○の中に**0または正整数**を書き込む。これを**結合点番号（イベント番号）**という
- 結合点番号は、同じ番号が2つ以上あってはならない
- 図6-3において、$i<j$を満足するように**結合点番号**をつける。一般に矢線図の修正に便利なように5番飛びあるいは10番飛びの数値が用いられている

$i<j$
iとjの間の作業は、(i ; j) と表す。

図6-3　結合点番号

- 作業の表現は、その始点と終点の結合点番号で示す。そのために、同じ始点と終点の結合点番号で示される作業は、2つ以上あってはならない（**ダミーの必要性**）

ダミー（擬似作業）

ダミーは、図6-4のように補助的に用いる仮想作業で、作業所要日数を持たない。ダミーは、破線の矢印で示し、労務者や仮設材料の移動などにも使用される。

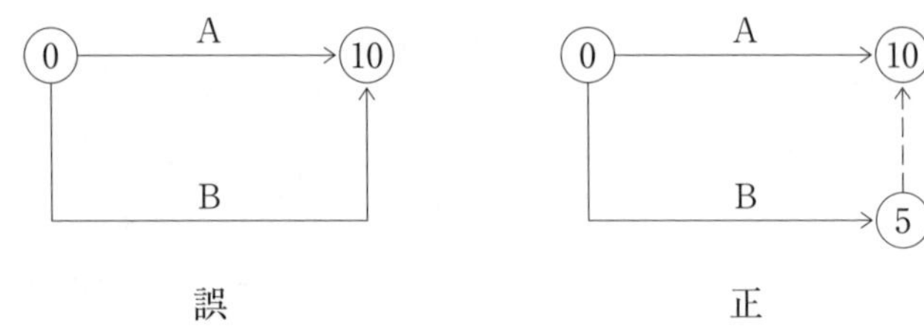

図6-4　ダミーの必要性

作業の関連性の表示

矢線図は、結合点と矢線によって作業のつながりを表す。

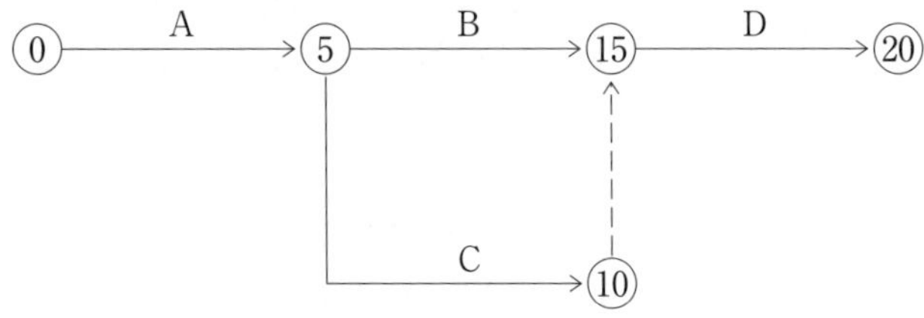

図6-5　作業の関連性

図6-5において次のことがいえる。

①**Aが始まり**、この作業が終了すると、**BとC**の作業が**同時**に始まる
②**BとC**は、**並行作業**である
③**BおよびC**の両方の作業が**完了**してから、**最後の作業D**に着手することができる

これだけは覚える

結合点といえば…結合点に入ってくる作業が完全に完了してから、その結合点から出る作業に着手することができる。

(3) 日程計算

ネットワーク図ができ上がり、各単位作業の所要日数の見積り値が決まれば、これを基にして日程計算を行う。

結合点時刻

日程計算は、各作業をできるだけ**早く開始し、早く終了する時刻**と、**工期に遅れない範囲**でできるだけ**遅く開始し、遅くとも工期内に終了する時刻**の二通りの計算を行い、この結果から余裕日数を求め、適正な工程を見出す。

日程計算は、次の手順で進める。

①最早結合点時刻（各作業を最も早く開始できる時刻）の計算

- 最初の作業を開始する結合点（開始結合点）での値を0とする。
- 最早結合点時刻の計算は、開始結合点から矢線に従い、各作業の所要日数を加えた値とする。
- 先行作業が2つ以上ある場合は、その最大値をとる。
- 各結合点で最早結合点時刻の値を求めて、最後の作業が完了する結合点（完了結合点）の値が求まると、これが工期である。

②最遅結合点時刻（工期に遅れない範囲で、各作業を最も遅く開始してもよい時刻）の計算

- 終了結合点の最遅結合点時刻には、工期を用いる。
- 最遅結合点時刻の計算は、終了結合点から矢線の逆方向にたどって進め、後続作業の最遅結合点時刻から各作業の所要日数を引いた値とする。
- 後続作業が2つ以上ある場合は、その最小値をとる。
- 開始結合点まで計算を進めると、開始結合点の最遅完了時刻は0となる。

③結合点の○印の上に次の作業の最早結合点時刻を記入し、その上に四角に囲んで、前の作業の最遅結合点時刻を記入する。

計算例

図6-6に示すネットワークの最早結合点時刻と最遅結合点時刻は、次のようにして求める。

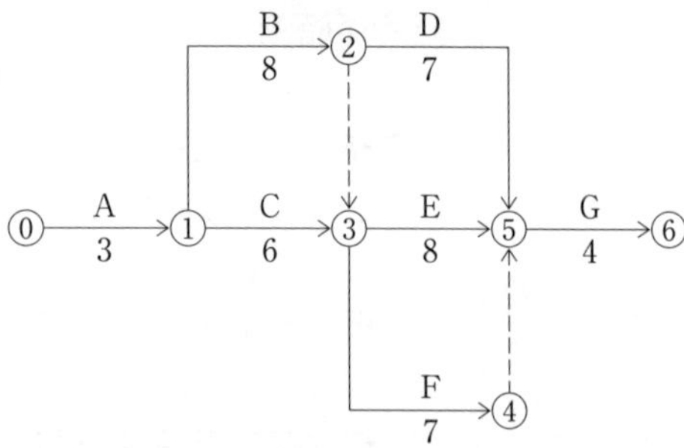

図6-6　最早結合点時刻と最遅結合点時刻の例題

1）最早結合点時刻の計算

結合点	所要日数	最早結合点時刻
⓪	0	0
①	0+3＝3	3
②	3+8＝11	11
③	11+0＝11（大きい方を使用） 3+6＝9	11
④	11+7＝18	18
⑤	11+7＝18 11+8＝19（大きい方を使用） 18+0＝18	19
⑥	19+4＝23	23

2）最遅結合点時刻の計算

結合点	所要日数	最遅結合点時刻
⑥	23	23
⑤	23－4＝19	19
④	19－0＝19	19
③	19－8＝11（小さい方を使用） 19－7＝12	11
②	19－7＝12 11－0＝11（小さい方を使用）	11
①	11－8＝3（小さい方を使用） 11－6＝5	3
⓪	3－3＝0	0

以上の結果をネットワーク図に記入すると、図6-7のようになる。

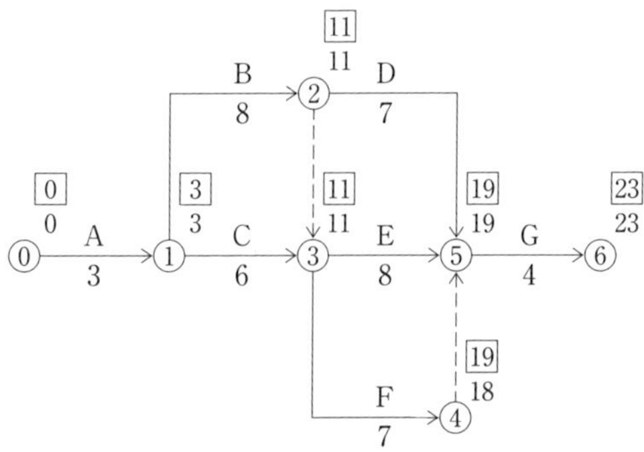

図6-7　最早結合点時刻と最遅結合点時刻の計算結果

作業時刻

作業時刻は、作業を遂行するのに要する時刻であり、次の4つがある。

- 最早開始時刻（Earliest Start Time：EST）
  ……… 作業を**最も早く開始**できる時刻
- 最早完了時刻（Earliest Finish Time：EFT）
  ……… 最も早く作業を始めた場合の作業の**完了時刻**
- 最遅開始時刻（Latest Start Time：LST）
  ……… 工期に遅れない範囲で、**最も遅く開始**してもよい時刻
- 最遅完了時刻（Latest Finish Time：LFT）
  ……… **工期を守る**ために、**最も遅くても完了**していなければならない時刻

結合点時刻と作業時刻の関係

図6-8において、結合点時刻と作業時刻の関係は、次のとおりである。

- 最早結合点時刻 c は**作業B**にとっては最早開始時刻であり、**作業A**にとっては最早完了時刻である。
- 最遅結合点時刻 d は**作業B**にとっては最遅開始時刻であり、**作業A**にとっては最遅完了時刻となる。

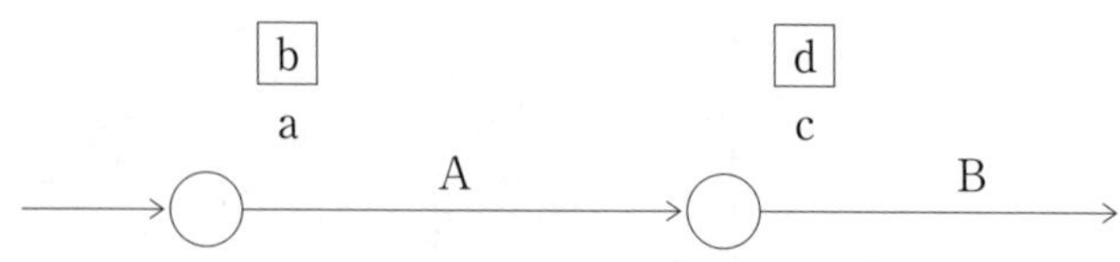

図6-8　結合点時刻と作業時刻の関係

余裕日数(フロート)とクリティカルパス

図6-9のネットワークにおける工期は12日であるが、この工事を完了するためには、2つの経路の作業がすべて完了していなければならない。

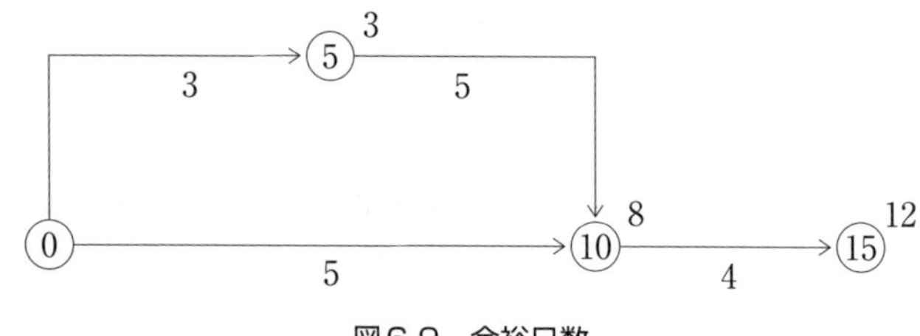

図6-9　余裕日数

A経路：⓪→⑩→⑮ ……………………… 所要日数9日
B経路：⓪→⑤→⑩→⑮ ………………… 所要日数12日

この2つの経路を比較した場合、**A経路はB経路よりも3日の余裕**があることが分かる。このように、ネットワーク図の作業の中で、**工期に影響を与えない余裕の日数**を余裕日数（フロート）という。

余裕日数には、総余裕日数と自由余裕日数がある。

余裕日数（フロート）とクリティカルパスについて、表6-4に示す。

これだけは覚える

クリティカルパスの日数（工期）を求める問題といえば…すべての経路の所要日数を求めて、最も大きい値としてもよい。

表6-4　余裕日数（フロート）とクリティカルパス

<table>
<tr><th>項目</th><th>内容</th></tr>
<tr><td>総余裕日数（TF）</td><td>図6-9において、ある作業（i；j）は、先行作業が最早開始時刻で始まり予定どおり完了した場合、最早開始時刻（t_i^E）で作業を開始できる。また、所定の工期内に工事を完了させるためには、この作業は最遅完了時刻（t_j^L）までに完了すればよい。すなわち、この作業（i；j）には（$t_j^L - t_i^E$）だけの使用可能日数がある。この（$t_j^L - t_i^E$）と作業（i；j）の所要日数D_{ij}との差は、この作業の余裕日数であり、これを総余裕日数（トータルフロート）という。 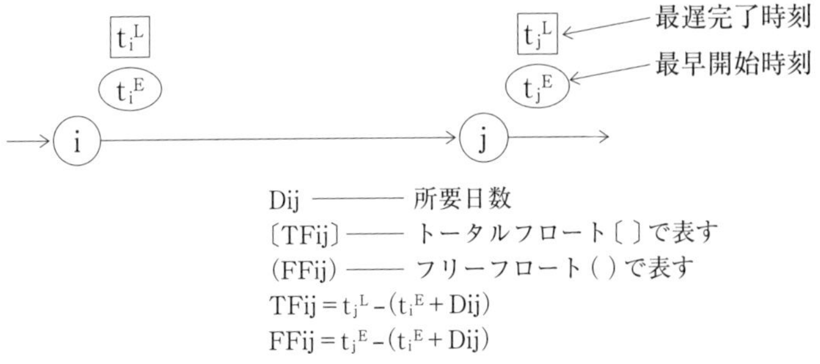

図6-9　総余裕日数と自由余裕日数</td></tr>
<tr><td>自由余裕日数（FF）</td><td>総余裕日数を持っている先行作業が、その一部または全部を使ってしまったとき、後続の作業は最早開始時刻で開始できない場合がある。自由余裕日数（フリーフロート）とは、後続する作業の最早開始時刻（t_j^E）に影響を与えない範囲で作業（i；j）が使用することができる余裕日数をいう。
図6-7のネットワークにおいて、総余裕日数と自由余裕日数を計算すると、図6-10のようになる。 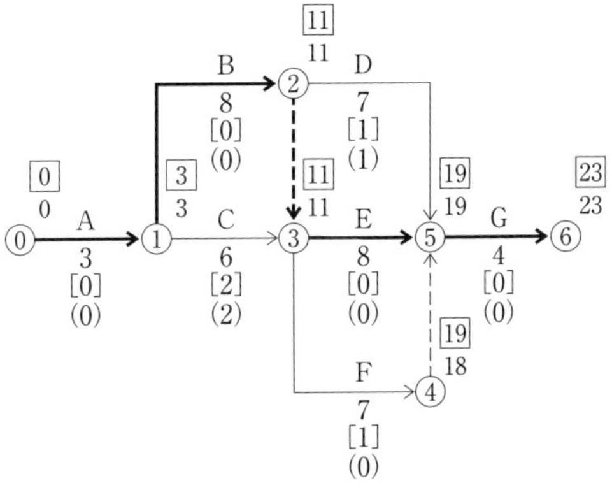

図6-10　余裕日数の計算結果</td></tr>
</table>

次ページへ続く

表6-4　余裕日数（フロート）とクリティカルパス（続き）

項目	内容
クリティカルパス	ネットワーク図で各作業の**余裕日数**を計算すると、総余裕日数が0となる作業ができる。この作業の結合点を結んだ**一連の経路**をクリティカルパスといい、一般にネットワーク図中に**太い実線**で示す。
余裕日数の性質	• **総余裕日数が0**であれば、**自由余裕日数も0**である。 • **自由余裕日数≦総余裕日数**である。 • クリティカルパスは、すべての経路の中で最も日数が長い経路である。すなわち、この経路の所要日数が工期である。

例題6-4　令和元年度前期　2級土木施工管理技術検定（学科）試験〔No.51〕

下図のネットワーク式工程表に示す工事の**クリティカルパスとなる日数**は，次のうちどれか。ただし，図中のイベント間のA～Gは作業内容，数字は作業日数を表す。

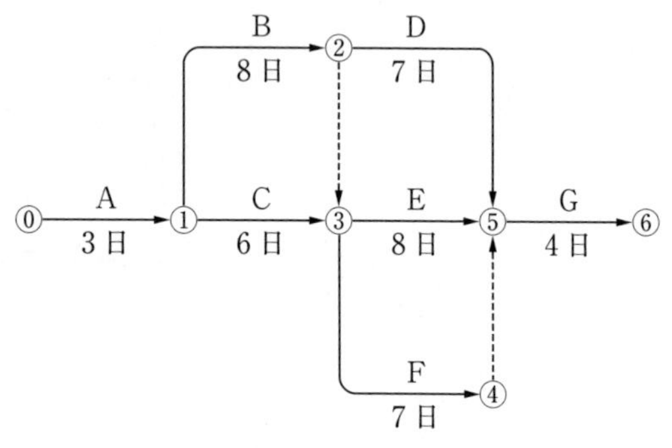

(1) 23日　　(2) 22日　　(3) 21日　　(4) 20日

ワンポイントアドバイス

クリティカルパスとなる日数は、図6-7の⑥の最早結合点時刻となる。また、その計算方法を忘れた場合は、次のようにすべての経路の所要日数の中で一番長いものとしてもよい。

・⓪→①→②→⑤→⑥＝3+8+7+4＝22日
・⓪→①→③→⑤→⑥＝3+6+8+4＝21日
・⓪→①→③→④→⑤→⑥＝3+6+7+0+4＝20日
・⓪→①→②→③→⑤→⑥＝3+8+0+8+4＝23日
・⓪→①→②→③→④→⑤→⑥＝3+8+0+7+0+4＝22日

以上5つの経路の中で最も長い日数は23日である。

正解：(1)

この問題は、平成29年1・2回、平成30年前期・後期、令和元年前期・後期、令和2年後期の7回とも、作業日数は異なるが、同じネットワークで出題された。

第7章 安全管理

安全管理は、工事実施にあたり、労働者や第三者に危害を加えないように、工事現場の整理整頓、施工計画の安全面からの検討、安全施設の整備および安全教育の徹底などを図ることである。

試験に出る
令和元年前期、平成30年前期、平成28、27、26年に出題
【過去10年で5回】

7.1 安全衛生管理体制

労働安全衛生法では、事業場における安全衛生管理体制について、整備すべき最低の基準を定めている。これらの詳細については、197ページ「第2章　労働安全衛生法」を参照すること。

(1) 事業者等が講ずべき措置等

事業者、元方(もとかた)事業者および特定元方事業者が講ずべき措置等を表7-1に示す。

表7-1　事業者等が講ずべき措置等

事業者の種類	講ずべき措置
事業者 事業を行うもので、労働者を使用するものをいう。すなわち、個人にあってはその事業主個人を、会社その他法人にあっては法人そのものを指す。	事業者は、労働者の危険や健康障害を防止するために、次の措置を講じなければならない。 ①危険を防止するための措置。 ②掘削、採石、荷役、伐木等の作業方法から生ずる危険を防止するための措置。 ③労働者が墜落するおそれのある場所等に係る危険を防止するための措置。 ④土砂等が崩落するおそれのある場所等に係る危険を防止するための措置。 ⑤健康障害を防止するための措置。 ・粉じん、酸素欠乏空気、病原体等による健康障害 ・放射線、高温、低温、超音波、騒音、振動、異常気圧等による健康障害 ⑥労働者を就業させる建設物その他作業場における労働者の健康、風紀および生命の保持に必要な措置。

次ページへ続く

表7-1　事業者等が講ずべき措置等（続き）

事業者の種類	講ずべき措置
事業者 事業を行うもので、労働者を使用するものをいう。すなわち、個人にあってはその事業主個人を、会社その他法人にあっては法人そのものを指す。	⑦労働者の作業行動から生ずる労働災害を防止するために必要な措置。 ⑧労働災害発生の緊迫した危険があるときの作業中止措置および作業場から退避させる措置。 ⑨政令で定める仕事（定められた規模のずい道、圧気工法による作業等）を行う場合に爆発、火災等が生じたことに伴い労働者の救護に関する措置がとられるときの労働災害の発生を防止するための措置。 ・労働者の救護に関し必要な機械等の備付けおよび管理を行う ・労働者の救護に関し必要な事項についての訓練を行う
元方事業者 同一場所において行う事業の一部を請負人に請け負わせている事業者をいう（元請負人）。	元方事業者は、次の措置等を講じなければならない。 ①**関係請負人**および**関係請負人の労働者**が、当該仕事に関し、**関係法令に違反**しないよう**指導**する。 ②関係請負人および関係請負人の労働者が、当該仕事に関し、関係法令に違反していると認めるときは、是正のために必要な指示を行う。
特定元方事業者 元方事業者のうち、多くの労働者を同一場所で混在して作業を行う建設業を行う事業者をいう。	特定元方事業者は、**関係請負人および関係請負人の労働者の作業が同一の場所**において行われることによって生ずる労働災害を防止するため、次の措置を講じなければならない。 ①すべての関係請負人が参加する協議組織を設置し、その会議を定期的に開催する。 ②**特定元方事業者と関係請負人**との間および**関係請負人相互間**における連絡および調整を随時行う。 ③毎作業日に、少なくとも１回は、作業場所の巡視を行う。 ④関係請負人が行う労働者の安全または衛生のための教育について、教育を行う場所や教育に使う資料の提供等指導および援助を行う。 ⑤仕事の工程に関する計画および作業場所における機械、設備等の配置に関する計画を作成するとともに、当該機械、設備等を使用する作業に関し、関係請負人が**関係法令に基づき講ずべき措置**についての指導を行う。 ⑥当該作業がクレーン等を用いて行うものであるときは、クレーン等の運転に関する**合図**を**統一的**に定め、これを**関係請負人**に**周知**する。 ⑦当該場所に法令等で定める**事故現場等**があるときは、**当該事故現場等**を**表示**する**標識**を**統一的**に定め、これを**関係請負人**に**周知**する。

表7-1　事業者等が講ずべき措置等（続き）

事業者の種類	講ずべき措置
特定元方事業者 元方事業者のうち、多くの労働者を同一場所で混在して作業を行う建設業を行う事業者をいう。	⑧当該場所に有機溶剤等の容器が集積されるときは、集積する箇所を統一的に定め、これを関係請負人に周知する。 ⑨発破等が行われる場合および火災、土砂の崩壊、出水、なだれが発生した場合または発生するおそれがある場合に行う警報を統一的に定め、これを関係請負人に周知する。 ⑩ずい道等の建設作業を行う場合は、特定元方事業者および関係請負人が行う避難等の訓練について、その実施時期および実施方法を統一的に定め、これを関係請負人に周知する。

(2) 作業主任者等

作業主任者等については、197ページ「第2章　労働安全衛生法」を参照すること。

例題7-1　平成30年前期　2級土木施工管理技術検定（学科）試験〔No.52〕

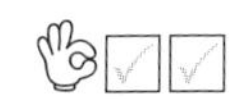

特定元方事業者が，その労働者及び関係請負人の労働者の作業が同一の場所において行われることによって生じる労働災害を防止するために講ずべき措置に関する次の記述のうち，労働安全衛生法上，**正しいもの**はどれか。

(1) 作業間の連絡及び調整を行う。
(2) 労働者の安全又は衛生のための教育は，関係請負人の自主性に任せる。
(3) 一次下請け，二次下請けなどの関係請負人ごとに，協議組織を設置させる。
(4) 作業場所の巡視は，毎週の作業開始日に行う。

ワンポイントアドバイス
(2) 労働者の安全又は衛生のための教育は、特定元方事業者が行う。
(3) 協議組織は、すべての関係請負人が参加するものでなければならない。
(4) 作業場所の巡視は毎週ではなく、毎作業日に少なくとも1回行う。

正解：(1)

7.2 建設機械

試験に出る

令和２年後期、令和元年前期、平成28、27、25、24、23年に出題【過去10年で7回】

建設機械による災害の主な要因は、建設機械自体の構造上の欠陥、あるいは建設機械の性能等に関する認識不足、不十分な地盤調査、適切な作業計画を立てず不安全な作業方法により作業を行っていたこと、オペレータや他の作業員に対する教育訓練が徹底していなかったことなどがあげられる。

参考

車両系建設機械の中でブルドーザなどが、路肩等から転落して運転者が下敷きになる事故や建設機械の周囲で働いている作業員が建設機械に接触しひかれる事故が最も多い。

(1) 車両系建設機械

車両系建設機械とは、**動力により不特定の場所に自走**できるものをいう。

種類

主な車両系建設機械を表7-2に示す。

表7-2　主な車両系建設機械

用途	建設機械名
整地、運搬、積込み	ブルドーザ、モーターグレーダ、トラクターショベル、ずり積機、スクレーパ等
掘削	パワーショベル、バックホゥ（ドラグショベル）、ドラグライン、クラムシェル等
基礎工事	杭打ち機、杭抜き機、アースドリル、アースオーガ等
締固め	ローラ
コンクリート打設	コンクリートポンプ車
解体	ブレーカ

構造

車両系建設機械には、**前照灯**を備えなければならない。ただし、作業を安全に行うため必要な照度が保持されている場所において使用する車両系建設機械については、この限りでない。また、岩石の落下等により労働者に危険が生ずるおそれのある場所で車両系建設機械を使用するときは、当該車両系建設機械に**堅固**なヘッドガードを備えなければならない。

調査および記録

車両系建設機械を用いて作業を行うときは、**当該車両系建設機械**の**転落、地山の崩壊等**による労働者の危険を防止するため、あらかじめ、当該作業に係る場所について地形、地質の状態等を調査し、その**結果を記録**しておかなければならない。

作業計画

作業計画の留意点を、以下に示す。

①車両系建設機械を用いて作業を行うときは、あらかじめ、作業する場所の地形等を調査し、その調査により適応する作業計画を定め、かつ、当該作業計画により作業を行わなければならない。

②前記①の**作業計画**は、次の事項が示されているものでなければならない。

- 使用する車両系建設機械の**種類および能力**
- 車両系建設機械の**運行経路**
- 車両系建設機械による**作業の方法**

③**作業計画**を定めたときは、**関係労働者**に**周知**させなければならない。

制限速度

最高速度が毎時 10 ㎞超の建設機械を用いて作業を行うときは、あらかじめ、当該作業に係る場所の地形、地質の状態等に応じた車両系建設機械の適正な制限速度を定め、それにより作業を行わなければならない。

転落等の防止

車両系建設機械の転落等の防止の留意点を、以下に示す。

- 車両系建設機械の転倒または転落による労働者の危険を防止するため、当該車両系建設機械の**運行経路**について**路肩の崩壊**を**防止**すること、**地盤の不同沈下**を**防止**すること、**必要な幅員**を保持すること等必要な措置を講じなければならない。
- 路肩、傾斜地等で車両系建設機械を用いて作業を行う場合において、当該車両系建設機械の転倒または転落により**労働者に危険**が生ずるおそれのあるときは、誘導者を配置し、その者に当該車両系建設機械を誘導させなければならない。また、運転者は、誘導者が行う誘導に従わなければならない。
- 傾斜地等で車両系建設機械の転倒等のおそれのある場所においては、**転倒時保護構造を有し**、かつ、**シートベルトを備えたもの**以外の車両系建設機械を使用しないように努めるとともに、運転者にシートベルトを使用させるように努めなければならない。

接触の防止

運転中の**車両系建設機械**に**接触**することにより労働者に危険が生ずるおそれのある箇所に、労働者を立ち入らせてはならない。ただし、**誘導者を配置**し、その者に**当該車両系建設機械**を**誘導**させるときは、**この限りでない。**

合図

車両系建設機械の運転について**誘導者を置くとき**は、**一定の合図**を定め、誘導者に当該合図を行わせなければならない。また、運転者は、その合図に従わなければならない。

運転位置から離れる場合の措置

運転者が運転位置から離れるときは、バケット、ジッパー等の**作業装置**を**地上に下ろして原動機を止め**、および**走行ブレーキをかける等**の車両系建設機械の逸走を防止する措置を講じなければならない。

搭乗の制限

車両系建設機械を用いて作業を行うときは、**乗車席以外の箇所**に**労働者**を乗せてはならない。

主たる用途以外の使用の制限

車両系建設機械を、パワーショベルによる荷の吊り上げ、クラムシェルによる労働者の昇降等当該車両系建設機械の主たる用途以外の用途に使用してはならない。

修理等

車両系建設機械の修理またはアタッチメントの装着および取り外しの作業を行うときは、当該作業を**指揮する者**を定め、その者に以下の措置を講じさせなければならない。

- **作業手順**を決定し、**作業を指揮**すること
- **安全支柱、安全ブロック**等の**使用状況**を監視すること

定期自主検査

使用中である車両建設機械は、表7-3に示すように、**定期**に**自主検査**を実施し、検査結果等の**記録を3年間保存**しなければならない。

表7-3　車両建設機械の定期自主検査

頻度	検査項目
1年以内ごとに1回	原動機、動力伝達装置、走行装置、操縦装置、ブレーキ、作業装置、油圧装置、電気系統、車体関係
1ヶ月以内ごとに1回	ブレーキ、クラッチ、操縦装置および作業装置の異常の有無、ワイヤーロープおよびチェーンの損傷の有無、バケット、ジッパ等の損傷の有無

作業開始前点検

車両系建設機械を用いて作業を行うときは、その日の作業を開始する前に、ブレーキおよびクラッチの機能について点検を行わなければならない。

例題7-2　令和２年後期　２級土木施工管理技術検定（学科）試験〔No.54〕 

車両系建設機械の作業に関する次の記述のうち，労働安全衛生法上，事業者が行うべき事項として**正しいもの**はどれか。

(1) 運転者が運転位置を離れるときは，バケット等の作業装置を地上から上げた状態とし，建設機械の逸走を防止しなければならない。
(2) 転倒や転落により運転者に危険が生ずるおそれのある場所では，転倒時保護構造を有するか，又は，シートベルトを備えた機種以外を使用しないように努めなければならない。
(3) 運転について誘導者を置くときは，一定の合図を定めて合図させ，運転者はその合図に従わなければならない。
(4) アタッチメントの装着や取り外しを行う場合には，作業指揮者を定め，その者に安全支柱，安全ブロック等を使用して作業を行わせなければならない。

ワンポイントアドバイス
(1) 地上から上げた状態ではなく、地上に下ろした状態にする。
(2)「又は」ではなく、「かつ」である。
(4) 作業指揮者は、作業手順を決定し作業を指揮することと、安全支柱、安全ブロック等の使用状況を監視することが職務である。

正解：(3)

試験に出る
平成元年後期、平成29年2回、平成26年に出題
【過去10年で3回】

参考
クレーンの主な事故は、吊り荷の落下、吊り荷等の挟圧、ワイヤロープの切断、移動式クレーンの転倒等である。

(2) 移動式クレーン

移動式クレーンとは、荷を動力を用いてつり上げ、これを水平に運搬することを目的とする機械装置で、原動機を内蔵し、かつ、不特定の場所に移動させることができるものである。

運転に必要な資格

移動式クレーンの運転（道路上を走行させる運転を除く）の業務に必要な資格は、表7-4に示すように、つり上げ荷重によって異なる。

表7-4　移動式クレーンの運転業務に必要な資格

つり上げ荷重	必要な資格
つり上げ荷重が1t未満	移動式クレーン運転士免許または 技能講習修了者または特別教育修了者
つり上げ荷重が1t以上5t未満	移動式クレーン運転士免許または 技能講習修了者
つり上げ荷重が5t以上	移動式クレーン運転士免許

過負荷の制限

移動式クレーンに、その定格荷重を**超える荷重**をかけて使用してはならない。

傾斜角の制限

移動式クレーン明細書に記載されている**ジブの傾斜角**（つり上げ荷重が3t未満の移動式クレーンにあっては、これを製造した者が指定したジブの傾斜角）の**範囲を超えて使用してはならない。**

定格荷重の表示等

移動式クレーンを用いて作業を行うときは、**移動式クレーン**の**運転者**および**玉掛け**をする者が、当該移動式クレーンの定格荷重を**常時知る**ことができるよう、表示その他の措置を講じなければならない。

使用の禁止

地盤が軟弱であること、**埋設物**その他地下に存する工作物が**損壊**するおそれがあること等により移動式クレーンが**転倒**するおそれのある場所においては、**移動式クレーン**を用いて**作業を行ってはならない。**ただし、当該場所において、移動式クレーンの**転倒を防止**するため必要な広さおよび強度を有する**鉄板等**が敷設され、その上に移動式クレーンを設置しているときは、**この限りでない。**

用語解説

定格荷重
ジブの傾斜角や長さに応じて、実際につることができる荷重。

定格総荷重
定格荷重に、つり具の重量を加えた荷重。

アウトリガー等の張出し

アウトリガーを有する移動式クレーンまたは拡幅式のクローラを有する移動式クレーンを用いて作業を行うときは、当該アウトリガーまたはクローラを最大限に張り出さなければならない。ただし、アウトリガーまたはクローラを最大限に張り出すことができない場合であって、当該移動式クレーンに掛ける荷重が当該移動式クレーンのアウトリガーまたはクローラの張出し幅に応じた定格荷重を下回ることが確実に見込まれるときは、この限りでない。

運転の合図

移動式クレーンを用いて作業を行うときは、移動式クレーンの運転について一定の合図を定め、合図を行う者を指名して、その者に合図を行わせなければならない。ただし、移動式クレーンの運転者に**単独で作業**を行わせるときは、**この限りでない。**

搭乗の制限

移動式クレーンにより、**労働者を運搬**し、または**労働者**を**つり上げて作業させてはならない。**また、作業の性質上**やむを得ない場合**または安全な作業の**遂行上必要な場合**は、移動式クレーンのつり具に、専用の搭乗設備を設けて当該搭乗設備に労働者を乗せることができる。

立入禁止

移動式クレーンに係る作業を行うときは、当該移動式クレーンの上部旋回体と接触することにより労働者に危険が生ずるおそれのある箇所に労働者を立ち入らせてはならない。

強風時の作業中止

強風のため、移動式クレーンに係る作業の実施について危険が予想されるときは、当該作業を中止しなければならない。

強風時における転倒の防止

強風のため、作業を中止した場合であって移動式クレーンが転倒するおそれのあるときは、当該移動式クレーンのジブの位置を固定させる等により**移動式クレーンの転倒**による**労働者の危険を防止**するための措置を講じなければならない。

運転位置からの離脱の禁止

移動式クレーンの運転者を、荷をつったままで、運転位置から離れさせてはならない。

ジブの組立て等の作業

移動式クレーンのジブの組立て、または解体の作業を行うときは、以下に示す措置を講じなければならない。

①**作業を指揮する者**を選任して、その者の指揮の下に作業を実施させること。
②作業を行う区域に**関係労働者以外の労働者**が立ち入ることを**禁止**し、かつ、その旨を見やすい箇所に表示すること。
③**強風、大雨、大雪等の悪天候**のため、作業の実施について危険が予想されるときは、当該作業に**労働者を従事させないこと。**
④**作業を指揮する者**に、次の事項を行わせなければならない。

- **作業の方法**および**労働者の配置**を決定し、作業を指揮すること
- **材料の欠点の有無**ならびに**器具および工具の機能**を点検し、**不良品を取り除く**こと
- 作業中、**要求性能墜落制止用器具等**および**保護帽**の使用状況を監視すること

定期自主検査

定期自主検査について、以下に示す。

①継続して使用中の移動式クレーンは、1年以内ごとに1回、定期に、当該移動式クレーンについて**自主検査**を行わなければならない。

②継続して使用中の移動式クレーンは、1ヶ月以内ごとに1回、定期に、次の事項について自主検査を行わなければならない。

- **巻過防止装置**その他の安全装置、**過負荷警報装置その他の警報装置**、**ブレーキ**および**クラッチ**の異常の有無
- **ワイヤロープ**および吊り**チェーン**の損傷の有無
- フック、グラブバケット等の**吊り具**の損傷の有無
- 配線、配電盤およびコントローラーの異常の有無

作業開始前の点検

移動式クレーンを用いて作業を行うときは、その日の作業を開始する前に、巻過防止装置、過負荷警報装置その他の警報装置、ブレーキ、クラッチおよびコントローラーの機能について点検を行わなければならない。

例題7-3　令和元年後期　2級土木施工管理技術検定（学科）試験〔No.54〕

移動式クレーンを用いた作業において，事業者が行うべき事項に関する次の記述のうち，クレーン等安全規則上，**誤っているもの**はどれか。

(1) 運転者や玉掛け者が，つり荷の重心を常時知ることができるよう，表示しなければならない。
(2) 強風のため，作業の実施について危険が予想されるときは，作業を中止しなければならない。
(3) アウトリガー又は拡幅式のクローラは，原則として最大限に張り出さなければならない。
(4) 運転者を，荷をつったままの状態で運転位置から離れさせてはならない。

運転者や玉掛け者が、つり荷の重心ではなく定格荷重を、常時知ることができるよう表示しなければならない。

正解：(1)

7.3 型枠支保工

試験に出る
令和2年後期、平成30年後期、平成27、25年に出題
【過去10年で4回】

型枠支保工とは、コンクリート打設用型枠を支持する部材で支柱、梁、筋(すじ)かい等の部材によって構成される仮設の設備をいう。

(1) 材料

型枠支保工に使用する材料は、次に示すものとする。

- 型わく支保工に使用する材料は、**著しい損傷**、**変形**または**腐食**があるものを使用してはならない
- 鋼材は、JIS等に適合するものであること
- パイプサポート等は、厚生労働大臣の定める構造規格に適合するものであること

参考
型枠支保工に関する事故は、構造的欠陥に基づく倒壊が多く、この場合、一時に多数の作業員が被災する重大災害となる。

(2) 組立て等の場合の措置

型枠支保工には、コンクリート打設の際、大きな荷重がかかるため、構造はこれに安全に耐え得る堅固なものでなければならない。

組立図

型枠支保工を組み立てるときは、組立図を作成し、かつ、当該組立図により組み立てなければならない。また組立図は、**支柱、梁、つなぎ、筋かい等**の**部材の配置、接合の方法**および**寸法が**示されているものでなければならない。

型枠支保工についての措置等

型枠支保工については、表7-5に定めるところによらなければならない。

表7-5　型枠支保工についての措置等

①敷角の使用、コンクリートの打設、杭の打込み等支柱の沈下を防止するための措置を講ずること。
②支柱の脚部の固定、根がらみの取付け等支柱の脚部の滑動を防止するための措置を講ずること。
③**支柱の継手**は、突合せ継手または差込み継手とすること。
④**鋼材と鋼材**との**接続部**および**交差部**は、**ボルト、クランプ等の金具**を用いて緊結すること。
⑤型枠が曲面のものであるときは、控えの取付け等当該型枠の浮き上がりを防止するための措置を講ずること。
⑥**鋼管**（パイプサポートを除く）**を支柱**として用いるものにあっては、当該鋼管の部分について次に定めるところによること。
- 高さ2m以内ごとに水平つなぎを2方向に設け、かつ、水平つなぎの変位を防止すること
- 梁または大引きを上端に載せるときは、当該上端に鋼製の端板を取り付け、これを梁または大引きに固定すること

⑦**パイプサポートを支柱**として用いるものにあっては、当該パイプサポートの部分について次に定めるところによること。
- パイプサポートを3以上継いで用いないこと
- パイプサポートを継いで用いるときは、**4以上**の**ボルト**または**専用の金具**を用いて継ぐこと
- 高さが**3.5m**を超えるときは、高さ**2m以内**ごとに**水平つなぎ**を**2方向**に設け、かつ、水平つなぎの変位を防止すること

⑧**鋼管枠を支柱**として用いるものにあっては、当該鋼管枠の部分について次に定めるところによること。
- 鋼管枠と鋼管枠との間に**交差筋かい**を設けること
- **最上層**および**5層以内**ごとの箇所において、型枠支保工の側面ならびに枠面の方向および交差筋かいの方向における**5枠以内**ごとの箇所に、**水平つなぎ**を設け、かつ、水平つなぎの変位を防止すること
- **最上層**および**5層以内**ごとの箇所において、型枠支保工の枠面の方向における**両端**および**5枠以内**ごとの箇所に、交差筋かいの方向に**布枠**を設けること
- 梁または大引きを上端に載せるときは、当該上端に鋼製の端板を取り付け、これを梁または大引きに固定すること

⑨**組立て鋼柱を支柱**として用いるものにあっては、当該組立て鋼柱の部分について次に定めるところによること。
- 梁または大引きを上端に載せるときは、当該上端に鋼製の端板を取り付け、これを梁または大引きに固定すること

- 高さが4mを超えるときは、高さ4m以内ごとに**水平つなぎ**を2方向に設け、かつ、水平つなぎの変位を防止すること

⑩**木材を支柱**として用いるものにあっては、当該木材の部分について次に定めるところによること。
- 高さ2m以内ごとに**水平つなぎ**を2方向に設け、かつ、水平つなぎの変位を防止すること
- **木材**を継いで用いるときは、2個以上の添え物を用いて継ぐこと
- 梁または大引きを上端に載せるときは、添え物を用いて、当該上端を梁または大引きに固定すること

⑪梁で構成するものにあっては、次に定めるところによること。
- 梁の両端を支持物に固定することにより、梁の滑動および脱落を防止すること
- 梁と梁との間につなぎを設けることにより、梁の横倒れを防止すること

段状の型枠支保工

敷板、敷角等をはさんで段状に組み立てる型枠支保工については、表7-5（型枠支保工についての措置等）に定めるところによるほか、下記に定めるところによらなければならない。

- 型枠の形状によりやむを得ない場合を除き、**敷板、敷角等**を**2段以上**はさまないこと
- 敷板、敷角等を**継い**で用いるときは、**当該敷板、敷角等**を**緊結**すること
- **支柱**は、**敷板、敷角等**に**固定**すること

コンクリートの打設の作業

コンクリートの打設の作業を行うときは、その日の作業を開始する前に、当該作業に係る型枠支保工について点検し、異常を認めたときは、補修する。また、作業中に型枠支保工に異常が認められた際における、作業中止のための措置をあらかじめ講じておく。

型枠支保工の組立て等の作業

型枠支保工の組立て、または解体の作業を行うときは、次の措置を講じなければならない。

- 当該作業を行う区域には、**関係労働者以外の労働者**の**立ち入りを禁止**すること
- **強風、大雨、大雪等の悪天候**のため、作業の実施について**危険が予想**されるときは、当該作業に労働者を従事させないこと
- **材料、器具または工具**を**上げ**、または**下ろす**ときは、つり綱、つり袋等を労働者に使用させること

型枠支保工の組立て等作業主任者の選任

型枠支保工の組立てまたは解体の作業は、型枠支保工の組立て等作業主任者技能講習を修了した者のうちから、型枠支保工の組立て等作業主任者を選任しなければならない。

型枠支保工の組立て等作業主任者の職務

型枠支保工の組立て等作業主任者に、次に示す事項を行わせなければならない。

- **作業の方法**を決定し、**作業を直接指揮**すること
- **材料の欠点の有無**ならびに**器具および工具を点検**し、**不良品**を取り除くこと
- 作業中、**要求性能墜落制止用器具等**および**保護帽**の**使用状況**を監視すること

例題7-4　平成30年後期　2級土木施工管理技術検定（学科）試験〔No.52〕 

型わく支保工に関する次の記述のうち，労働安全衛生法上，**誤っているもの**はどれか。

(1) コンクリートの打設を行うときは，作業の前日までに型わく支保工について点検しなければならない。
(2) 型わく支保工に使用する材料は，著しい損傷，変形又は腐食があるものを使用してはならない。
(3) 型わく支保工を組み立てるときは，組立図を作成し，かつ，当該組立図により組み立てなければならない。
(4) 型わく支保工の支柱の継手は，突合せ継手又は差込み継手としなければならない。

ワンポイントアドバイス　コンクリートの打設を行うときは、作業の前日までではなく、その日の作業を開始する前に型わく支保工について点検しなければならない。

正解：(1)

よく出る!★
令和2年後期、平成30年前期・後期、平成29年第1回・第2回、平成26、23年に出題
【過去10年で7回】

7.4 明り掘削作業および土留め支保工 

掘削作業は、土木工事のほとんどの場合に、何らかの形で係っている最も基本的な作業である。

(1) 掘削の時期および順序等

掘削作業は、作業箇所等の調査から掘削の時期および順序等を定める。

参考
掘削作業は、明り掘削(日が当たるところで行う掘削工事)、ずい道などの掘削、採石作業のための岩石掘削の三つに分けられる。また、明り掘削作業では、土砂崩壊の事故が最も多い。

作業箇所等の調査

事業者は、地山の掘削の作業を行う場合において、地山の崩壊、埋設物等の損壊等により労働者に危険を及ぼすおそれのあるときは、あらかじめ、作業箇所およびその周辺の地山について、以下に示す事項をボーリングその他適当な方法により**調査**し、これらの事項について知り得たところに適応する**掘削の時期および順序**を定めて、当該定めにより作業を行わなければならない。

- **形状、地質**および**地層**の状態
- **亀裂、含水、湧水**および**凍結**の有無および状態
- **埋設物等**の有無および状態
- 高温のガスおよび蒸気の有無および状態

これだけは覚える

手掘りによる地山の掘削作業といえば…掘削面の高さと勾配の数値を覚える。

掘削面の勾配の基準

手掘り（パワーショベル、トラクターショベル等の掘削機械を用いないで行う掘削）により**地山の掘削**の作業を行うときは、**掘削面の勾配**を、表7-6に示す**地山の種類**ごとの**掘削高さに応じた**、安全な**勾配以下**としなければならない。

表7-6　掘削面の高さと勾配

地山の種類	掘削面の高さ（m）	掘削面の勾配（度）
岩盤または堅い粘土	5未満	90
	5以上	75
その他の地山	2未満	90
	2以上～5未満	75
	5以上	60
砂からなる地山	掘削面の勾配が35度以下または高さが5m未満	
発破等で崩壊しやすい状態になっている地山	掘削面の勾配が45度以下または高さが2m未満	

点検

明り掘削の作業を行うときは、地山の崩壊または土石の落下による労働者の危険を防止するため、次に示す措置を講じなければならない。

- **点検者を指名**して、作業箇所およびその周辺の地山について、その日の作業を開始する前、大雨の後および中震以上の地震の後、**浮石**および**亀裂**の有無および状態ならびに**含水、湧水**および**凍結**の状態の変化を**点検**させること

・**点検者を指名**して、**発破**を行った後、当該発破を行った箇所およびその周辺の**浮石**および**亀裂**の有無および状態を点検させること

地山の掘削作業主任者の選任

掘削面の高さが、2m以上となる地山の掘削（ずい道およびたて坑以外の坑の掘削を除く）の作業については、地山の掘削および土留め支保工作業主任者**技能講習を修了した者**のうちから、地山の掘削作業主任者を選任しなければならない。

地山の掘削作業主任者の職務

地山の掘削作業主任者に、次の事項を行わせなければならない。

①作業の**方法を決定**し、作業を**直接指揮**すること。
②**器具**および**工具**を点検し、**不良品**を取り除くこと。
③**要求性能墜落制止用器具等**および**保護帽**の**使用状況**を監視すること。

地山の崩壊等による危険の防止

明り掘削の作業を行う場合において、地山の崩壊または土石の落下により労働者に危険を及ぼすおそれのあるときは、あらかじめ、土留め支保工を設け、防護網を張り、労働者の立入りを禁止する等当該危険を防止するための措置を講じなければならない。

埋設物等による危険の防止

埋設物等またはれんが壁、コンクリートブロック塀、擁壁等の**建設物に近接する箇所**で**明り掘削の作業**を行う場合において、これらの**損壊等**により**労働者に危険**を及ぼすおそれのあるときは、これらを**補強**し、**移設**する等当該危険を防止するための措置が講じられた後でなければ、作業を行ってはならない。

明り掘削の作業により露出したガス導管の損壊により労働者に危険を及ぼすおそれのある場合の措置は、つり防護、受け防護等による当該ガス導管についての**防護**を行い、または当該ガス導管を移設する等の措置でなければならない。

ガス導管の防護の作業については、当該作業を指揮する者を指名して、その者の直接の指揮のもとに当該作業を行わせなければならない。

掘削機械等の使用禁止

明り掘削の作業を行う場合において、**掘削機械、積込み機械および運搬機械の使用**によるガス導管、地中電線路その他地下に存する**工作物の損壊**により**労働者に危険**を及ぼすおそれのあるときは、これらの機械を使用してはならない。

誘導者の配置

明り掘削の作業を行う場合において、運搬機械等が、労働者の作業箇所に後進して接近するとき、または転落するおそれのあるときは、誘導者を配置し、その者にこれらの機械を誘導させなければならない。また、運転者は、誘導者が行う誘導に従わなければならない。

保護帽の着用

事業者は、明り掘削の作業を行うときは、物体の飛来または落下による労働者の危険を防止するため、当該作業に従事する労働者に保護帽を着用させなければならない。

照度の保持

事業者は、明り掘削の作業を行う場所については、当該作業を安全に行うため必要な照度を保持しなければならない。

(2) 土留め支保工

土留め支保工に関しては、58ページ「3.4　土留め工」

を参照すること。

材料

土留め支保工の材料については、著しい損傷、変形または腐食があるものを使用してはならない。

構造

土留め支保工の**構造**については、当該土留め支保工を設ける箇所の地山に係る形状、地質、地層、亀裂、含水、湧水、凍結および埋設物等の状態に応じた**堅固**なものとしなければならない。

組立図

事業者は、土留め支保工を組み立てるときは、あらかじめ、組立図を作成し、かつ、当該組立図により組み立てなければならない。また、**組立図**は、**矢板**、**杭**、**背板**、**腹起し**、**切梁等**の部材の**配置**、**寸法**および**材質**ならびに**取付けの時期**および**順序**が示されているものでなければならない。

部材の取付け等

土留め支保工の部材の取付け等については、以下に定めるところによらなければならない。

- **切梁**および**腹起し**は、脱落を防止するため、**矢板**、**杭等**に確実に取り付ける
- 圧縮材（火打ちを除く）の継手は、突合せ継手とする
- **切梁**または**火打ち**の**接続部**および**切梁**と**切梁**との**交さ部**は、当て板をあててボルトにより緊結し、溶接により**接合**する等の方法により堅固なものとする
- **中間支持柱**を備えた土留め支保工にあっては、**切梁**を**当該中間支持柱**に**確実**に取り付ける
- 切梁を建築物の柱等部材以外の物により支持する場合にあっては、当該支持物は、これにかかる荷重に耐え得るものとする

切梁等の作業

土留め支保工の**切梁**または**腹起し**の**取付け**、または**取外し**の作業を行うときは、当該作業を行う箇所には、**関係労働者以外の労働者**が立ち入ることを**禁止**する。また、**材料**、**器具**または**工具**を**上げ**、または**下ろす**ときは、吊り綱、吊り袋等を労働者に使用させる。

点検

事業者は、土留め支保工を設けたときは、その後7日を超えない期間ごと、**中震以上の地震**の後および**大雨等**により地山が急激に軟弱化するおそれのある事態が生じた後に、次に示す事項について点検し、異常を認めたときは、直ちに、**補強**し、または**補修**しなければならない。

- 部材の**損傷**、**変形**、**腐食**、**変位**および**脱落**の有無および状態
- 切梁の**緊圧**の度合
- 部材の**接続部**、**取付け部**および**交差部**の状態

土留め支保工作業主任者の選任

土留め支保工の**切梁**または**腹起し**の**取付け**または**取外し**の作業については、地山の掘削および土留め支保工作業主任者**技能講習を修了**した者のうちから、土留め支保工作業主任者を選任しなければならない。

土留め支保工作業主任者の職務

土留め支保工作業主任者に、次に示す事項を行わせなければならない。

- **作業の方法**を決定し、作業を**直接指揮**すること
- **材料の欠点**の有無ならびに**器具**および**工具**を点検し、**不良品**を取り除くこと
- **要求性能墜落制止用器具等**および**保護帽**の**使用状況**を監視すること

例題7-5　平成30年前期　2級土木施工管理技術検定（学科）試験〔No.54〕 

地山の掘削作業の安全確保に関する次の記述のうち，労働安全衛生法上，**誤っているもの**はどれか。

(1) 地山の掘削作業主任者は，掘削作業の方法を決定し，作業を直接指揮しなければならない。
(2) 掘削の作業に伴う運搬機械等が労働者の作業箇所に後進して接近するときは，点検者を配置し，その者にこれらの機械を誘導させなければならない。
(3) 地山の崩壊又は土石の落下により労働者に危険を及ぼすおそれのあるときは，土止め支保工を設け，労働者の立入りを禁止する等の措置を講じなければならない。
(4) 明り掘削作業を埋設物等に近接して行い，これらの損壊等により労働者に危険を及ぼすおそれのあるときは，危険防止のための措置を講じた後でなければ，作業を行なってはならない。

ワンポイントアドバイス　掘削の作業に伴う運搬機械等が労働者の作業箇所に後進して接近するときは、点検者ではなく、誘導者を配置しなければならない。

正解：(2)

平成29年第1回に出題
【過去10年で1回】
（平成26年度の実地試験にも出題）

7.5 墜落等による危険の防止

墜落等による危険の防止に関する主な項目と内容を、表7-7に示す。

ひとこと
建設業の死亡災害の中で最も多いのが、墜落・転落事故である。

表7-7　墜落等による危険の防止に関する主な項目と内容

項目	内容
作業床の設置等	①事業者は、高さが2m以上の箇所（作業床の端、開口部等を除く。）で作業を行う場合において墜落により労働者に危険を及ぼすおそれのあるときは、足場を組み立てる等の方法により作業床を設けなければならない。 ②事業者は、前項の規定により作業床を設けることが困難なときは、防網を張り、労働者に要求性能墜落制止用器具を使用させる等墜落による労働者の危険を防止するための措置を講じなければならない。 ③事業者は、高さが2m以上の作業床の端、開口部等で墜落により労働者に危険を及ぼすおそれのある箇所には、囲い、手すり、覆い等を設けなければならない。 ④事業者は、前項の規定により、囲い等を設けることが著しく困難なときまたは作業の必要上臨時に囲い等を取りはずすときは、防網を張り、労働者に要求性能墜落制止用器具を使用させる等墜落による労働者の危険を防止するための措置を講じなければならない。 ⑤労働者は、要求性能墜落制止用器具等の使用を命じられたときは、これを使用しなければならない。
要求性能墜落制止用器具等の取付設備等	①事業者は、高さが2m以上の箇所で作業を行う場合において、労働者に要求性能墜落制止用器具等を使用させるときは、要求性能墜落制止用器具等を安全に取り付けるための設備等を設けなければならない。 ②事業者は、労働者に要求性能墜落制止用器具等を使用させるときは、要求性能墜落制止用器具等およびその取付け設備等の異常の有無について、随時点検しなければならない。
悪天候時の作業禁止	事業者は、高さが2m以上の箇所で作業を行う場合において、強風、大雨、大雪等の悪天候のため、当該作業の実施について危険が予想されるときは、当該作業に労働者を従事させてはならない。
照度の保持	事業者は、高さが2m以上の箇所で作業を行うときは、当該作業を安全に行うため必要な照度を保持しなければならない。
昇降するための設備の設置等	事業者は、高さまたは深さが1.5mを超える箇所で作業を行うときは、当該作業に従事する労働者が安全に昇降するための設備等を設けなければならない。ただし、安全に昇降するための設備等を設けることが作業の性質上著しく困難なときは、この限りでない。

表7-7　墜落等による危険の防止に関する主な項目と内容（続き）

項目	内容
移動はしご	事業者は、移動はしごについては、次に定めるところに適合したものでなければ使用してはならない。 ・丈夫な構造とすること ・材料は、著しい損傷、腐食等がないものとすること ・幅は、30cm以上とすること ・すべり止め装置の取付けその他転位を防止するために必要な措置を講ずること。
脚立	事業者は、脚立については、次に定めるところに適合したものでなければ使用してはならない。 ・丈夫な構造とすること ・材料は、著しい損傷、腐食等がないものとすること ・脚と水平面との角度を75度以下とし、かつ、折りたたみ式のものにあっては、脚と水平面との角度を確実に保つための金具等を備えること ・踏み面は、作業を安全に行うため必要な面積を有すること
建築物等の組立て、解体または変更の作業	事業者は、建築物、橋梁、足場等の組立て、解体または変更の作業（作業主任者を選任しなければならない作業を除く。）を行う場合において、墜落により労働者に危険を及ぼすおそれのあるときは、次の措置を講じなければならない。 ・作業を指揮する者を指名して､その者に直接作業を指揮させること ・あらかじめ、作業の方法および順序を当該作業に従事する労働者に周知させること
立入禁止	事業者は、墜落により労働者に危険を及ぼすおそれのある箇所に関係労働者以外の労働者を立ち入らせてはならない。
物体の落下による危険の防止	事業者は、作業のため物体が落下することにより、労働者に危険を及ぼすおそれのあるときは、防網の設備を設け、立入区域を設定する等当該危険を防止するための措置を講じなければならない。

よく出る！★

令和元年前期・後期、平成30年前期・後期、平成29年第1回・第2回、平成28、27、23年に出題
【過去10年で9回】

7.6 足場 ★

足場は、高所作業などの足掛かりや材料の運搬などに設けられる仮設構造物で、表7-8のような種類がある。

ひとこと
足場関係の事故としては、圧倒的に墜落災害が多く、そのほとんどが足場の構造的な欠陥に伴うものである。

手すり
幅木
中さん
足場板
緊結金具
（直交型クランプ）
腕木
手すり
建地
緊結金具
（自在型クランプ）
継手金具
（単管ジョイント）
筋かい
筋かい
布
敷板
根がらみ
固定型ベース金具

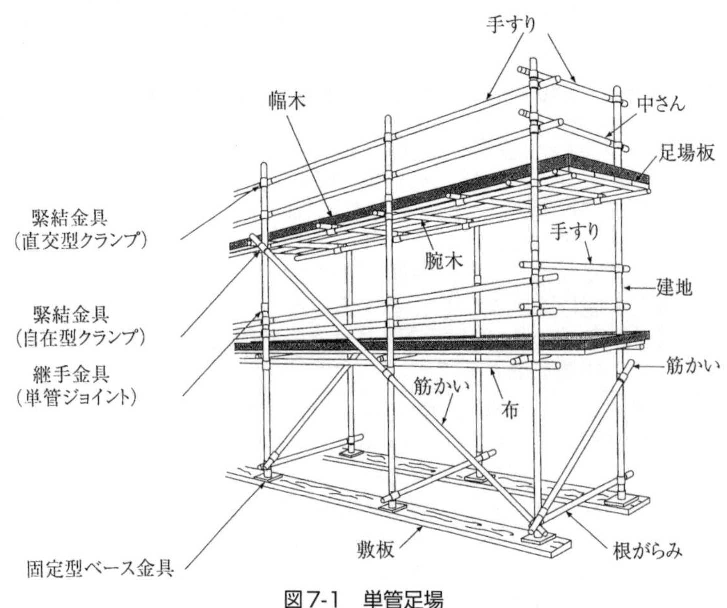

図7-1　単管足場

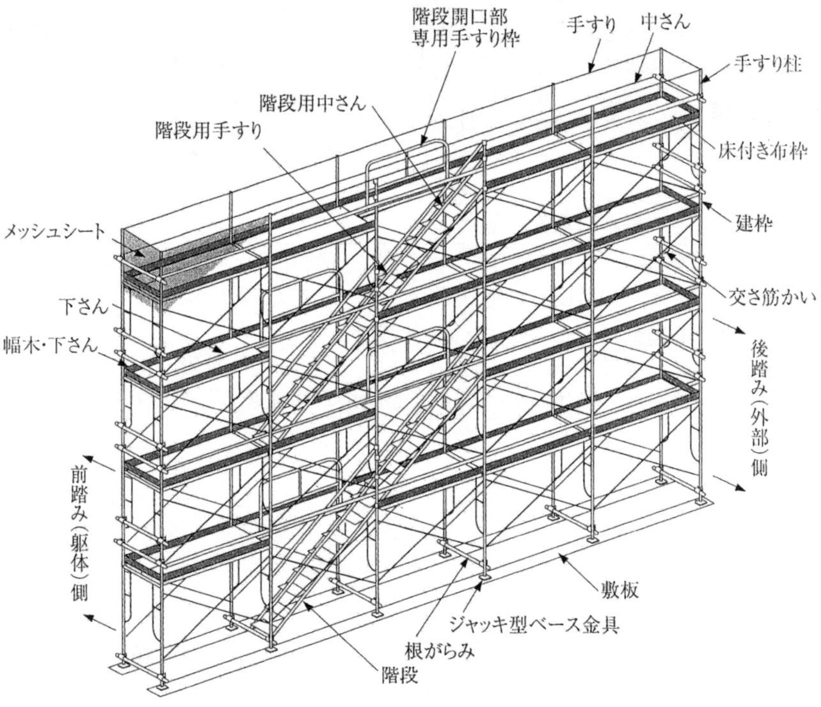

階段開口部
専用手すり枠
手すり
中さん
手すり柱
階段用中さん
階段用手すり
床付き布枠
メッシュシート
建枠
交さ筋かい
下さん
幅木・下さん
後踏み（外部）側
前踏み（躯体）側
敷板
ジャッキ型ベース金具
根がらみ
階段

図7-2　枠組足場

図7-1、2出典：国土交通省大臣官房官庁営繕部監修、一般社団法人公共建築協会編『建築工事監理指針／（上巻）平成28年版』建設出版センター、2016年　99ページ「図2・2・4㊄」、98ページ「図2・2・4㊁」

表7-8　足場の種類

支柱足場	本足場	鋼管足場	単管足場（図7-1）、枠組足場（図7-2）など
	一側足場	棚足場、ブラケット一側足場など	
	張出し足場	張出ブラケット足場など	
つり足場	つり足場、ワイヤブリッジなど		
移動足場	ゴンドラ、移動足場、高所作業車など		

(1) 材料等

足場は、使用する材料によって木製足場と鋼製足場に分けられる。

最大積載荷重

事業者は、足場の構造および材料に応じて、**作業床**の最大積載荷重を定め、かつ、これを超えて積載してはならない。また、この**値**を**労働者に周知**させなければならない。

作業床

足場（一側足場を除く）における高さ2m以上の作業場所には、下記に定めるところにより、作業床を設けなければならない。

- つり足場の場合を除き、**幅**は40cm以上とし、床材間の**すき間**は3cm以下とする。また、床材と建地との**すき間**は、12cm未満とする
- **手すりの高さ**は85cm以上とし、高さ35～50cmに**中さん**、高さ10cm以上の**幅木**を設ける
- 腕木、布、梁、脚立その他作業床の支持物は、これにかかる荷重によって破壊するおそれのないものを使用する
- つり足場の場合を除き、**床材**は、転位し、または脱落しないように**2以上**の支持物に取り付ける

(2) 足場の組立て等における危険の防止

建設業の死亡災害の多くを占める墜落・転落事故を防止する目的で手すり先行工法を厚生労働省が推奨している。

用語解説

手すり先行工法
墜落災害を防ぐ目的から、作業床の最上層に常に手すりがあるように行う工法。

足場の組立て等の作業

つり足場、張出し足場または高さが2m以上の構造の足場の組立て、解体または変更の作業を行うときは、下記に示す措置を講じなければならない。

①組立て、解体または変更の時期、範囲および順序を当該作業に従事する**労働者に周知**させる。
②組立て、解体または変更の作業を行う区域内には、**関係労働者以外の労働者**の立入りを禁止する。
③**強風、大雨、大雪等**の悪天候のため、作業の実施について**危険が予想されるときは、**作業を中止する。
④足場材の緊結、取り外し、受渡し等の作業にあっては、墜落による労働者の危険を防止するため、次の措置を講ずること。
- 幅40cm以上の作業床を設けること。ただし、当該作業床を設けることが困難なときは、この限りでない
- **要求性能墜落制止用器具**を安全に取り付けるための**設備等**を設け、かつ、労働者に**要求性能墜落制止用器具**を使用させる措置を講ずること。ただし、当該措置と同等以上の効果を有する措置を講じたときは、この限りでない

⑤**材料、器具、工具等**を**上げ**、または**下ろす**ときは、つり綱、つり袋等を労働者に使用させる。

足場の組立て等作業主任者の選任

つり足場、張出し足場または高さが5m以上の構造の足場の組立て、解体または変更の作業については、足場の組立て等作業主任者技能講習を修了した者のうちから、足場の組立て等作業主任者を選任しなければならない。

足場の組立て等作業主任者の職務

足場の組立て等作業主任者に、下記に示す事項を行わせなければならない。

- **材料の欠点**の有無を点検し、**不良品**を取り除くこと（解体の作業は適用しない）
- **器具、工具、要求性能墜落制止用器具等**および**保護帽**の機能を**点検**し、**不良品**を取り除くこと
- **作業の方法**および**労働者の配置**を決定し、**作業の進行状況**を監視すること
- **要求性能墜落制止用器具等**および**保護帽**の**使用状況**を監視すること

点検

足場の点検について、次のような際には、足場を点検し異常を認めたときは、直ちに補修しなければならない。

- 足場（つり足場を除く。）における作業を行うときは、その日の作業を開始する前に、作業を行う箇所に設けた**足場用墜落防止設備**の**取り外し**および**脱落の有無**について点検する
- **強風、大雨、大雪等の悪天候**もしくは**中震以上の地震**または**足場の組立て、一部解体**もしくは**変更**の後において、足場における作業を行うときは、作業を開始する前に、定められた事項について点検する

(3)鋼管足場

鋼管足場については、下記に定めるところに適合したものでなければ使用してはならない。

①足場（脚輪を取り付けた移動式足場を除く）の脚部には、足場の滑動または沈下を防止するため、ベース金具を用い、かつ、敷板、敷角等を用い、根がらみを設ける等の措置を講ずる。

②脚輪を取り付けた移動式足場にあっては、不意に移動することを防止するため、ブレーキ、歯止め等で脚輪を確実に固定させ、足場の一部を堅固な建設物に固定させる等の措置を講ずる。
③鋼管の**接続部**または**交差部**は、これに適合した附属金具を用いて、確実に接続し、または緊結する。
④**筋かい**で補強する。
⑤一側足場、本足場または張出し足場であるものにあっては、次に定めるところにより、**壁つなぎ**または**控え**を設ける。
- 間隔は、表7-9の値以下とする

表7-9　壁つなぎまたは控えの間隔

鋼管足場の種類	間隔（m）	
	垂直方向	水平方向
単管足場	5	5.5
枠組足場（高さが5m未満のものを除く）	9	8

- 鋼管、丸太等の材料を用いて、堅固なものとする
- 引張材と圧縮材とで構成されているものであるときは、**引張材と圧縮材**との**間隔**は、**1m以内**とする

⑥架空電路に近接して足場を設けるときは、架空電路を移設し、架空電路に絶縁用防護具を装着する等架空電路との接触を防止するための措置を講じる。

単管足場と枠組足場

単管足場は、単管と呼ばれる鉄パイプを組み合わせて建てるもので、縦横の幅がある程度自由に決められるため、枠組足場が立てられない場所などに使用できる。

枠組足場は、鋼管を溶接して鳥居形の枠に成形したものを単位として、現場でこれを多数組み合わせて使用するものである（表7-10）。

表7-10　鋼管足場の留意事項

足場の種類	留意事項
単管足場	• **建地**（たてじ）**の間隔**は、桁行方向を1.85m以下、梁間方向は1.5m以下とする • **地上第一の布**は、2m以下の位置に設ける • 建地の最高部から測って31mを超える部分の**建地**は、**鋼管**を2本組とする • **建地間の積載荷重**は、400kgを限度とする
枠組足場	• **最上層**および**五層以内**ごとに**水平材**を設ける • 梁枠および持送り枠は、**水平筋かい**その他によって**横振れ**を防止する措置を講じる • 高さ**20m**を超えるときおよび重量物の積載を伴う作業を行うときは、使用する**主枠**は、高さ**2m以下**のものとし、かつ、主枠間の**間隔**は**1.85m以下**とする

例題7-6　令和元年後期　2級土木施工管理技術検定（学科）試験〔No.53〕 

高さ2m以上の足場（つり足場を除く）に関する次の記述のうち，労働安全衛生法上，**誤っているもの**はどれか。

(1) 作業床の手すりの高さは，85cm以上とする。
(2) 足場の床材が転位し脱落しないように取り付ける支持物の数は，2つ以上とする。
(3) 作業床より物体の落下のおそれがあるときに設ける幅木の高さは，10cm以上とする。
(4) 足場の作業床は，幅20cm以上とする。

ワンポイントアドバイス　足場の作業床の幅は、40 cm以上とする。

正解：(4)

例題7-7　平成29年第1回　2級土木施工管理技術検定（学科）試験〔No.53〕 

足場（つり足場を除く）に関する次の記述のうち，労働安全衛生法上，**誤っているもの**はどれか。

(1) 高さ2m以上の足場は，床材と建地との隙間を12cm未満とする。
(2) 高さ2m以上の足場は，幅40cm以上の作業床を設ける。
(3) 高さ2m以上の足場は，床材間の隙間を3cm以下とする。
(4) 高さ2m以上の足場は，床材が転位し脱落しないよう1つ以上の支持物に取り付ける。

ワンポイントアドバイス　1つ以上ではなく、2つ以上の支持物に取り付ける。

正解：(4)

例題7-8　平成27年度　2級土木施工管理技術検定（学科）試験〔No.55〕 

足場の組立て等における事業者が行うべき事項に関する次の記述のうち，労働安全衛生規則上，**誤っているもの**はどれか。

(1) 組立て，解体又は変更の時期，範囲及び順序を当該作業に従事する労働者に周知させること。
(2) 労働者に安全帯を使用させる等労働者の墜落による危険を防止するための措置を講ずること。
(3) 組立て，解体又は変更の作業を行う区域内のうち特に危険な区域内を除き，関係労働者以外の労働者の立入りをさせることができる。
(4) 足場（つり足場を除く）における作業を行うときは，その日の作業を開始する前に，作業を行う箇所に設けた設備の取りはずし及び脱落の有無について点検し，異常を認めたときは，直ちに補修しなければならない。

ワンポイントアドバイス　組立て、解体または変更の作業を行う区域内には、関係労働者以外の労働者の立入りを禁止しなければならない。

正解：(3)

新傾向 NEW

令和２年後期、令和元年後期、平成30年前期・後期、平成29年第１回・第２回に出題
【過去10年で６回】

7.7 コンクリート造の工作物の解体 NEW

事業者は、**高さ**が５m以上の**コンクリート造の工作物の解体または破壊の作業**については、表7-11に示す定めにより行わなければならない。

ひとこと
コンクリート造の工作物の解体作業は労働者だけでなく、解体工事中に外壁等が崩落し、通行者に被害を及ぼす事故が多い。

表7-11　コンクリート造の工作物（高さが５m以上）の解体または破壊の作業の定め

調査および作業計画	コンクリート造の工作物の解体または破壊の作業を行うときは、工作物の**倒壊**、物体の**飛来**または**落下**等による**労働者の危険を防止**するため、あらかじめ、当該工作物の**形状**、**き裂の有無**、**周囲の状況**等を調査し、当該調査により知り得たところに適応する作業計画を定め、かつ、当該作業計画により作業を行わなければならない。 この**作業計画**は、次の事項が示されているものでなければならない。 ・**作業の方法**および**順序**（関係労働者に周知させなければならない。） ・使用する**機械等の種類**および**能力** ・**控えの設置**、**立入禁止区域の設定**その他の外壁、柱、はり等の倒壊または落下による**労働者の危険を防止**するための方法（関係労働者に周知させなければならない。）
コンクリート造の工作物の解体等の作業	・作業を行う区域内には、**関係労働者以外の労働者**の立入りを禁止する ・**強風**、**大雨**、**大雪等の悪天候**のため、作業の実施について**危険が予想**されるときは、当該作業を中止する ・**器具**、**工具**等を**上げ**、または**下ろす**ときは、**つり綱**、**つり袋**等を労働者に使用させる
引倒し等の作業の合図	・**外壁**、**柱**等の**引倒し**等の作業を行うときは、引倒し等について一定の合図を定め、関係労働者に周知させなければならない ・外壁や柱等の引倒し作業を行う区域内には、**関係労働者以外の労働者**の立入りを禁止する
コンクリート造の工作物の解体等作業主任者の選任	**コンクリート造の工作物の解体等作業主任者**技能講習を修了した者のうちから、コンクリート造の工作物の解体等作業主任者を選任しなければならない。

次ページへ続く

表7-11　コンクリート造の工作物（高さが5m以上）の解体または破壊の作業の定め（続き）

コンクリート造の工作物の解体等作業主任者の職務	**コンクリート造の工作物の解体等作業主任者**に、次の事項を行わせなければならない。 ・**作業の方法**および**労働者の配置**を**決定**し、作業を直接指揮すること ・**器具、工具、要求性能墜落制止用器具**等および**保護帽**の**機能を点検**し、**不良品**を**取り除く**こと ・**要求性能墜落制止用器具**等および**保護帽**の**使用状況を監視**すること
保護帽の着用	物体の飛来または落下による労働者の危険を防止するため、当該作業に従事する労働者に保護帽を着用させなければならない。また労働者は、この保護帽を着用しなければならない。
解体用機械	・**物体の飛来**等により**運転者に危険**が生ずるおそれのあるときは、運転室を有しない解体用機械を用いて作業を行ってはならない。ただし、物体の飛来等の状況に応じた当該危険を防止するための措置を講じたときは、この限りでない ・**物体の飛来**等により**労働者に危険**が生ずるおそれのある箇所に運転者以外の労働者を立ち入らせない ・**強風、大雨、大雪等の悪天候**のため、作業の実施について危険が予想されるときは、当該作業を中止する

例題7-9　令和2年後期　2級土木施工管理技術検定（学科）試験〔No.55〕

高さ5m以上のコンクリート造の工作物の解体作業にともなう危険を防止するために事業者が行うべき事項に関する次の記述のうち，労働安全衛生法上**誤っているもの**はどれか。

(1) 強風，大雨，大雪等の悪天候のため，作業の実施について危険が予想されるときは，当該作業を注意しながら行う。
(2) 器具，工具等を上げ，又は下ろすときは，つり綱，つり袋等を労働者に使用させる。
(3) 解体作業を行う区域内には，関係労働者以外の労働者の立ち入りを禁止する。
(4) 作業主任者を選任するときは，コンクリート造の工作物の解体等作業主任者技能講習を修了した者のうちから選任する。

ワンポイントアドバイス　作業の実施について危険が予想されるときは、作業を中止する。

正解：(1)

第8章 品質管理

土木工事における品質管理の目的は、設計図書に示された規格を十分満足する製品（土木構造物）を最も経済的につくることであり、工事の各段階における管理体系をいう。

試験に出る

令和２年後期、平成30年前期・後期、平成28、26年に出題
【過去10年に5回】

これだけは覚える

施工管理の手順といえば…すべての管理の手順が、P→D→C→Aの順番。

8.1 品質管理の手順

一般に品質管理は、統計的な手段（数理統計学や確率論など）を採用しているので、特に統計的品質管理ということがある。統計的品質管理を適用する際も、一般的な管理活動の原則であるP、D、C、Aの手順に基づき実施する。

第１段階	計画（Plan）	**品質特性**の選定と**品質標準**の設定をする。
↓		
第２段階	実施（Do）	**作業標準**に基づき、作業を実施する。
↓		
第３段階	検討（Check）	統計的手法により、**解析・検討**を行う。
↓		
第４段階	処理（Action）	**異常原因**を追究し、除去する**処置**をとる。 結果を第１段階に反映させ、**作業標準**を改定する。

図8-1　品質管理の手順

これだけは覚える

アスファルト舗装工の品質管理といえば…品質特性と試験方法の組合せがよく出題される。

(1) 品質特性

品質は、一般に設計図書に定められているので、**構造物に要求されている品質**を正しく理解する必要がある。この品質の対象となる目印を品質特性という。

ひとこと

品質特性は、品質に重要な影響を及ぼすものであり、早期に結果が得られるものが望ましい。

表8-1　各工種における主な品質特性と試験方法

工種		品質特性	試験方法
土工	材料	・**最大乾燥密度・最適含水比** ・**粒度** ・自然含水比	**締固め試験** **粒度試験** 含水比試験
	施工	・施工含水比 ・**締固め度** ・CBR ・支持力 ・貫入指数	含水比試験 **現場密度の測定** 現場CBR試験 平板載荷試験 各種貫入試験
コンクリート工	骨材	・密度および吸水率 ・**粒度** ・すりへり減量（粗骨材） ・安定性	密度および吸水率試験 **ふるい分け試験** すりへり試験 安定性試験
	コンクリート	・単位容積質量 ・**スランプ** ・**空気量** ・**圧縮強度** ・曲げ強度	単位容積質量試験 **スランプ試験** **空気量試験** **圧縮強度試験** 曲げ強度試験
アスファルト舗装工	材料	・粒度 ・すりへり減量 ・針入度 ・アスファルト量・骨材合成粒度	ふるい分け試験 すりへり試験 針入度試験 アスファルト抽出試験
	舗設現場	・**路盤の支持力** ・**アスファルトの安定度** ・　〃　**厚さ** ・　〃　**平坦性** ・　〃　敷均し温度 ・　〃　密度（締固め度）	**平板載荷試験、CBR試験** **マーシャル安定度試験** **コア採取による測定** **平坦性試験** 温度測定 密度試験

(2) 品質標準

品質標準は、**品質規格**（発注者が意図した目的物の品質を規定したものをいう）をゆとりをもって**満足**するための施工管理の目安を設定するものであり、実施可能な値でなければならず、一般に**平均値とバラツキの幅**で設定する。

(3) 作業標準

品質標準を満足する構造物を施工するために**作業手順**、作業条件、**作業方法**、管理方法、使用材料、使用設備、その他の注意事項などに関する基準を定めたものをいう。

例題8-1　平成30年度前期　2級土木施工管理技術検定（学科）試験〔No.56〕

品質管理活動における～の作業内容について，品質管理のPDCA（Plan, Do, Check, Action）の手順として，**適当なもの**は次のうちどれか。

（イ）作業標準に基づき，作業を実施する。
（ロ）異常原因を追究し，除去する処置をとる。
（ハ）統計的手法により，解析・検討を行う。
（ニ）品質特性の選定と，品質規格を決定する。

(1)（イ）→（ニ）→（ハ）→（ロ）
(2)（ハ）→（ニ）→（ロ）→（イ）
(3)（ロ）→（ハ）→（イ）→（ニ）
(4)（ニ）→（イ）→（ハ）→（ロ）

ワンポイントアドバイス　品質管理の手順は、P（計画）→D（実施）→C（検討）→A（処置）なので、問題の手順の語尾を見るとわかりやすい。

正解：(4)

例題8-2　　令和2年後期　2級土木施工管理技術検定（学科）試験〔No.56〕 

土木工事の品質管理における「工種・品質特性」と「確認方法」に関する組合せとして，**適当でないもの**は次のうちどれか。

［工種・品質特性］　　　　　　　　　　　［確認方法］

(1) 土工・締固め度 ………………………………… RI計器による乾燥密度測定

(2) 土工・支持力値 ………………………………… 平板載荷試験

(3) コンクリート工・スランプ ……………… マーシャル安定度試験

(4) コンクリート工・骨材の粒度 …………… ふるい分け試験

ワンポイントアドバイス　スランプの確認方法はスランプ試験である。また、マーシャル安定度試験はアスファルトの安定度の確認方法である。

正解：(3)

よく出る！★

令和元年前期・後期、平成30年前期、平成29年第1回・第2回、平成28、27、26、25、24、23年に出題
【過去10年に11回】

参考

ヒストグラムは、図が柱状になっていることから、柱状図とも呼ばれる。

8.2 ヒストグラム ★

ヒストグラムは、図8-2のように**データ**をある**クラスごとに**分け、クラスに所属する**データの数**を**度数**として**高さ**で表した度数分布図である。

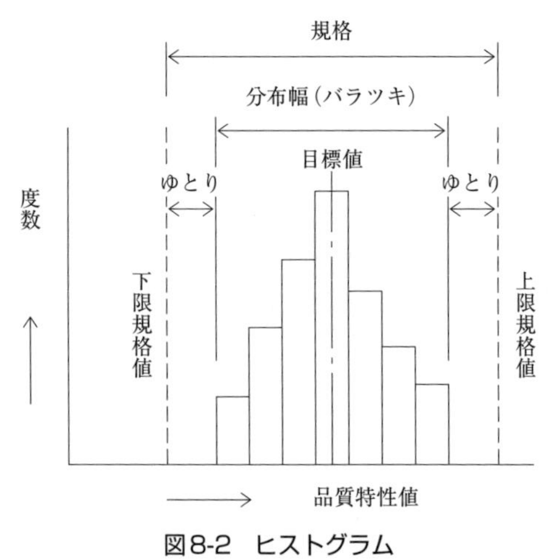

図8-2　ヒストグラム

これだけは覚える

ヒストグラムといえば…時間的順序の変化は分からない。

これだけは覚える

時間的順序の変化が分かる図といえば…工程能力図である。

(1)ヒストグラムの特徴

ヒストグラムは、個々のデータについての状態や時間的順序の変化は分からないが、品質特性が**規格**を**満足**しているか、**規格**に対する**余裕**があるかを**判断**するのに便利である。

また、下記に示す項目をチェックすることにより、品質全体の分布状態を把握できる。

- **全体の分布**の形
- 分布の**広がり具合**
- どんな**値**のまわりに分布しているか
- **規格値**を満足しているのか
- **飛び離れたデータ**の有無

(2)ヒストグラムの作成

ヒストグラムは、次の手順で作成する。

①データをできるだけ多く集める。
②データの中から、最大値X_{max}、最小値X_{min}を求める。
③全体の範囲、$R=X_{max}-X_{min}$を求める。
④クラス分けするときの、クラスの幅を決める。
⑤X_{max}、X_{min}を含むようにクラス幅で区切り、各クラスを設ける。
⑥クラスの中心値（代表値）を求める。
⑦データを各クラスに分けて、度数分布表を作る。
⑧横軸に品質特性値、縦軸に度数をとって、ヒストグラムを作る。
⑨ヒストグラムに規格値を記入する。

これだけは覚える

ヒストグラムといえば…見方は出題されることが多い。

(3) ヒストグラムの見方

ヒストグラムは、品質の様子を知るのに、多く用いられるので、見方を十分に理解しておくことが大切である。表8-2にいろいろな状態のヒストグラムを示す。

表8-2　いろいろなヒストグラム

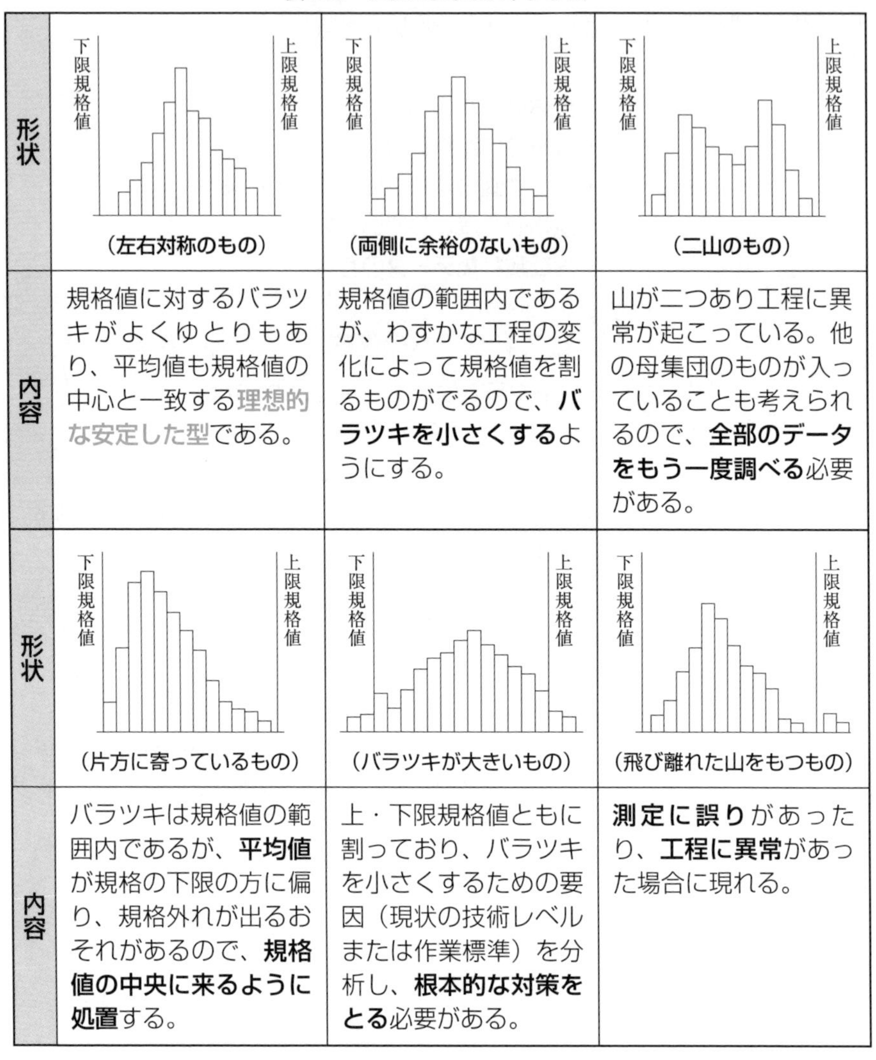

形状	下限規格値　上限規格値 (左右対称のもの)	下限規格値　上限規格値 (両側に余裕のないもの)	下限規格値　上限規格値 (二山のもの)
内容	規格値に対するバラツキがよくゆとりもあり、平均値も規格値の中心と一致する**理想的な安定した型**である。	規格値の範囲内であるが、わずかな工程の変化によって規格値を割るものがでるので、**バラツキを小さくする**ようにする。	山が二つあり工程に異常が起こっている。他の母集団のものが入っていることも考えられるので、**全部のデータをもう一度調べる**必要がある。
形状	下限規格値　上限規格値 (片方に寄っているもの)	下限規格値　上限規格値 (バラツキが大きいもの)	下限規格値　上限規格値 (飛び離れた山をもつもの)
内容	バラツキは規格値の範囲内であるが、**平均値**が規格の下限の方に偏り、規格外れが出るおそれがあるので、**規格値の中央に来るように処置**する。	上・下限規格値ともに割っており、バラツキを小さくするための要因(現状の技術レベルまたは作業標準)を分析し、**根本的な対策をとる**必要がある。	**測定に誤り**があったり、**工程に異常**があった場合に現れる。

例題8-3　平成29年第2回　2級土木施工管理技術検定（学科）試験〔No.57〕

下図のA～Dのヒストグラムに関する次の記述のうち，**適当でないもの**はどれか。ただし，図中の$\bar{x}$は平均値を表わす。

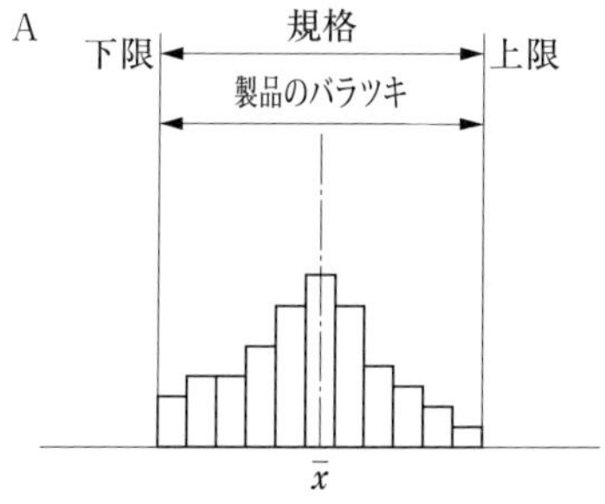

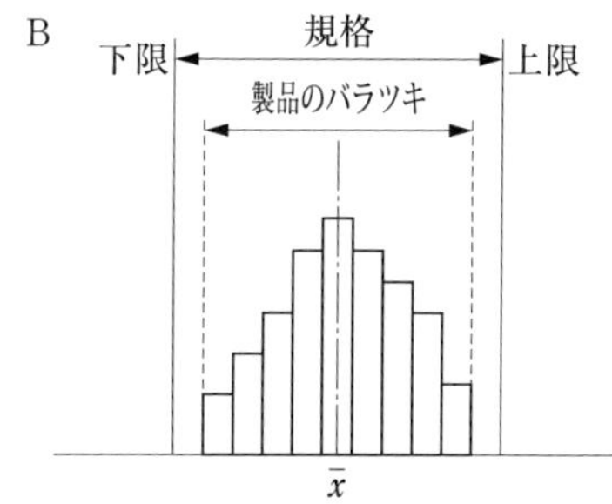

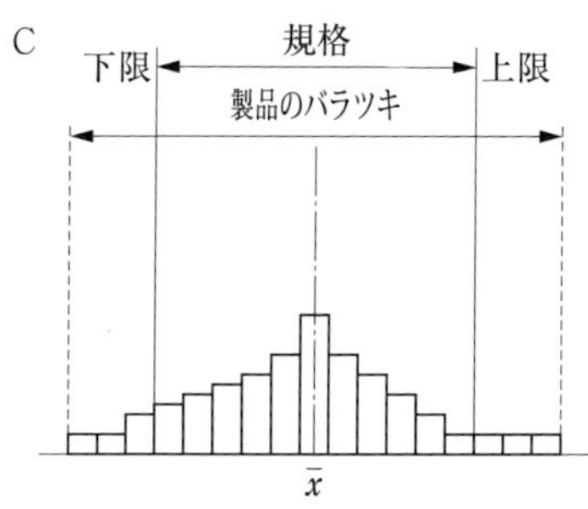

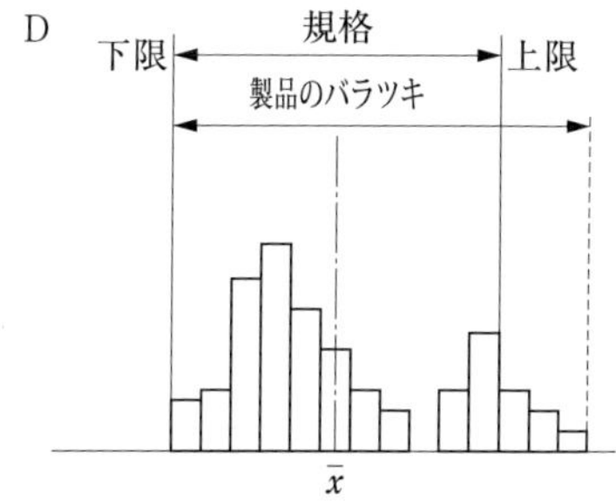

(1) A図は，規格値を満足しているが，規格値すれすれのものもあり，ゆとりがない。
(2) B図は，規格値を満足し，平均値が規格値の中央にある。
(3) C図は，規格値の範囲の外にデータがあり，規格値の幅を広げる必要がある。
(4) D図は，規格値内の分布の山が二つであり，すべてのデータを再度調べる必要がある。

ワンポイントアドバイス　C図は、規格値の幅を広げるのではなく、バラツキを小さくするための要因を分析し、根本的な対策をとる必要がある。

正解：(3)

令和2年後期、令和元年前期・後期、平成30年後期に出題
【過去10年で4回】

管理図は、最近よく出題されるようになった。

用語解説

工程
品質管理の工程とは、工期工程とは異なり、品質が作り出される過程をいう。

8.3 管理図 NEW

管理図は、ヒストグラムでは分からない測定値の時間的変化を加味して、工程が安定しているかどうかを判定し、維持するために用いられる。管理図の中で最も代表的なものは、$\bar{x}$－R管理図である。

(1) 管理図の種類

建設工事で取り扱っているデータには、連続的な値と離散的な値とがあり、連続する値を計量値（**測って得られる値**）、離散的な値を計数値（**数えて得られる値**）という。

品質管理に管理図を用いる場合は、取り扱う対象が計量値か計数値であるかによって、使用する管理図が異なる。主な管理図を、表8-3に示す。

表8-3　管理図の種類

計量値管理図 （寸法、重量、強度）	$\bar{x}$－R管理図	最も一般的な管理図で、群の平均値とバラツキの範囲を用いて群間の違いや工程の分散を評価する。
	$\tilde{x}$－R管理図	$\bar{x}$－R管理図の平均値の代わりに、群のデータの中央値を用いた管理図。
	x－R_s管理図	一つ一つのデータと一つ一つのデータの差を範囲対象とした管理図で、ロットごとに1個のデータしか取れない場合に用いる。
計数値管理図 （不適合率、欠陥数、欠点数）	P管理図	不適合品率を用いて工程を評価する。
	Pn管理図	不適合品数を用いて工程を評価する。
	c管理図	一定の範囲における欠点数を対象とした管理図。
	u管理図	範囲が一定でない場合の欠点数を、ある一定の範囲に換算した欠点数を対象とした管理図。

(2) $\bar{x}$－R管理図

管理図では、それまでの測定で得られたデータを統計的に処理し、1回の測定に対する平均値（$\bar{x}$）やバラツキの範囲（R）（最大値と最小値の差）などに対する管理限界線を求め、これを基準してその後の測定における平均値やバラツキの範囲を管理することにより、工程の安定性を評価している。

管理限界線

管理限界線は、品質のバラツキが通常起こり得る程度のものなのか（偶然原因）、あるいはそれ以上の見逃せないバラツキであるか（異常原因）を判断する基準となるものである。

管理図の見方

管理図では、中心線と上下の管理限界線が引かれており、**中心線**は、管理する値の中心的傾向（**平均値**など）を示し、**管理限界線**は個々の値の変動が偶然原因による変動か異常原因による変動かを識別するための境界となる。

管理図の見方を、表8-4に示す。

表8-4　管理図の見方

工程の状態	点の並び方
安定している状態	次の**2条件を満足**しているときは、安定状態である。 ①点が管理限界線の中に入っている。 ②点の並び方にクセがない。 また、**次のような状態のときは**、工程が安定状態であるとみて、それまでの管理線をそのまま延長し、次の工程の管理に用いてもよい。 ・点が連続**25点**以上**管理限界線内**にあり、点の並び方に**クセがない場合**。 ・連続**35点中管理限界線外**に出るものが**1点**以内で、点の並び方に**クセがない**場合。 ・連続**100点中管理限界線外**に出るものが**2点**以内で、点の並び方に**クセがない場合**。

次ページへ続く

表8-4　管理図の見方（続き）

<table>
<tr><th>工程の状態</th><th>点の並び方</th></tr>
<tr><td>**安定していない状態**</td><td>①点が**管理限界外（または線上）**にあるとき。
②点が管理限界内にあるが、その**並び方にクセがある**とき。</td></tr>
<tr><td>点の並び方にクセがあると判定する場合（安定していない状態）</td><td>**①点が中心線の片側に7点以上連続して現れた場合** 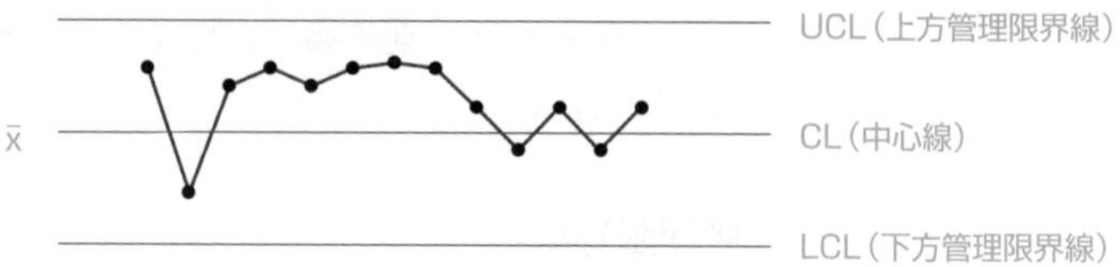
UCL（上方管理限界線）
x̄　CL（中心線）
LCL（下方管理限界線）
図8-3　連続7点以上が中心線の片側

②連続して7点以上が上昇または下降の状態を示す場合 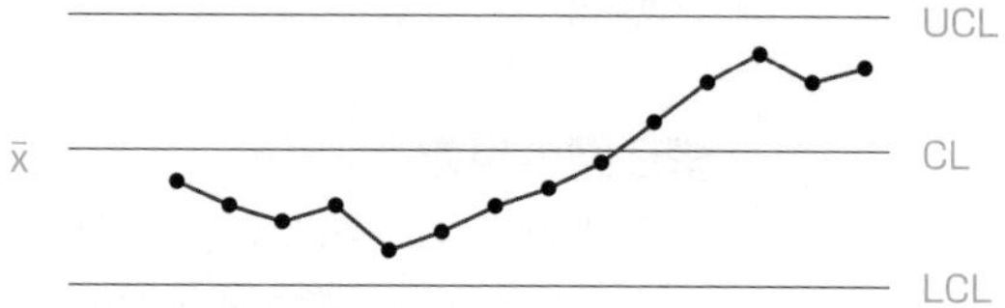
UCL
x̄　CL
LCL
図8-4　連続7点以上の上昇または下降

③周期的な変動を示す場合 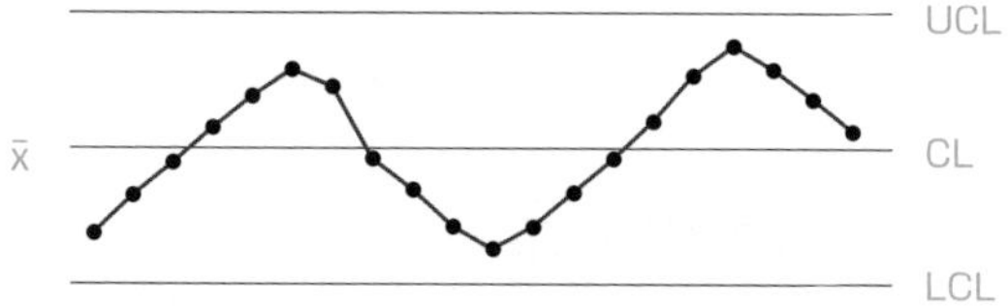
UCL
x̄　CL
LCL
図8-5　周期性

④点が管理限界線に接近して現れる場合 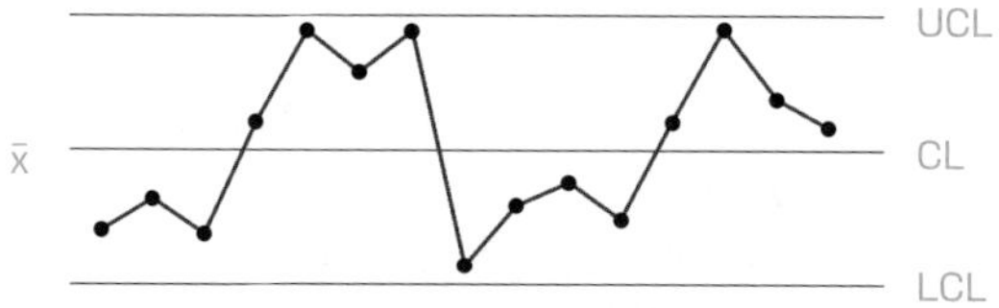
UCL
x̄　CL
LCL
図8-6　管理限界線への接近</td></tr>
</table>

表8-4　管理図の見方（続き）

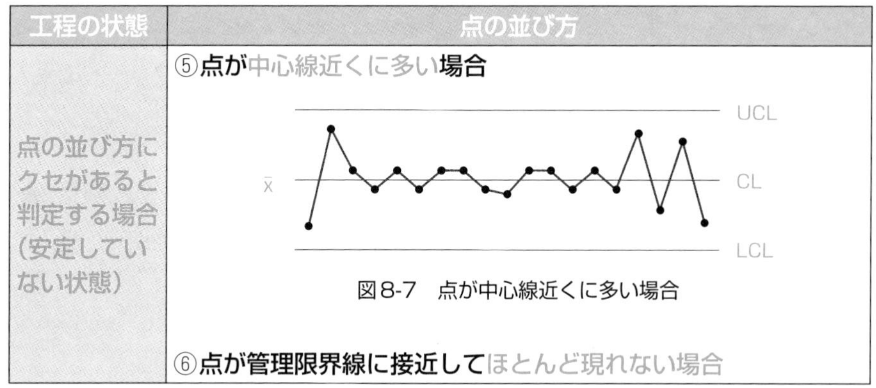

工程の状態	点の並び方
点の並び方にクセがあると判定する場合（安定していない状態）	⑤**点が**中心線近くに多い**場合** UCL $\bar{x}$　CL LCL 図8-7　点が中心線近くに多い場合 ⑥**点が管理限界線に接近して**ほとんど現れない場合

例題8-4　令和元年後期　2級土木施工管理技術検定（学科）試験〔No.56〕 

$\bar{x}$-R管理図に関する次の記述のうち，**適当なもの**はどれか。

(1) $\bar{x}$管理図は，ロットの最大値と最小値との差により作成し，R管理図はロットの平均値により作成する。

(2) 管理図は通常連続した柱状図で示される。

(3) 管理図上に記入した点が管理限界線の外に出た場合は，原則としてその工程に異常があると判断しなければならない。

(4) $\bar{x}$-R管理図では，連続量として測定される計数値を扱うことが多い。

ワンポイントアドバイス

(1) $\bar{x}$管理図は、ロットの平均値により作成し、R管理図は、ロットの最大値と最小値により作成する。

(2) 管理図は、縦軸に管理の対象となるデータ、横軸にロット番号や製造時間などをとり、一般に折れ線グラフで示す。

(4) $\bar{x}$-R管理図では、計数値ではなく、計量値を扱うことが多い。

正解：(3)

8.4 各種工事等の品質管理

各種工事の中で、レディーミクストコンクリートの受入検査と盛土の品質管理が出題されている。

よく出る!★

令和２年後期、令和元年前期・後期、平成30年前期・後期、平成29年第1回・第2回、平成28、27、26、25、24、23年に毎回出題

【過去10年で13回】

(1) レディーミクストコンクリートの受入検査 ★

レディーミクストコンクリートの**荷卸し地点**での**受入れ検査項目**は、強度、スランプまたはスランプフロー、空気量および塩化物量の４つである。

強度

圧縮強度試験を行ったとき、次に示す２条件を満足しなければならない。ただし、圧縮強度試験における供試体の**材齢**は、**指定がない場合**は28日、指定がある場合は購入者が指定した日数とする。

荷卸し地点での圧縮強度の条件は次の２点である。

- １回の試験結果は、購入者が**指定した呼び強度**の強度値の85%以上でなければならない
- ３回の試験結果の平均値は、購入者が**指定した呼び強度**の強度値以上でなければならない

スランプ

スランプの**許容差**は、購入者が指定した値に対して、表8-5でなければならない。

表8-5　荷卸し地点でのスランプの許容差

スランプ（cm）	スランプの許容差（cm）
2.5	±1
5および6.5	±1.5
8以上18以下	±2.5
21	±1.5

用語解説

スランプフロー

あまりにも流動性の高いコンクリートは、スランプコーンを引き抜くと水溜り状に拡がる。この場合はスランプ値の代わりに、試験体の広がりの直径の値をスランプフローとして用いる。

スランプフロー

スランプフローの**許容差**は、購入者が指定した値に対して、表8-6でなければならない。

表8-6　荷卸し地点でのスランプフローの許容差

スランプフロー（cm）	スランプフローの許容差（cm）
50	±7.5
60	±10

空気量

空気量および空気量の許容差（購入者が指定した値に対しても同じ）は、表8-7でなければならない。

表8-7　荷卸し地点での空気量およびその許容差

コンクリートの種類	空気量（%）	空気量の許容差
軽量コンクリート	5.0	±1.5
普通、舗装および高強度コンクリート	4.5	

塩化物含有量

塩化物含有量は、荷卸し地点で、塩化物イオン量として0.30kg／m³以下でなければならない。ただし、購入者の承認を受けた場合には、0.60kg／m³以下とすることができる。

アルカリシリカ反応対策

アルカリシリカ反応は、その対策が講じられていることを、配合計画書を用いて確認する。

例題8-5　令和元年前期　2級土木施工管理技術検定（学科）試験〔No.59〕

レディーミクストコンクリート（JIS A 5308）の品質管理に関する次の記述のうち，**適当でないもの**はどれか。

(1) 3回の圧縮強度試験結果の平均値は，購入者の指定した呼び強度の強度値以上である。
(2) 品質管理の項目は，強度，スランプ又はスランプフロー，塩化物含有量の3つである。
(3) 1回の圧縮強度試験結果は，購入者の指定した呼び強度の強度値の85%以上である。
(4) 圧縮強度試験は，一般に材齢28日で行う

ワンポイントアドバイス　品質管理の項目は、記述のほかに空気量がある。

正解：(2)

例題8-6　平成30年度前期　2級土木施工管理技術検定（学科）試験〔No.59〕

呼び強度21，スランプ12cm，空気量4.5％と指定したJIS A 5308レディーミクストコンクリートの試験結果について，各項目の判定基準を**満足しないもの**は次のうちどれか。

(1) スランプ試験の結果は，10.5cmであった。
(2) 空気量試験の結果は，6.0％であった。
(3) 1回の圧縮強度試験の結果は，18N/mm^{2}であった。
(4) 3回の圧縮強度試験結果の平均値は，20N/mm^{2}であった。

ワンポイントアドバイス

(1) 表8-5よりスランプ12cmの許容差は±2.5cmであり、9.5～14.5cmの範囲内である。
(2) 表8-7より空気量4.5%の許容差は±1.5%であり、3.0～6.5%の範囲内である。
(3) 1回の圧縮強度試験結果は、購入者の指定した呼び強度の強度値の85%（21×0.85＝17.85 N/mm^2）以上なければならないが、満足している。

(4) 3回の圧縮強度試験結果の平均値は、購入者の指定した呼び強度の強度値（21N/mm²）以上なければならず、満足していない。

正解：(4)

例題8-7　令和2年後期　2級土木施工管理技術検定（学科）試験〔No.59〕 

レディーミクストコンクリート（JIS A 5308，普通コンクリート，呼び強度24）を購入し，各工区の圧縮強度の試験結果が下表のように得られたとき，受入れ検査結果の合否判定の組合せとして，**適当なもの**は次のうちどれか。

単位（N/mm²）

試験回数＼工区	A工区	B工区	C工区
1回目	21	33	24
2回目	26	20	23
3回目	28	20	25
平均値	25	24.3	24

※毎回の圧縮強度値は3個の供試体の平均値

［A工区］　［B工区］　［C工区］

(1) 不合格 ………… 合　格 ………… 合　格

(2) 不合格 ………… 合　格 ………… 不合格

(3) 合　格 ………… 不合格 ………… 不合格

(4) 合　格 ………… 不合格 ………… 合　格

ワンポイントアドバイス

圧縮強度は、次に示す2条件を満足しなければならない。

① 1回の試験結果は、購入者が指定した呼び強度の強度値の85%（24×0.85＝20.4N/mm²）以上でなければならない。

② 3回の試験結果の平均値は、購入者が指定した呼び強度の強度値（24N/mm²）以上でなければならない。

- A工区は、①②の両方を満足している。
- B工区は、2回目と3回目が①を満足していない。
- C工区は、①②の両方を満足している。

正解：(4)

よく出る!★

令和2年後期、令和元年前期・後期、平成30年前期・後期、平成29年第1回・第2回、平成28、27、26、25、24、23年に毎回出題【過去10年で13回】

(2) 盛土の品質管理 ★

盛土の締固め管理方法には、品質規定方式と工法規定方式がある。また締固めの目的は、8ページ「(3) 締固め」を参照すること。

品質規定方式

盛土に**必要な品質**を**仕様書**に明示し、締固めの方法については施工者にゆだねる方式で、検査の対象となるのは**盛土の品質の規定に対する合否**である。

品質を規定する方式には、表8-8に示す3つがある。

これだけは覚える

最適含水比といえば…土の締固め試験において最大乾燥密度となる含水比であり、最もよく締まる含水状態である。

これだけは覚える

乾燥密度を求めるための現場密度の測定といえば…砂置換法や短時間で結果が出るRI(ラジオアイソトープ)計器による方法がある。

用語解説

プルーフローリング

締固めの確認などのために、施工時と同等以上のローラなどを走行させ、大きく変形する不良箇所などを発見する試験。

表8-8 品質規定方式

①乾燥密度で規定

締固め度が**規定値以上**になっていること、**施工含水比**がその**最適含水比** (w_{opt}) を基準として規定された範囲内にあることを要求する方法である。

締固め度=

$$\frac{\text{現場における締固め後の}\textbf{乾燥密度}\ (\rho_d)}{\text{基準となる室内締固め試験における}\textbf{最大乾燥密度}\ (\rho_{dmax})}\times 100\ (\%)$$

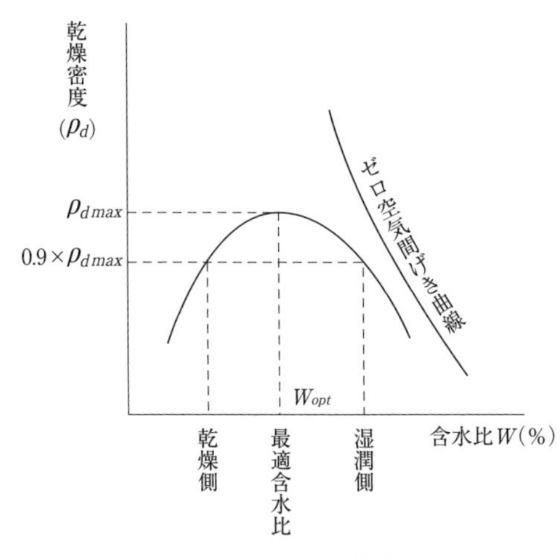

図8-8 締固め曲線

②空気間隙率または飽和度で規定

締固めた土の性質を確保する条件として、空気間隙率または飽和度が一定の範囲内にあるように規定する方法である。

③強度特性、変形特性で規定

締固めた盛土の強度、変形特性を貫入抵抗、現場CBR、支持力係数、プルーフローリングによるたわみなどの値によって規定する方法である。

工法規定方式

盛土の締固めにあたって、使用する**締固め機械の機種**、**締固め回数**、**盛土材料の敷均し厚さ**などの工法そのものを仕様書に規定する方式である。

例題8-8　令和元年前期　2級土木施工管理技術検定（学科）試験〔No.58〕

盛土の締固めの品質に関する次の記述のうち，**適当でないもの**はどれか。

(1) 締固めの目的は，土の空気間げきを多くし，吸水による膨張を小さくし，土の安定した状態にすることである。
(2) 締固めの品質規定方式は，盛土の締固め度などを規定する方法である。
(3) 締固めの工法規定方式は，使用する締固め機械の機種や締固め回数，盛土材料の敷均し厚さなどを規定する方法である。
(4) 最もよく締まる含水比は，最大乾燥密度が得られる含水比で最適含水比である。

ワンポイントアドバイス　締固めの目的は、土の空気間げきを多くではなく少なくし、吸水による膨張を小さくし、土の安定した状態にすることである。

正解：(1)

第9章　環境保全管理

一般に、土木工事は地形や地勢を大きく改変するものであり、その周辺の自然環境や生活環境に及ぼす影響は大きい。環境に関する地域社会などとのトラブルの発生は工事の工程や工費に大きな影響を及ぼす。また、労働安全衛生の観点からも、作業環境の保全に努めなければならない。

よく出る!★

令和元年前期・後期、平成30年前期・後期、平成29年1回・2回、平成28、27、25、24年に出題
【過去10年で10回】

これだけは覚える

騒音および振動規制法の両方の特定建設作業となっているものといえば…くい打ち機等使用の作業だけである。

9.1　騒音・振動対策　★

環境保全管理の問題は、主に**建設工事に伴う騒音振動対策技術指針**より出題されている。表9-1に主な内容を示す。

ひとこと
環境保全に関する問題は、一般的知識から解答できる問題が多い。

表9-1 建設工事に伴う騒音振動対策技術指針の主な内容

項目	内容
対策の基本事項	①**騒音、振動対策**については、騒音・振動の大きさを下げるほか、発生期間を短縮するなど全体的に影響の小さくなるように検討する。 ②建設工事の設計にあたっては、工事現場周辺の立地条件を調査し、全体的に騒音・振動を低減するよう次の事項について検討する。 ・**低騒音・低振動の施工法**の選択 ・低騒音型建設機械の選択 ・作業時間帯、**作業工程**の設定 ・騒音・振動源となる建設機械の配置 ・**遮音施設**等の設置

表9-1 建設工事に伴う騒音振動対策技術指針の主な内容（続き）

項目	内容
対策の基本事項	③建設機械の運転は、次のことに留意する。 ・工事の円滑を図るとともに現場管理等に留意し、**不必要な騒音・振動を発生させない** ・**建設機械**等は、**整備不良**による**騒音・振動**が発生しないように点検、整備を十分に行う ・作業待ち時には、建設機械等のエンジンをできる限り止めるなど騒音・振動を発生させない ④建設工事の実施にあたっては、必要に応じ工事の目的、内容等について、事前に**地域住民に対して説明**を行い、**工事の実施に協力**を得られるように努めるものとする。
現地調査	①**建設工事の設計・施工**にあたっては、**工事現場および現場周辺**の状況について、施工前調査、施工時調査等を原則として実施する。 ②**施工前調査**は、建設工事による騒音・振動対策を検討し、**工事着手前の状況**を把握するために、**工事現場周辺**について次の項目について行う。 ・家屋・施設等の有無、規模、密集度、地質、土質および騒音または振動源と家屋等の距離等を調査し、必要に応じ騒音・振動の影響についても検討する ・**作業時間帯**に応じた暗騒音・暗振動を必要に応じ測定する。 ・建設工事による振動の影響が予想される建造物等について、工事施工前の状況を調査する ③**施工時調査**は、建設工事の施工時において、必要に応じ騒音・振動を測定し、工事現場の周辺の状況、建造物等の状態を把握するものである。また、施工直後においても必要に応じ建造物等の状態を把握する。
土　工	①**掘削・積込み作業** ・掘削・積込み作業にあたっては、低騒音型建設機械の使用を原則とする ・掘削はできる限り衝撃力による施工を避け、**無理な負荷**をかけないようにし、**不必要な高速運転**やむだな**空ぶかし**を避けて、**ていねいに運転**する ・掘削積込機から直接トラック等に積込む場合、不必要な騒音・振動の発生を避けて、ていねいに行う ②**ブルドーザを用いて掘削押し土を行う場合**、**無理な負荷**をかけないようにし、後進時の**高速走行を避け**て、**ていねいに運転**する。 ③**締固め作業**にあたっては、低騒音型建設機械の使用を原則とする。 ④**振動・衝撃力**によって締固めを行う場合、**建設機械の機種の選定**、作業時間帯の設定等について十分留意する。

次ページへ続く

表9-1 建設工事に伴う騒音振動対策技術指針の主な内容（続き）

項目	内容
運搬工	①**運搬の計画**にあたっては、**交通安全**に留意するとともに、運搬に伴って発生する**騒音・振動**について配慮する。 ②運搬路の選定にあたっては、あらかじめ**道路および付近の状況**について十分調査し、下記事項に留意しなければならない。また、事前に道路管理者、公安委員会（警察）等と協議することが望ましい。 ・通勤、通学、買物等で特に歩行者が多く**歩車道の区別のない道路**はできる限り**避ける** ・必要に応じ往路、復路を別経路にする ・できる限り**舗装道路**や**幅員の広い道路**を選ぶ ・**急な縦断勾配**や、**急カーブ**の多い道路は**避ける** ③**運搬路**は**点検**を十分に行い、特に必要がある場合は**維持補修**を工事計画に組込むなど対策に努める。 ④**運搬車の走行速度**は、道路および付近の状況によって必要に応じ制限を加えるように計画、実施するものとする。また、**運搬車の運転**は、**不必要**な急発進、急停止、空ぶかしなどを避けて、**ていねい**に行う。 ⑤**運搬車の選定**にあたっては、運搬量、投入台数、走行頻度、走行速度等を十分検討し、できる限り**騒音の小さい車両**の使用に努める。
舗装工	①**舗装**にあたっては、**組合せ機械の作業能力**をよく検討し、**段取り待ちが少なく**なるように配慮する。 ②**舗装版とりこわし作業**にあたっては、油圧ジャッキ式舗装版破砕機、低騒音型のバックホウの**使用を原則**とする。また、**コンクリートカッタ、ブレーカ**等についても、できる限り**低騒音の建設機械**の使用に努める。 ③**破砕物をダンプトラックなどに積込む場合**、騒音・振動を生じることが多いので、できるだけ積込み時の落下高さを低くし**不必要な騒音、振動の発生を避け**て、**ていねい**に行う。
構造物とりこわし工	①**コンクリート構造物を破砕する場合**には、工事現場の周辺の環境を十分考慮し、コンクリート圧砕機、ブレーカ、膨張剤等による工法から、適切な工法を選定する。 ②**とりこわしに際し小割を必要とする場合**には、トラックへ積込み運搬可能な程度にブロック化し、騒音・振動の影響の少ない場所で小割する方法を検討する。また、積込み作業等は、**不必要な騒音・振動を避け**て、**ていねい**に行う。 ③**コンクリート構造物をとりこわす作業現場**は、騒音対策、安全対策を考慮して必要に応じ**防音シート、防音パネル**等の設置を検討する。

用語解説　暗騒音　対象としている音以外の騒音。

例題9-1　　令和元年後期　2級土木施工管理技術検定（学科）試験〔No.60〕

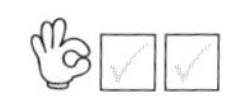

建設工事における地域住民の生活環境の保全対策に関する次の記述のうち，**適当なもの**はどれか。

(1) 振動規制法上の特定建設作業においては，規制基準を満足しないことにより周辺住民の生活環境に著しい影響を与えている場合には，都道府県知事より改善勧告，改善命令が出される。
(2) 振動規制法上の特定建設作業においては，住民の生活環境を保全する必要があると認められる地域の指定は，市町村長が行う。
(3) 施工にあたっては，あらかじめ付近の居住者に工事概要を周知し，協力を求めるとともに，付近の居住者の意向を十分に考慮する必要がある。
(4) 騒音・振動の防止策として，騒音・振動の絶対値を下げること及び発生期間の延伸を検討する。

ワンポイントアドバイス

(1) 改善勧告・命令が出せるのは、都道府県知事ではなく、市町村長である（258ページ「表8-3　特定建設作業の実施の届出等に関する主な項目と内容」参照）。
(2) 地域の指定は、市町村長ではなく都道府県知事が行う（256ページ「8.2　地域の指定」参照）。
(4) 発生期間の延伸ではなく、発生期間の短縮を検討する。

正解：(3)

例題9-2　　平成30年後期　2級土木施工管理技術検定（学科）試験〔No.60〕

土工における建設機械の騒音・振動に関する次の記述のうち，**適当でないもの**はどれか。

(1) 掘削土をバックホゥなどでトラックなどに積み込む場合，落下高を高くしてスムースに行う。
(2) 掘削積込機から直接トラックなどに積み込む場合，不必要な騒音・振動の発生を避けなければならない。
(3) ブルドーザを用いて掘削押土を行う場合，無理な負荷をかけないようにし，後進時の高速走行を避けなければならない。
(4) 掘削，積込み作業にあたっては，低騒音型建設機械の使用を原則とする。

ワンポイントアドバイス

できるだけ積込み時の落下高さを低くし不必要な騒音、振動の発生を避ける。

正解：(1)

試験に出る

令和2年後期、平成28、24年に出題
【過去10年で3回】

9.2 環境保全対策

建設工事を行うにあたって、現場およびその周辺の状況を事前に十分調査し、関係法令を遵守しつつ、環境保全対策に努めなければならない。**土工作業**における地域住民への**生活環境の保全対策**は、次のとおりである。

①土砂の流出による**水質汚濁等の防止**については、**盛土の安定勾配**を確保し、防護柵等を設置する。
②土運搬による**土砂飛散**については、**過積載防止**、**荷台のシート掛け**の励行、**現場から公道**に出る位置に洗車設備等の設置を行う。
③盛土箇所の風による**じんあい防止**については、**盛土表面への散水**、乳剤散布、種子吹付け等による防塵処理を行う。
④切土による**水の枯渇防止**に対しては、事前調査により対策を講ずる。

例題9-3　平成28年　2級土木施工管理技術検定（学科）試験〔No.60〕 

建設工事に伴う土工作業における地域住民の生活環境の保全対策に関する次の記述のうち，**適当でないもの**はどれか。

(1) 切土による水の枯渇対策については，事前対策が困難なことから一般に枯渇現象の発生後に対策を講ずる。
(2) 盛土箇所の風によるじんあい防止については，盛土表面への散水，乳剤散布，種子吹付けなどによる防塵処理を行う。
(3) 土工作業における騒音，振動の防止については，低騒音，低振動の工法や機械を採用する。
(4) 土運搬による土砂飛散防止については，過積載防止，荷台のシート掛けの励行，現場から公道に出る位置に洗車設備の設置を行う。

ワンポイントアドバイス　切土による水の枯渇防止に対しては、枯渇現象の発生後ではなく、事前調査により対策を講ずる。

正解：(1)

第10章 建設副産物関係

建設副産物とは、資源有効利用促進法より「建設工事に伴い副次的に得られる物品」であり、価値の有無、再利用の可否とは関係なく、工事現場から排出されるすべての物品が該当する。

試験に出る
平成28、26、24、23年に出題
【過去10年で4回】

10.1 廃棄物の処理および清掃に関する法律(廃棄物処理法)

廃棄物処理法は、廃棄物の排出制御、適正な分別、保管、収集、運搬、再生、処分などの処理をするとともに、生活環境の保全および公衆衛生の向上を図ることを目的としている。

(1)廃棄物の分類

廃棄物は図10-1のように分類される。また、その種類を表10-1に示す。

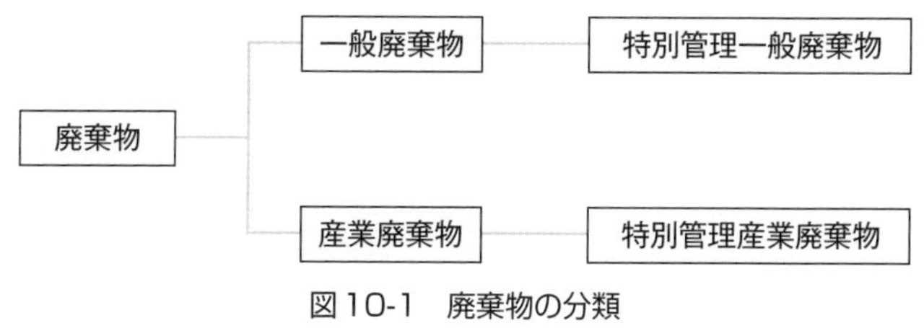

図10-1 廃棄物の分類

表10-1 廃棄物の種類

種類	内容
廃棄物	ごみ、粗大ごみ、燃え殻、汚泥、ふん尿、廃油、廃酸、廃アルカリ、動物の死体その他の汚物または不要物であって、固形状または液状のものをいう。
一般廃棄物	産業廃棄物以外の廃棄物。
特別管理一般廃棄物	一般廃棄物のうち、爆発性、毒性、感染性その他人の健康または生活環境にかかわる被害を生じるおそれがある性状を有するものとして、政令で定める廃棄物。

次ページへ続く

表10-1　廃棄物の種類（続き）

種類	内容
産業廃棄物	**事業活動に伴って生じた廃棄物**のうち、木くず、ゴムくず、金属くず、ガラスくず、コンクリートくず、陶磁器くず、鉱さい、**工作物の新築および改築または除去に伴って生じた**コンクリート・アスファルトの破片や繊維くず、紙くずその他これに類する不要物、燃え殻、**汚泥**、**廃油**、廃酸、廃アルカリ、廃プラスチック類その他政令で定める廃棄物。
特別管理産業廃棄物	産業廃棄物のうち、爆発性、毒性、感染性その他人の健康または生活環境にかかわる被害を生じるおそれがある性状を有するものとして、政令で定める廃棄物（**揮発油類**、**灯油類**、**軽油類**、飛散性アスベスト廃棄物など）。

(2) 廃棄物の処理

廃棄物の処理責任は、廃棄物を排出する事業者にあるので、建設工事では、**元請業者**が事業者となるのが原則である。したがって、元請業者は、産業廃棄物処理基準に従って、自ら処理するか、あるいは委託基準に従って廃棄物処理業の許可をもつ業者に委託する。

(3) 産業廃棄物の処分場

産業廃棄物の処分場には、遮断型処分場（有害な燃え殻、ばいじん、鉱さいなど）、管理型処分場（廃油、木くず、汚泥など）、安定型処分場（廃プラスチック類、ゴムくず、金属くず、ガラスくず、がれき類など）の３種類がある。

(4) 産業廃棄物管理票（マニフェスト）

産業廃棄物の**運搬**または**処分を委託した事業者**は、**処分業者**に対し産業廃棄物管理票（マニフェスト）を交付し、**産業廃棄物の流れ**を自ら把握・管理するとともに、委託契約内容に基づき適正に処理されていることを**確認**しなければならない。

産業廃棄物管理票（マニフェスト）は、**産業廃棄物の処理状況**を管理・記録するための管理票で、産業廃棄物の種類、数量、日付、運搬または処分受託業者の名称、その他厚生労働省令で定める事項などが記載されている。

これだけは覚える

産業廃棄物管理票（マニフェスト）の写しの保存期間といえば…５年間である。

例題 10-1　　平成28年　2級土木施工管理技術検定（学科）試験〔No.61〕

建設工事から発生する廃棄物の種類に関する記述のうち，「廃棄物の処理及び清掃に関する法律」上，**誤っているもの**はどれか。

(1) 工作物の除去に伴って生ずるコンクリートの破片は，産業廃棄物である。
(2) 防水アスファルトやアスファルト乳剤の使用残さなどの廃油は，産業廃棄物である。
(3) 工作物の新築に伴って生ずる段ボールなどの紙くずは，一般廃棄物である。
(4) 灯油類などの廃油は，特別管理産業廃棄物である。

ワンポイントアドバイス　工作物の新築に伴って生ずる段ボールなどは紙くずであり、産業廃棄物である。

正解：(3)

新傾向 NEW

令和2年後期、令和元年前期・後期、平成30年前期・後期、平成29年第1回・第2回、平成27、25年に出題
【過去10年で9回】
過去9回の出題内容は、すべて特定建設資材の種類である。

これだけは覚える

建設リサイクル法といえば…特定建設資材の4種類を覚える。また、土砂や建設発生土は、特定建設資材ではない。

10.2 建設工事に係る資材の再資源化等に関する法律 NEW

建設工事に係る資材の再資源化等に関する法律（建設リサイクル法）は、特定の建設資材について、その分別解体等および再資源化等を促進するための措置を講ずるとともに、解体工事業者について登録制度を実施し、再生資源の十分な利用および廃棄物の減量等を通じて、資源の有効な利用の確保および廃棄物の適正な処理をはかり、生活環境の保全および国民経済の健全な発展に寄与することを目的としている。

(1) 分別解体

分別解体とは、建築物その他の工作物の解体工事において、建設資材廃棄物をその種類ごとに分別しつつ、工事を計画的に施工することである。

(2) 特定建設資材

特定建設資材とは、分別解体や再資源化を特に促進する

参考

建設リサイクル法とは別に、リサイクル法（資源の有効な利用の促進に関する法律）があるので注意する。

必要がある資材でコンクリート、コンクリートおよび鉄からなる建設資材、木材、アスファルト・コンクリートの4種類である。

特定建設資材の処理方法と利用用途を、表10-2に示す。

表10-2　特定建設資材の処理方法と利用用途

特定建設資材	処理方法	再生資源化の材料名	利用用途
コンクリート塊	• 破砕 • 選別 • 混合物除去 • 粒度調整	• 再生クラッシャーラン • 再生コンクリート砂 • 再生粒度調整砕石	• 路盤材 • 埋め戻し材 • 基礎材 • コンクリート用骨材
建設発生木材	• チップ化	• 木質ボード • 堆肥	• 住宅構造用建材 • コンクリート型枠
アスファルト・コンクリート塊	• 破砕 • 選別 • 混合物除去 • 粒度調整	• 再生加熱アスファルト安定処理混合物 • 表層基層用再生加熱アスファルト混合物	• 路盤材 • 基層用材料 • 表層用材料 • 埋戻し材 • 基礎材

例題10-2　令和2年後期　2級土木施工管理技術検定（学科）試験〔No.61〕 

「建設工事に係る資材の再資源化等に関する法律」（建設リサイクル法）に定められている特定建設資材に**該当しないもの**は，次のうちどれか。

(1) 建設発生土
(2) コンクリート及び鉄から成る建設資材
(3) アスファルト・コンクリート
(4) 木材

ワンポイントアドバイス　特定建設資材は、次の4つである。

• コンクリート
• コンクリートおよび鉄からなる建設資材
• 木材
• アスファルト・コンクリート

正解：(1)

第1章 労働基準法

労働基準法は、労働者保護のために定めたものである。

1.1 労働契約

労働契約とは、労働者が使用者に使用されて労働し、使用者がこれに対して賃金を支払うことを内容とする労働者と使用者の間の契約である。労働契約に関する主な項目と内容を、表1-1に示す。

表1-1 労働契約に関する主な項目と内容

項目	内容
この法律違反の契約	この法律で定める基準に達しない労働条件を定める労働契約は、その部分については無効とする。この場合において、無効となった部分は、この法律で定める基準による。
労働条件の明示	1) **使用者**は、**労働契約の締結**に際し、労働者に対して賃金、労働時間その他の労働条件を明示しなければならない。 2) 明示すべき労働条件は定められているが、これらは書面による交付で明示しなければならない。 3) 明示された労働条件が事実と相違する場合においては、**労働者**は、即時に**労働契約を解除**することができる。
賠償予定の禁止	使用者は、労働契約の不履行について違約金を定め、または損害賠償額を予定する契約をしてはならない。
解雇	使用者は、労働者が**業務上負傷**し、または疾病にかかり療養のために**休業する期間**および**その後30日間**、ならびに産前産後の女性が法の規定によって**休業する期間**および**その後30日間**は、**解雇してはならない**。ただし、使用者が、打切補償を支払う場合または天災事変その他やむを得ない事由のために事業の継続が不可能となった場合においては、この限りでない。

次ページへ続く

表1-1　労働契約に関する主な項目と内容（続き）

項目	内容
解雇の予告	1)　使用者は、労働者を**解雇しようとする場合**においては、少なくとも30日前にその予告をしなければならない。30日前に予告をしない使用者は、30日分以上の平均賃金を支払わなければならない。 2)　前項の予告の日数は、1日について平均賃金を支払った場合においては、その**日数を短縮**することができる。 3)　天災事変その他やむを得ない事由のために事業の継続が不可能となった場合、または労働者の責に帰すべき事由に基づいて解雇する場合においては、行政官庁の認定を受ければ、予告なしで解雇できる。 4)　次の労働者には、解雇の予告の**規定は適用されない。** ・**日々雇い入れられる者（1箇月を超えない場合）** ・**2箇月以内の期間を定めて使用される者** ・**季節的業務に4箇月以内の期間を定めて使用される者** ・**試みの使用期間中の者（14日を超えない場合）**

試験に出る

令和元年後期、平成30年前期、平成28、27、23年に出題

【過去10年で5回】

1.2　賃金

賃金とは、賃金、給料、手当、賞与その他名称のいかんを問わず、労働の対償として使用者が労働者に支払うすべてのものをいう。賃金に関する主な項目と内容を、表1-2に示す。

表1-2　賃金に関する主な項目と内容

項目	内容
平均賃金	平均賃金とは、これを算定すべき事由の発生した日以前3箇月間にその労働者に対し支払われた賃金の総額を、その期間の総日数で除した金額をいう。
賃金の支払い	1)　賃金は、通貨で、直接労働者に、その全額を支払わなければならない。ただし、法令もしくは労働協約に別段の定めがある場合等は、通貨以外のもので支払い、賃金の一部を控除して支払うことができる。 2)　賃金は、**毎月1回以上、一定の期日**を定めて支払わなければならない。ただし、臨時に支払われる賃金、賞与等については、この限りでない。

表 1-2　賃金に関する主な項目と内容（続き）

項目	内容
非常時払	使用者は、**労働者が出産、疾病、災害その他厚生労働省令で定める非常の場合の費用**に充てるために請求する場合においては、**支払期日前**であっても、**既往の労働**に対する賃金を**支払わなければならない。**
休業手当	使用者の責に帰すべき事由による休業の場合においては、使用者は、**休業期間中**当該労働者に、その**平均賃金の60／100以上**の手当を支払わなければならない。
出来高払制の保障給	出来高払制その他の請負制で使用する労働者については、使用者は、労働時間に応じ一定額の賃金の保障をしなければならない。
最低賃金	使用者は、最低賃金の適用を受ける労働者に対し、その**最低賃金額以上の賃金**を支払わなければならない。

例題 1-1　令和元年後期　2級土木施工管理技術検定（学科）試験〔No.32〕

労働者に対する賃金の支払いに関する次の記述のうち，労働基準法上，**正しいもの**はどれか。

(1) 賃金とは，賃金，給料，手当など使用者が労働者に支払うものをいい，賞与はこれに含まれない。
(2) 使用者は，労働者が災害を受けた場合に限り，支払期日前であっても，労働者が請求した既往の労働に対する賃金を支払わなければならない。
(3) 使用者の責に帰すべき事由による休業の場合には，使用者は，休業期間中当該労働者に，その平均賃金の40%以上の手当を支払わなければならない。
(4) 使用者が労働時間を延長し，又は休日に労働させた場合には，原則として賃金の計算額の2割5分以上5割以下の範囲内で，割増賃金を支払わなければならない。

ワンポイントアドバイス

(1) 賃金には、賞与も含まれる。
(2) 災害を受けた場合以外に、出産、疾病等の場合も同様にしなければならない。
(3) 平均賃金の40%以上ではなく、60%以上である。
(4) 189ページ表1-3の割増賃金を参照。

正解：(4)

よく出る！★

令和２年後期、令和元年前期、平成30年後期、平成29年第1回・第2回、平成26、25、24年に出題

【過去10年で8回】

これだけは覚える

労働時間と休憩といえば…具体的な数値を覚える。

1.3 労働時間、休憩、休日および年次有給休暇 ★

労働者の健康保持および文化的生活を行うことができるように、労働時間、休憩、休日および年次有給休暇等が規定されている。労働基準法といえば、試験では労働時間と休憩について出題されることが多い。

表1-3　労働時間、休憩、休日および年次有給休暇に関する主な項目と内容

項目	内容
労働時間	1）　使用者は、別に定め等をした場合を除き、労働者に休憩時間を除き1週間について40時間を超えて、労働させてはならない。 2）　使用者は、別に定め等をした場合を除き、1週間の各日については、労働者に、休憩時間を除き1日について8時間を超えて、労働させてはならない。
災害等による臨時の必要がある場合の時間外労働等	災害その他避けることのできない事由によって、臨時の必要がある場合においては、使用者は、行政官庁の許可を受けて、**その必要な限度において労働時間を延長し、休日**に労働させることができる。ただし、事態急迫のために行政官庁の許可を受ける暇がない場合においては、事後に遅滞なく届け出なければならない。
休憩	1）　使用者は、労働時間が6時間を超える場合においては少なくとも45分、8時間を超える場合においては少なくとも1時間の休憩時間を労働時間の途中に与えなければならない。 2）　**休憩時間**は、**一斉**に与えなければならない。ただし、労働組合等との書面による協定がある場合は、この限りでない。 3）　使用者は、休憩時間を自由に利用させなければならない。
休日	使用者は、労働者に対して、毎週少なくとも1回、または4週間を通じ4日以上の休日を与えなければならない。
時間外および休日の労働	1）　使用者は、労働組合等との書面による協定をし、これを行政官庁に届け出た場合においては、労働時間や休日に関する規定にかかわらず、その協定で定めるところによって労働時間を延長し、または休日に労働させることができる。 2）　坑内労働その他厚生労働省令で定める健康上特に有害な業務の労働時間の延長は、1日について2時間を超えてはならない。

表1-3　労働時間、休憩、休日および年次有給休暇に関する主な項目と内容（続き）

項目	内容
割増賃金	使用者が労働時間を延長し、または休日に労働させた場合には、原則として賃金の計算額の２割５分以上５割以下の範囲内で、割増賃金を支払わなければならない。ただし、当該延長して労働させた時間が１か月について60時間を超えた場合においては、その超えた時間の労働については、通常の労働時間の賃金の計算額の５割以上の率で計算した割増賃金を支払わなければならない。
時間計算	1）　労働時間は、事業場を異にする場合においても、労働時間に関する規定の適用については通算する。 2）　坑内労働については、労働者が坑口に入った時刻から坑口を出た時刻までの時間を、休憩時間を含め労働時間とみなす。
年次有給休暇	使用者は、その雇入れの日から起算して**6箇月間**継続勤務し全労働日の**8割以上**出勤した労働者に対して、継続し、または分割した**10労働日**の有給休暇を与えなければならない。

ひとこと

2019年４月に年５日の年次有給休暇が義務化され、使用者側から労働者に有給休暇の取得を徹底させなければならなくなった。

例題1-2　令和元年前期　2級土木施工管理技術検定（学科）試験〔No.32〕 

労働時間，休憩，休日に関する次の記述のうち，労働基準法上，**誤っているもの**はどれか。

(1) 使用者は，原則として労働時間が8時間を超える場合においては少くとも45分の休憩時間を労働時間の途中に与えなければならない。
(2) 使用者は，原則として労働者に，休憩時間を除き1週間について 40 時間を超えて，労働させてはならない。
(3) 使用者は，原則として1週間の各日については，労働者に，休憩時間を除き1日について8時間を超えて，労働させてはならない。
(4) 使用者は，原則として労働者に対して，毎週少くとも1回の休日を与えなければならない。

ワンポイントアドバイス　労働時間が８時間を超える場合においては、少くとも１時間の休憩時間を労働時間の途中に与えなければならない。

正解：(1)

例題 1-3　平成30年後期　2級土木施工管理技術検定（学科）試験〔No.32〕 

労働時間及び休日に関する次の記述のうち，労働基準法上，**正しいもの**はどれか。

(1) 使用者は，労働者に対して4週間を通じ3日以上の休日を与える場合を除き，毎週少なくとも1回の休日を与えなければならない。
(2) 使用者は，原則として，労働時間の途中において，休憩時間の開始時刻を労働者ごとに決定することができる。
(3) 使用者は，災害その他避けることのできない事由によって，臨時の必要がある場合においては，制限なく労働時間を延長させることができる。
(4) 使用者は，原則として，労働者に休憩時間を除き1週間について40時間を超えて，労働させてはならない。

ワンポイントアドバイス

(1) 使用者は、労働者に対して、毎週少なくとも1回、または4週間を通じ4日以上の休日を与えなければならない。
(2) 休憩時間は、一斉に与えなければならない。
(3) 制限なく労働時間を延長させるのではなく、その必要な限度において労働時間を延長させることができる。

正解：(4)

1.4 年少者 

年少者とは満18歳に満たない者をいい、深夜業や危険業務などについて成人労働者に対するものとは異なった制限が定められている。年少者に関する主な項目と内容を、表1-4に示す。

よく出る！★

令和2年後期、令和元年後期、平成30年後期、平成28、26、24、23年に出題
【過去10年で7回】

参考

年少者は満18歳に満たない者であるが、未成年者は満20歳に満たない者である。

表1-4　年少者に関する主な項目と内容

項目	内容
最低年齢	使用者は、児童が満15歳に達した日以後の**最初の3月31日が終了**するまで、原則として使用してはならない。
年少者の証明書	使用者は、満18歳に満たない者について、その**年齢を証明する戸籍証明書**を**事業場に備え付けなければならない。**
未成年者の労働契約	1）　**親権者**または**後見人**は、**未成年者**に代って**労働契約**を締結してはならない。 2）　親権者もしくは後見人または行政官庁は、労働契約が未成年者に不利であると認める場合においては、将来に向ってこれを解除することができる。 3）　未成年者は、独立して賃金を請求することができる。**親権者**または**後見人**は、未成年者の**賃金を代って受け取ってはならない。**
深夜業	使用者は、満18歳に満たない者を、午後10時から午前5時までの間において使用してはならない。ただし、交替制によって使用する満16歳以上の男性については、この限りでない。
危険有害業務の就業制限	次に詳細を示す。

これだけは覚える

深夜業といえば…交替制によって使用する満16歳以上の男性は、使用してもよい。

(1) 危険有害業務の就業制限

危険有害業務には、年少者の就業制限がある。

重量物を取り扱う業務

使用者は、満18歳に満たない者に表1-5に示す重量物を取り扱う業務に就かせてはならない。

これだけは覚える

制限重量といえば…満16歳以上満18歳未満の男の制限重量を覚える。

表1-5　重量物を取り扱う業務の制限重量

年齢	性別	重量	
		断続作業の場合	継続作業の場合
満16歳未満	女	12kg以上	8kg以上
	男	15　〃	10　〃
満16歳以上満18歳未満	女	25　〃	15　〃
	男	30　〃	20　〃

これだけは覚える

年少者の就業制限業務といえば…①と⑩が重要である。

主な就業禁止の業務

使用者が、満18歳未満の者に就かせてはならない危険な業務の主なものは、表1-6のとおりである。

表1-6　年少者の就業制限業務

① 坑内労働
② **クレーン、デリック**または**揚貨(ようか)装置**の**運転の業務**
③ クレーン、デリックまたは揚貨装置の**玉掛け**の業務（2人以上の者によって行う玉掛けの業務における補助作業の業務を除く。）
④ 乗合自動車または最大積載量が2t以上の貨物自動車の運転の業務
⑤ 動力により駆動される巻上げ機（電気ホイストおよびエアホイストを除く。）、運搬機または索道の運転の業務
⑥ **運転中の原動機**または原動機から中間軸までの動力伝導装置の**掃除、給油、検査、修理**またはベルトの掛換えの業務
⑦ 動力により駆動される土木建築用機械の運転の業務
⑧ 土砂が崩壊するおそれのある場所、または深さが5m以上の地穴における業務
⑨ 高さが5m以上の場所で、墜落により労働者が危害を受けるおそれのあるところにおける業務
⑩ 足場の組立、解体または変更の業務（**地上または床上**における補助作業の業務を除く。）
⑪ 胸高直径が35cm以上の立木の伐採の業務
⑫ 火薬、爆薬または火工品を製造し、または取り扱う業務で、爆発のおそれのあるもの
⑬ 土石等の**塵埃(じんあい)または粉末**を著しく飛散する場所における業務
⑭ 異常気圧下における業務
⑮ 削岩機、鋲打機等身体に著しい振動を与える機械器具を用いて行う業務
⑯ 強烈な騒音を発する場所における業務

例題 1-4　　平成30年後期　2級土木施工管理技術検定（学科）試験〔No.33〕

年少者の就業に関する次の記述のうち，労働基準法上，**誤っているもの**はどれか。

(1) 使用者は，原則として，児童が満15歳に達した日以後の最初の3月31日が終了してから，これを使用することができる。
(2) 使用者は，原則として，満18歳に満たない者を，午後10時から午前5時までの間において使用してはならない。
(3) 使用者は，満16歳に達した者を，著しくじんあい若しくは粉末を飛散する場所における業務に就かせることができる。
(4) 使用者は，満18歳に満たない者を坑内で労働させてはならない。

ワンポイントアドバイス　著しくじんあい若しくは粉末を飛散する場所では、年少者（18歳未満）を就かせることができない。

正解：(3)

例題 1-5　　令和2年後期　2級土木施工管理技術検定（学科）試験〔No.33〕

満18歳に満たない者の就業に関する次の記述のうち，労働基準法上，**誤っているもの**はどれか。

(1) 使用者は，年齢を証明する親権者の証明書を事業場に備え付けなければならない。
(2) 使用者は，クレーン，デリック又は揚貨装置の運転の業務に就かせてはならない。
(3) 使用者は，動力により駆動される土木建築用機械の運転の業務に就かせてはならない。
(4) 使用者は，足場の組立，解体又は変更の業務（地上又は床上における補助作業の業務を除く。）に就かせてはならない。

ワンポイントアドバイス　年齢を証明するものは、親権者の証明書ではなく、戸籍証明書である。

正解：(1)

試験に出る

令和元年前期、平成30年前期、平成29年第1回・第2回、平成28、27、25年に出題
【過去10年で7回】

1.5 災害補償

労働者が業務上の事由により、負傷し、疾病（しっぺい）にかかり、または死亡した場合、使用者は補償しなければならない。補償の種類等を表1-7に示す。

表1-7　災害補償に関する主な項目と内容

項目	内容
療養補償	労働者が業務上負傷し、または疾病にかかった場合においては、使用者は、その費用で必要な療養を行い、または必要な療養の費用を負担しなければならない。
休業補償	労働者が療養のため、労働することができないために賃金を受けない場合においては、使用者は、労働者の療養中平均賃金の60／100の**休業補償**を行わなければならない。
障害補償	労働者が**業務上負傷**し、または**疾病**にかかり、治った場合において、その身体に**障害**が存するときは、使用者は、その障害の程度に応じて、定められた金額の**障害補償**を行わなければならない。
休業補償および障害補償の例外	**労働者**が重大な過失によって**業務上負傷**し、または**疾病**にかかり、かつ使用者がその過失について行政官庁の認定を受けた場合においては、**休業補償**または**障害補償**を行わなくてもよい。
打切補償	療養開始後**3年**を経過しても負傷または疾病がなおらない場合においては、使用者は、平均賃金の1,200日分の**打切補償**を行い、その後はこの法律の規定による補償を**行わなくてもよい**。
補償を受ける権利	**補償を受ける権利**は、労働者の**退職**によって**変更されることはない**。また、補償を受ける権利は、これを**譲渡**し、または**差し押えてはならない**。

ひとこと

労働者が業務上死亡した場合は、使用者は葬祭を行う者に対して、平均賃金の60日分の葬祭料を支払わなければならない。

例題 1-6　令和元年前期　2級土木施工管理技術検定（学科）試験〔No.33〕

災害補償に関する次の記述のうち，労働基準法上，**正しいもの**はどれか。

(1) 労働者が業務上負傷し療養のため，労働することができないために賃金を受けない場合には，使用者は，平均賃金の全額の休業補償を行わなければならない。
(2) 労働者が業務上負傷し治った場合に，その身体に障害が残ったときは，使用者は，その障害が重度な場合に限って，障害補償を行わなければならない。
(3) 労働者が重大な過失によって業務上負傷し，且つ使用者がその過失について行政官庁の認定を受けた場合においては，休業補償又は障害補償を行わなくてもよい。
(4) 労働者が業務上負傷した場合に，労働者が災害補償を受ける権利は，この権利を譲渡し，又は差し押さえることができる。

ワンポイントアドバイス
(1) 休業補償は、平均賃金の全額ではなく、平均賃金の60／100である。
(2) 障害補償は、重度の障害だけでなく、障害の程度に応じて行わなければならない。
(4) 災害補償を受ける権利を譲渡し、または差し押さえることはできない。

正解：(3)

1.6 就業規則

常時10人以上の労働者を使用する使用者は、表1-8に掲げる事項について就業規則を作成し、行政官庁に届け出なければならない。また、これらの事項を変更した場合においても、同様とする。

表1-8　就業規則に関する主な項目と内容

項目	内容
作成および届出の義務	1）　始業および終業の時刻、休憩時間、休日、休暇ならびに労働者を2組以上に分けて交替に就業させる場合においては就業時転換に関する事項 2）　賃金（臨時の賃金等を除く。以下同様。）の決定、計算および支払の方法、賃金の締切りおよび支払の時期ならびに昇給に関する事項 3）　退職に関する事項（解雇の事由を含む。） 4）　退職手当の定めをする場合においては、適用される労働者の範囲、退職手当の決定、計算および支払の方法ならびに退職手当の支払の時期に関する事項 5）　臨時の賃金等（退職手当を除く。）および最低賃金額の定めをする場合においては、これに関する事項 6）　労働者に食費、作業用品その他の負担をさせる定めをする場合においては、これに関する事項 7）　安全および衛生に関する定めをする場合においては、これに関する事項 8）　職業訓練に関する定めをする場合においては、これに関する事項 9）　災害補償および業務外の傷病扶助に関する定めをする場合においては、これに関する事項 10）　表彰および制裁の定めをする場合においては、その種類および程度に関する事項 11）　その他、当該事業場の労働者のすべてに適用される定めをする場合においては、これに関する事項
作成の手続	1）　使用者は、就業規則の作成または変更について、当該事業場に、労働者の過半数で組織する労働組合がある場合においてはその**労働組合**、労働者の過半数で組織する労働組合がない場合においては労働者の**過半数を代表する者**の意見を聴かなければならない。 2）　使用者は、就業規則を行政官庁に届け出る場合、前項の意見を記した書面を添付しなければならない。

第Ⅲ編　法規

第2章　労働安全衛生法

労働安全衛生法は、職場における労働者の安全と健康を確保するとともに、快適な職場環境の形成を促進することを目的としている。

平成29年第2回、平成24年に出題
【過去10年で2回】

これだけは覚える
下請負人が選任しなければならない者といえば…安全衛生責任者である。

2.1　安全衛生管理体制

土木工事を実施する場合、その安全衛生管理体制には、一般的な事業場の場合と、請負関係にある複数の事業者が混在して施工を行う事業場の場合とがある。これらには、それぞれの事業者が行う安全衛生管理体制が定められている。

(1) 選任しなければならない管理者等

事業者が、一般的な事業場（個々の事業場単位）と、複数の事業者が混在している事業場（混在現場）で選任しなければならない管理者等を表2-1に示す。

表2-1　事業者が選任しなければならない管理者等

種類	選任が必要な管理者等
個々の事業場単位 (各事業場ごとに選任しなければならない主な者)	1)　**総括安全衛生管理者**（常時100人以上の労働者を使用する事業場） 2)　**安全管理者**（常時50人以上の労働者を使用する事業場） 3)　**衛生管理者**（常時50人以上の労働者を使用する事業場） 4)　**安全衛生推進者**（常時10人以上50人未満の労働者を使用する事業場） 5)　**産業医**（常時50人以上の労働者を使用する事業場） 6)　**作業主任者**
混在現場 (請負契約関係下にある数事業者が、混在して事業を行う場合に選任しなければならない主な者)	1)　統括安全衛生責任者（同一場所で元請、下請合せて常時50人以上（ずい道、一定の橋梁、圧気工法の工事は30人以上）の労働者が混在する事業場で、元請が選任する。） 2)　元方安全衛生管理者（統括安全衛生責任者を選任した事業場で、元請が選任する。） 3)　安全衛生責任者（統括安全衛生責任者を選任すべき事業場で、下請が選任する。）

例題2-1　平成29年第2回　2級土木施工管理技術検定（学科）試験〔No.34〕 

労働安全衛生法上，統括安全衛生責任者との連絡のために，関係請負人が**選任しなければならない者**は，次のうちどれか。

(1) 安全衛生責任者
(2) 安全管理者
(3) 作業主任者
(4) 衛生管理者

ワンポイントアドバイス　混在現場において、元請が統括安全衛生責任者を選任し、その統括安全衛生責任者との連絡のために関係請負人（下請）は、安全衛生責任者を選任しなければならない。

正解：(1)

個々の事業場単位の安全衛生管理組織

個々の事業場ごとに選任しなければならない主な管理者などの職務内容等を、表2-2に示す。

表2-2　総括安全衛生管理者などの職務内容等

種別	職務内容等
総括安全衛生管理者	事業者は、**常時100人以上**の労働者を使用する事業場ごとに、総括安全衛生管理者を選任し、その者に**安全管理者、衛生管理者等の指揮**をさせるとともに、次の業務を統括管理させなければならない。 1）労働者の危険または健康障害を防止するための措置に関すること。 2）労働者の安全または衛生のための教育の実施に関すること。 3）健康診断の実施その他健康の保持増進のための措置に関すること。 4）労働災害の原因の調査および再発防止対策に関すること。 5）その他、労働災害を防止するため必要な業務で、厚生労働省令で定めるもの。

表2-2　総括安全衛生管理者などの職務内容等（続き）

種別	職務内容等
安全管理者	1）事業者は、**常時50人以上**の労働者を使用する事業場ごとに、厚生労働省令で定める資格を有する者のうちから、安全管理者を選任し、その者に**安全に係る技術的事項**を管理させなければならない。 2）労働基準監督署長は、労働災害を防止するため必要があると認めるときは、事業者に対し、安全管理者の増員または解任を命ずることができる。
衛生管理者	事業者は、**常時50人以上**の労働者を使用する事業場ごとに、第一種衛生管理者免許もしくは衛生工学衛生管理者免許を有する者、または医師等の資格を有する者のうちから、当該事業場の業務の区分に応じて、衛生管理者を選任し、その者に**衛生**に係る技術的事項を管理させなければならない。
作業主任者	事業者は、高圧室内作業その他の労働災害を防止するための管理を必要とする作業で、政令で定めるものについては、都道府県労働局長の免許を受けた者または都道府県労働局長の登録を受けた者が行う技能講習を修了した者のうちから、厚生労働省令で定めるところにより、当該作業の区分に応じて、作業主任者を選任し、その者に当該作業に従事する**労働者の指揮**その他の厚生労働省令で定める事項を行わせなければならない。 （作業主任者の選任を必要とする主な作業は、表2-4を参照）

混在現場における安全衛生管理組織

請負関係にある複数の事業者が、混在して施工を行う場合に、選任しなければならない主な管理者などの職務内容等を、表2-3に示す。

表2-3　統括安全衛生責任者などの職務内容等

種別	職務内容等
統括安全衛生責任者	事業者で、一つの場所において行う事業の仕事の一部を請負人に請け負わせているもの（元方事業者）のうち、特定事業を行う者（**特定元方事業者**）は、その労働者およびその関係請負人の労働者が当該場所において作業を行うときは、これらの労働者の作業が同一の場所において行われることによって生ずる労働災害を防止するため、統括安全衛生責任者を選任し、その者に**元方安全衛生管理者の指揮**をさせるとともに、次の事項を統括管理させなければならない。ただし、これらの労働者の数が政令で定める数未満であるときは、この限りでない。

次ページへ続く

表2-3　統括安全衛生責任者などの職務内容等（続き）

種別	職務内容等
統括安全衛生責任者	1）**協議組織**の設置および運営を行うこと。 2）**作業間**の**連絡**および**調整**を行うこと。 3）**作業場所**を**巡視**すること。 4）関係請負人が行う労働者の**安全または衛生のための教育**に対する指導および援助を行うこと。 5）仕事を行う場所が仕事ごとに異なることを常態とする業種で、厚生労働省令で定めるものに属する事業を行う特定元方事業者にあっては、仕事の工程に関する計画および作業場所における機械、設備等の配置に関する計画を作成するとともに、当該機械、設備等を使用する作業に関し関係請負人がこの法律またはこれに基づく命令の規定に基づき講ずべき措置についての指導を行うこと。 6）その他、当該労働災害を防止するため必要な事項。
元方安全衛生管理者	統括安全衛生責任者が統括管理すべき事項のうち、技術的な事項について管理する。
安全衛生責任者	統括安全衛生責任者との連絡や、その他関係者への連絡を行う。

令和２年後期、令和元年後期、平成30年前期、平成28、25、23年に出題
【過去10年で6回】

これだけは覚える

免許を受けた者でなければならない作業主任者といえば…高圧室内作業主任者とガス溶接作業主任者である。

(2) 作業主任者 ★

事業者は、労働災害を防止するための管理を必要とする作業で、政令で定めるものについては、都道府県労働局長の**免許を受けた者**または都道府県労働局長の登録を受けた者が行う**技能講習を修了した者**に作業をさせなければならない。また、事業者は当該作業の区分に応じて、作業主任者を選任し、労働者の指揮等を行わせなければならない。

作業主任者を選任すべき作業

作業主任者を選任すべき主な作業を、表2-4に示す。

表2-4　作業主任者の選任を必要とする主な作業

作業主任者	作業内容	資格
高圧室内作業主任者	**高圧室内作業**（潜函工法その他の圧気工法により、大気圧を超える気圧下の作業室またはシャフトの内部において行う作業に限る。）	免許者
ガス溶接作業主任者	アセチレン溶接装置またはガス集合溶接装置を用いて行う金属の溶接、溶断または加熱の作業	
地山の掘削作業主任者	掘削面の高さが、2m以上となる地山の掘削の作業	技能講習修了者
土留め支保工作業主任者	土留め支保工の**切梁**または**腹起しの取付け**または**取りはずし**の作業	
ずい道等の掘削等作業主任者	ずい道等の掘削の作業、またはこれに伴うずり積み、ずい道支保工の組立て、ロックボルトの取付けもしくはコンクリート等の吹付けの作業	
ずい道等の覆工作業主任者	ずい道等の覆工（ずい道型わく支保工の組立て、移動もしくは解体または当該組立てもしくは移動に伴うコンクリートの打設）の作業	
型枠支保工の組立て等作業主任者	型枠支保工の**組立て**または**解体**の作業	
足場の組立て等作業主任者	つり足場（ゴンドラのつり足場を除く）、張出し足場または高さが5m以上の構造の足場の組立て、解体または変更の作業	
鋼橋架設等作業主任者	橋梁の上部構造であって、金属製の部材により構成されるもの（その高さが5m以上であるもの、または当該上部構造のうち橋梁の支間が30m以上である部分に限る。）の架設、解体または変更の作業	
コンクリート造の工作物の解体等作業主任者	コンクリート造の工作物（その高さが5m以上であるものに限る。）の**解体**または**破壊**の作業	
コンクリート橋架設等作業主任者	橋梁の上部構造であって、コンクリート造のもの（その高さが5m以上であるもの、または当該上部構造のうち橋梁の支間が30m以上である部分に限る。）の架設または変更の作業	
酸素欠乏危険作業主任者	厚生労働大臣が定める場所で、酸素欠乏危険場所における作業	

主な作業主任者の職務

主な作業主任者の職務を、下記に示す。

- 作業の**方法**を決定し、作業を**直接指揮**すること
- **材料の欠点**の有無ならびに**器具**および**工具**を点検し、**不良品**を取り除くこと
- 作業中、**要求性能墜落制止用器具等**および**保護帽**の**使用状況**を監視すること

作業主任者の職務の分担

事業者は、当該作業に係る作業主任者を**2人以上**選任したときは、それぞれの作業主任者の**職務の分担**を定めなければならない。

作業主任者の氏名等の周知

事業者は、作業主任者を選任したときは、当該作業主任者の氏名およびその者に行わせる事項を作業場の**見やすい箇所に掲示**する等により関係労働者に周知させなければならない。

例題2-2　令和元年後期　2級土木施工管理技術検定（学科）試験〔No.34〕

労働安全衛生法上，作業主任者を選任すべき作業に**該当しないもの**は，次のうちどれか。

(1) つり上げ荷重5t 以上の移動式クレーンの運転作業（道路上を走行させる運転を除く）
(2) 高さが5m 以上のコンクリート造の工作物の解体又は破壊の作業
(3) 潜函工法その他の圧気工法で行われる高圧室内作業
(4) 土止め支保工の切りばり又は腹起こしの取付け又は取り外しの作業

ワンポイントアドバイス　すべての建設機械の運転は、作業主任者を選任すべき作業に該当しない。

正解：(1)

試験に出る

令和元年前期、平成29年第1回、平成26年に出題
【過去10年で3回】

参 考

簡単な危険な業務の場合は特別教育、それよりやや危険な業務は技能講習が必要である。

2.2 労働者の就業に当たっての措置

事業者は、労働者を雇い入れたとき等は、安全衛生教育を行わなければならない。また、クレーン運転など一定の業務については、免許を有する者、一定の技能講習を修了した者でなければ就業させてはならない。

(1) 安全衛生教育

事業者は、労働者を雇い入れたとき、または労働者の作業内容を変更したときは、当該労働者に対し、その従事する業務に関する安全または衛生のための教育を行わなければならない。また、事業者は、その他、その事業場における安全衛生の水準の向上を図るため、危険または有害な業務に現に就いている者に対し、その従事する業務に関する安全または衛生のための教育を行うように努めなければならない。

特別教育

事業者は、下記に示すような、危険または有害な業務に労働者を就かせるときは、当該業務に関する安全または衛生のための特別の教育を行わなければならない。

- **アーク溶接機**を用いて行う**金属の溶接、溶断**等の業務
- 最大積載量が1t未満の不整地運搬車の運転（道路上を走行させる運転を除く。）の業務
- 機体重量が3t未満の**整地・運搬・積込み用機械、掘削用機械**、基礎工事用機械または解体用機械で、動力を用い、かつ、不特定の場所に自走できるものの運転（道路上を走行させる運転を除く。）の業務
- **締固め用機械**で、動力を用い、かつ、不特定の場所に自走できるものの運転（道路上を走行させる運転を除く。）の業務
- **ボーリングマシンの運転**の業務

- 作業床の高さが、10m未満の高所作業車の運転（道路上を走行させる運転を除く。）の業務
- つり上げ荷重が、5t未満のクレーン（移動式クレーンを除く。）の運転の業務
- つり上げ荷重が、1t未満の移動式クレーンの運転（道路上を走行させる運転を除く。）の業務
- つり上げ荷重が、1t未満のクレーン、移動式クレーンの玉掛けの業務
- **建設用リフトの運転**の業務
- **ゴンドラの操作**の業務
- **高圧室内作業**に係る業務
- **エックス線装置**または**ガンマ線照射装置**を用いて行う**透過写真の撮影**の業務
- 酸素欠乏危険場所における作業に係る業務
- ずい道等の掘削の作業またはこれに伴うずり、資材等の運搬、覆工のコンクリートの打設等の作業（当該ずい道等の内部において行われるものに限る。）に係る業務
- 足場の組立て、解体または変更の作業に係る業務（地上または堅固な床上における補助作業の業務を除く）

職長等への教育

事業者は、その事業場の業種が政令で定めるものに該当するときは、新たに職務につくこととなった**職長**その他の作業中の**労働者を直接指導または監督する者**（作業主任者を除く。）に対し、下記の事項について、**安全または衛生のための教育**を行わなければならない。

①作業方法の決定および労働者の配置に関すること。
②労働者に対する指導または監督の方法に関すること。
③その他、労働災害を防止するため必要な事項で、厚生労働省令で定めるもの。

(2) 就業制限

事業者は、クレーンの運転その他の業務で、表2-5に示すものについては、都道府県労働局長の当該業務に係る免許を受けた者、または都道府県労働局長の登録を受けた者が行う当該業務に係る技能講習を修了した者、その他厚生労働省令で定める**資格を有する者**でなければ、**当該業務に就かせてはならない。**

表2-5　免許または技能講習修了を要する業務

業務・業種	資格・免許
発破の場合におけるせん孔、装てん、結線、点火ならびに不発の装薬または残薬の点検および処理の業務	発破士 火薬類取扱保安責任者
つり上げ荷重が、5t以上のクレーンの運転の業務	クレーン運転士
潜水器を用い、かつ、空気圧縮機もしくは手押しポンプによる送気またはボンベからの給気を受けて、水中において行う業務	潜水士
可燃性ガスおよび酸素を用いて行う金属の溶接、溶断または加熱の業務	技能講習修了者
機体重量が3t以上の**整地・運搬・積込み用機械、掘削用機械**、基礎工事用機械または解体用機械で、動力を用い、かつ、不特定の場所に自走することができるものの運転（道路上を走行させる運転を除く。）の業務	
つり上げ荷重が、1t以上5t未満の移動式クレーンの運転（道路上を走行させる運転を除く。）の業務	
最大積載量が、1t以上の不整地運搬車の運転（道路上を走行させる運転を除く。）の業務	
作業床の高さが、10m以上の高所作業車の運転（道路上を走行させる運転を除く。）の業務	
制限荷重が1t以上の揚貨装置、またはつり上げ荷重が1t以上のクレーン、移動式クレーンの玉掛けの業務	

例題2-3　令和元年前期　2級土木施工管理技術検定（学科）試験〔No.34〕 

事業者が労働者に対して特別の教育を行わなければならない業務に関する次の記述のうち，労働安全衛生法上，**該当しないもの**はどれか。

(1) アーク溶接機を用いて行う金属の溶接，溶断等の業務
(2) ボーリングマシンの運転の業務
(3) ゴンドラの操作の業務
(4) 赤外線装置を用いて行う透過写真の撮影による点検の業務

ワンポイントアドバイス　エックス線装置またはガンマ線照射装置を用いて行う透過写真の撮影の業務は該当するが、赤外線装置は該当しない。

正解：(4)

ひとこと
放射線透過探傷試験法はX線、γ線などを照射し、その吸収特性の差から鋼材などの内部のきずや、材質、寸法を知るものである。

2.3 建設工事の届出

建設工事を行うにあたって、事業者は、工事や設備・機械の設置の安全性などに関する計画の届出をしなければならない。届出は、建設工事の規模などによって、届出期間や届出先などが違うので注意が必要である。

届出の必要な工事、届出先等を、表2-6に示す。

試験に出る
平成30年後期、平成27年に出題
【過去10年で2回】

これだけは覚える
ずい道工事と圧気工法による作業を行う仕事といえば…小規模であっても届出が必要である。

表2-6　建設工事の届出

届出先	届出が必要な建設工事
厚生労働大臣	事業者は、建設業に属する事業の仕事のうち重大な労働災害を生ずるおそれがある特に大規模なもので、次のような仕事を開始しようとするときは、その計画を当該仕事の開始の日の30日前までに届け出なければならない。

表2-6　建設工事の届出（続き）

届出先	届出が必要な建設工事
厚生労働大臣	1）　高さが**300m以上**の塔の建設の仕事 2）　堤高（基礎地盤から堤頂までの高さをいう。）が、150m以上のダムの建設の仕事 3）　最大支間500m（つり橋にあっては、1,000m）以上の橋梁の建設の仕事 4）　長さが3,000m以上の**ずい道等**の建設の仕事 5）　長さが1,000m以上3,000m未満のずい道等の建設の仕事で、深さが50m以上のたて坑（通路として使用されるものに限る。）の掘削を伴うもの 6）　ゲージ圧力が0.3メガパスカル以上の**圧気工法**による作業を行う仕事
労働基準監督署長	事業者は、次のような仕事を開始しようとするときは、その計画を当該仕事の開始の日の14日前までに届け出なければならない。 1）　高さ31mを超える建築物または工作物（橋梁を除く。）の建設、改造、解体または破壊の仕事 2）　最大支間50m以上の橋梁の建設等の仕事 3）　最大支間30m以上50m未満の橋梁の上部構造の建設等の仕事（人口が集中している地域内における道路上、もしくは道路に隣接した場所、または鉄道の軌道上、もしくは軌道に隣接した場所において行われるものに限る。） 4）　ずい道等の建設等の仕事（ずい道等の内部に労働者が立ち入らないものを除く。） 5）　掘削の高さまたは深さが、10m以上である地山の掘削の作業（掘削機械を用いる作業で、掘削面の下方に労働者が立ち入らないものを除く。）を行う仕事 6）　圧気工法による作業を行う仕事 7）　耐火建築物または準耐火建築物で、石綿等が吹き付けられているものにおける石綿等の除去の作業を行う仕事 8）　廃棄物焼却炉（火格子面積が$2m^2$以上または焼却能力が1時間当たり200kg以上のものに限る。）を有する廃棄物の焼却施設に設置された廃棄物焼却炉、集じん機等の設備の解体等の仕事 9）　掘削の高さまたは深さが、10m以上の土石の採取のための掘削の作業を行う仕事 10）　坑内掘りによる土石の採取のための掘削の作業を行う仕事

ひとこと

小規模の場合は労働基準監督署長、大規模の場合は厚生労働大臣に届け出る。

例題2-4　平成30年後期　2級土木施工管理技術検定（学科）試験〔No.34〕 

労働安全衛生法上，労働基準監督署長に工事開始の14日前までに計画の届出を**必要としない仕事**は，次のうちどれか。

(1) 掘削の深さが7mである地山の掘削の作業を行う仕事
(2) 圧気工法による作業を行う仕事
(3) 最大支間 50 m の橋梁の建設等の仕事
(4) ずい道等の内部に労働者が立ち入るずい道等の建設等の仕事

ワンポイントアドバイス　届出が必要なのは、掘削の深さが10m以上の場合である。

正解：(1)

第3章 建設業法

建設業法は、建設業を営む者の資質向上、建設工事の請負契約の適正化等をはかることによって、建設工事の適正な施工を確保し、発注者を保護することを目的としている。また、これらの目的を果たすために、建設業の許可、請負契約、元請負人の義務、施工技術の確保などが定められている。

試験に出る
令和２年後期、
令和元年前期に出題
【過去１０年で２回】

3.1 建設業の許可

建設業とは、元請、下請その他いかなる名義をもってするかを問わず、**建設工事の完成を請け負う営業**をいう。

建設業の許可は、表3-1に示すように営業所の所在地によって国土交通大臣の許可と都道府県知事の許可があり、また、これらの許可は、政令で定める下請契約の金額の制限によって、特定建設業の許可と一般建設業の許可に分かれている。

ひとこと
建設業の許可を受けようとする者は、定められた許可基準を満たしていなければならない。

表3-1　建設業の許可

許可の種類	内　容
国土交通大臣許可と都道府県知事許可	建設業を営もうとする者は、軽微な建設工事のみを請け負う場合を除き、営業所の置き方により、国土交通大臣または都道府県知事のいずれかの許可を受けなければならない。 1)　二つ以上の都道府県の区域内に営業所を設けて営業をしようとする場合にあっては、国土交通大臣の許可を受けなければならない。 2)　一つの都道府県の区域内にのみ営業所を設けて営業をしようとする場合にあっては、当該営業所の所在地を管轄する都道府県知事の許可を受けなければならない。

次ページへ続く

表3-1　建設業の許可（続き）

許可の種類	内　容
一般建設業の許可と特定建設業の許可	国土交通大臣許可と都道府県知事許可は、さらに一般建設業の許可と特定建設業の許可に区分されている。 1)　建設業を営もうとする者であって、その営業にあたって、その者が発注者から直接請け負う一件の建設工事につき、その工事の全部または一部を、下請代金の額（その工事に係る下請契約が二つ以上あるときは、下請代金の額の総額）が、4,000万円以上となる下請契約を締結して施工しようとする者は、特定建設業の許可が必要である。 2)　特定建設業の許可以外は、一般建設業の許可が必要である。 3)　特定建設業の許可は、下請負人を保護するために、一般建設業の許可要件より厳しい条件が課せられている。

業種別許可

建設業の許可は、一般建設業の許可または特定建設業の許可を問わず、28の建設工事の種類ごとに、それぞれ対応する建設業の種類ごとに、受けなければならない。また、これらのうち**土木工事業、建築工事業、電気工事業、管工事業、鋼構造物工事業、舗装工事業、造園工事業の**7業種を指定建設業という。

許可の有効期間

建設業の許可は、**5年**ごとにその更新を受けなければ、その期間の経過によって、その効力を失う。

3.2　建設工事の請負契約

試験に出る

令和2年後期、令和元年前期、平成28、24、23年に出題
【過去10年で5回】

建設工事は、請負契約によって施工することが多い。請負契約は工事の発注者と請負人との間で、公正で誠実な請負契約を結ばなければならない。主な内容を、表3-2に示す。

表3-2　建設工事の請負契約の主な内容

項目	内容
請負契約の原則	建設工事の**請負契約の当事者**は、各々の**対等な立場**における合意に基づいて**公正な契約**を締結し、信義に従って**誠実**にこれを**履行**しなければならない。
請負契約の内容	建設工事の請負契約の当事者は、契約の締結に際して定められた事項を**書面**に記載し、署名または記名押印をして相互に交付しなければならない。
著しく短い工期の禁止	注文者は、その注文した建設工事を施工するために通常必要と認められる期間に比して著しく**短い期間を工期**とする**請負契約を締結してはならない。**
見積り等	建設業者は、建設工事の**請負契約**を締結するに際して、**工事の工種ごとの作業**およびその**準備に必要な日数**を明らかにして、建設工事の**見積り**を行うよう努めなければならない。
一括下請負の禁止	1)　建設業者は、その請け負った建設工事を、いかなる方法をもってするを問わず、一括して他人に請け負わせてはならない。ただし、**元請負人**があらかじめ**発注者**の**書面**による**承諾**を得た場合には、**適用しない。** 2)　建設業を営む者は、建設業者から当該建設業者の請け負った建設工事を一括して請け負ってはならない。ただし、**元請負人**があらかじめ**発注者**の**書面**による**承諾**を得た場合には、**適用しない。**
下請負人の意見の聴取	**元請負人**は、その請け負った建設工事を施工するために必要な工程の細目、作業方法その他元請負人において定めるべき事項を定めようとするときは、あらかじめ、下請負人の意見を聞かなければならない。
下請代金の支払	1)　**元請負人**は、請負代金の**出来形部分**に対する支払、または**工事完成後**における支払を受けたときは、当該支払の対象となった建設工事を施工した**下請負人**に対して、当該元請負人が支払を受けた金額の出来形に対する割合、および当該下請負人が施工した出来形部分に相応する**下請代金**を、当該支払を受けた日から**1ヶ月以内**で、かつ、できる限り短い期間内に**支払わなければならない。** 2)　**労務費**に相当する部分については、**現金**で支払うよう適切な配慮をしなければならない。 3)　元請負人は、**前払金の支払**を受けたときは、**下請負人**に対して、**資材の購入**、労働者の募集、その他**建設工事の着手**に必要な費用を、**前払金として支払う**よう適切な配慮をしなければならない。

次ページへ続く

表3-2　建設工事の請負契約の主な内容（続き）

項目	内容
検査および引渡し	1）　元請負人は、下請負人からその請け負った建設工事が完成した旨の通知を受けたときは、当該通知を受けた日から**20日以内**で、かつ、できる限り短い期間内に、その完成を確認するための**検査**を完了しなければならない。 2）　元請負人は、前項の検査によって建設工事の**完成を確認した後**、**下請負人**が申し出たときは、直ちに、当該建設工事の目的物の**引渡し**を受けなければならない。ただし、下請契約において定められた工事完成の時期から20日を経過した日以前の一定の日に引渡しを受ける旨の特約がされている場合には、この限りでない。
施工体制台帳および施工体系図の作成等	1）　特定建設業者は、当該建設工事を施工するために締結した**下請契約の請負代金の額**（当該下請契約が二つ以上あるときは、それらの請負代金の額の総額）が**4,000万円以上**になるときは、建設工事の適正な施工を確保するため、**下請負人**の商号または名称、当該下請負人に係る建設工事の内容、および工期その他の国土交通省令で定める事項を記載した**施工体制台帳**を作成し、工事現場ごとに備え置かなければならない。 2）　特定建設業者は、当該建設工事における各下請負人の施工の分担関係を表示した**施工体系図**を作成し、これを**当該工事現場の見やすい場所に掲げなければならない。**

これだけは覚える

請負契約といえば…**一括下請負の禁止**が、出題されることが多い。

これだけは覚える

施工体制台帳および施工体系図といえば…**すべての下請負人**を記入しなければならない。

ひとこと

施工体制台帳および施工体系図の詳細については、107ページ「5.3 施工体制台帳および施工体系図の作成等」を参照すること。

例題3-1　令和元年前期　2級土木施工管理技術検定（学科）試験〔No.35〕

建設業法に関する次の記述のうち，**誤っているもの**はどれか。

(1) 建設業とは，元請，下請その他いかなる名義をもってするかを問わず，建設工事の完成を請け負う営業をいう。
(2) 軽微な建設工事のみを請け負うことを営業とする者を除き，建設業を営もうとする者は，すべて国土交通大臣の許可を受けなければならない。
(3) 建設業者は，その請け負った建設工事を，いかなる方法をもってするかを問わず，原則として一括して他人に請け負わせてはならない。
(4) 施工体系図は，各下請負人の施工の分担関係を表示したものであり，作成後は当該工事現場の見やすい場所に掲示しなければならない。

ワンポイントアドバイス　建設業を営もうとする者は、軽微な建設工事のみを請け負う場合を除き、営業所の置き方により、国土交通大臣許可または都道府県知事のいずれかの許可を受けなければならない（209ページ表3-1参照）。

正解：(2)

よく出る！★
令和２年後期、令和元年後期、平成30年前期・後期、平成29年第１回・第２回、平成28、27、26、25、24、23年に出題
【過去10年で12回】

3.3 施工技術の確保 ★

建設業法の目的を達成するために、建設工事現場における技術者の設置義務、施工技術の向上を図るための技術検定制度を設けている。

(1) 施工技術の確保

建設業者は、建設工事の担い手の育成および確保その他の施工技術の確保に努めなければならない。

ひとこと
建設業界は人材不足であり、一定の資格を持った主任技術者の配置義務は多くの下請の建設業者にとってかなりの負担になっていた。そのため令和２年の建設業法の改正により要件が緩和された。

(2) 主任技術者および監理技術者の設置等

主任技術者および監理技術者の設置等に関しては、次のとおりである。

これだけは覚える

建設業者といえば…下請負人も含む。また、請負代金に関係なく、主任技術者を置かなければならなかったが、令和2年の法改正により、下請負人が主任技術者を置かなくてもよい場合があるようになった。

用語解説

特定専門工事

専門工事の中で施工技術が画一的で、かつ、その施工の技術上の管理の効率化を図る必要があるものとして政令で定めるもの

1) 建設業者は、その請け負った建設工事を施工するときは、建設工事の施工の技術上の管理をつかさどる者として、主任技術者を置かなければならない。ただし、以下の条件に該当するとき、**特定専門工事の下請負人**において、**主任技術者を置かず**、元請負人の主任技術者がその職務を行うことができる。

- 当該工事が政令で定める**特定専門工事**であり、下請代金の額が政令で定める額以下であること。
- 書面により、当該特定専門工事の元請負人の主任技術者および工事内容を明らかにし、元請負人の主任技術者が下請負人の主任技術者の職務を行うことを合意していること。
- 下請負人は、**再下請に出さない**こと。
- 当該特定専門工事の元請負人は、注文者から書面により承諾を得ていること。

2) 発注者から直接建設工事を請け負った特定建設業者は、当該建設工事を施工するために締結した下請契約の請負代金の額（当該下請契約が二つ以上あるときは、それらの請負代金の額の総額）が4,000万円以上になるときは、当該工事現場における建設工事の施工の技術上の管理をつかさどる者として、監理技術者を置かなければならない。

3) 公共性のある工作物に関する重要な工事で、政令で定められているもので、工事一件の請負代金の額が3,500万円以上のものについては、主任技術者または監理技術者は、工事現場ごとに、専任の者でなければならない。ただし、当該建設工事について**監理技術者に準ずる者**で政令で定める者を現場に**専任**でおく場合の監理技術者にあっては、政令で定める**現場の数の範囲において、この限りでない。**

4) 国、地方公共団体等が発注者である工作物に関する建設工事については、専任の者でなければならない監理技術者は、監理技術者資格者証の交付を受けている者のうちから選任しなければならない。また、その監理技術者は、発注者から請求があったときは、監理技術者資格者証を提示しなければならない。

5) それぞれの技術者に必要な資格を表3-3、それぞれの技術者の設置を必要とする工事を表3-4に示す。

ひとこと
一式工事は元請け業者が請負う工事、専門工事は下請業者が請負う工事と考えてよい。

表3-3 主任技術者および監理技術者に必要な資格等

技術者の種類	必要な資格等
主任技術者	①許可を受けた建設業の工事に関する指定学科を修め、大学または高専を卒業し3年以上、高校については卒業後5年以上の実務経験を有する者 ②許可を受けた建設業の工事に、10年以上の実務経験を有する者 ③国家試験等に合格した者で、国土交通大臣が①または②と同等以上の能力があると認定した者
指定建設業以外の監理技術者	①国家試験等で、国土交通大臣が定めたものに合格した者または免許を受けた者 ②主任技術者となれる資格を有する者で、所定規模以上の発注者から直接請け負った工事に関し、2年以上直接指導監督した実務経験を有する者 ③国土交通大臣が、①または②と同等以上の能力があると認定した者
指定建設業の監理技術者	①1級土木施工管理技士 ②1級建設機械施工技士等 ③国土交通大臣が、①または②と同等以上の能力があると認定した者

これだけは覚える

特定建設業といえば…監理技術者を置く場合以外は主任技術者を置かなければならない。

用語解説

一式工事

複数の専門工事を組み合わせて、土木工作物を作る工事や、工事の規模が大きく複数であるため、単独専門工事では施工ができない土木工作物を作る比較的大規模な工事をいう。

用語解説

専門工事

一式工事以外の工事（下請業者が行う建設工事）

表3-4　技術者の設置を必要とする工事

区分	建設工事の内容	専任を要する工事
主任技術者を配置する工事現場	**元請・下請にかかわらず**、監理技術者を配置する場合を除く**すべての工事現場**（ただし、下請の主任技術者の設置が不要となる場合がある。詳細は（2）の1）参照）	国、地方公共団体の発注する工事、学校、マンション等の工事で3,500万円以上のもの（令和2年の改正により、監理技術者補佐を専任で置いた場合は、元請の監理技術者の**複数現場の兼任が可能**となった。詳細は（2）の3）参照）
監理技術者を配置する工事現場	**特定建設業者**が、発注者から直接請け負った工事で、合計4,000万円以上の工事を**下請けに出す**工事現場	

（3）主任技術者および監理技術者の職務等

主任技術者および監理技術者の職務を、下記に示す。

1）　主任技術者および監理技術者は、工事現場における建設工事を適正に実施するため、当該建設工事の施工計画の作成、工程管理、品質管理その他の技術上の管理および当該建設工事の施工に従事する者の技術上の指導監督の職務を誠実に行わなければならない。

2）　工事現場における建設工事の施工に**従事する者**は、主任技術者または監理技術者がその職務として行う**指導に従わなければならない。**

（4）監理技術者資格者証の交付

監理技術者資格者証の交付について、下記に示す。

1）　監理技術者資格者証は、建設業全28業種について、それぞれの種類の建設業に係わる監理技術者の資格を有する者が、申請することによって交付される。

2）　資格者証には、交付を受ける者の氏名、交付の年月日、交付を受ける者が有する監理技術者資格、建設業の種類その他の国土交通省令で定める事項が記載されている。

3）　申請者が二つ以上の監理技術者資格を有する者であるときは、これらの監理技術者資格を合わせて記載した資格者証が交付される。

4） 資格者証の有効期間は、5年である。
5） 資格者証の有効期間は、申請により更新される。

例題3-2　令和元年後期　2級土木施工管理技術検定（学科）試験〔No.35〕

建設業法に関する次の記述のうち，**誤っているもの**はどれか。

(1) 発注者から直接建設工事を請け負った特定建設業者は，主任技術者又は監理技術者を置かなければならない。
(2) 主任技術者及び監理技術者は，当該建設工事の施工計画の作成などの他，当該建設工事に関する下請契約の締結を行わなければならない。
(3) 発注者から直接建設工事を請け負った特定建設業者は，下請契約の請負代金額が政令で定める金額以上になる場合，監理技術者を置かなければならない。
(4) 工事現場における建設工事の施工に従事する者は，主任技術者又は監理技術者がその職務として行う指導に従わなければならない。

ワンポイントアドバイス　下請契約の締結は、事業者が行うものである。　**正解：(2)**

例題3-3　令和2年後期　2級土木施工管理技術検定（学科）試験〔No.35〕

建設業法に関する次の記述のうち，**誤っているもの**はどれか。

(1) 建設業者は，建設工事の担い手の育成及び確保その他の施工技術の確保に努めなければならない。
(2) 建設業の許可は，5年ごとにその更新を受けなければ，その期間の経過によって，その効力を失う。
(3) 元請負人は，下請負人から建設工事が完成した旨の通知を受けたときは，30日以内で，かつ，できる限り短い期間内に検査を完了しなければならない。
(4) 発注者から直接建設工事を請け負った建設業者は，必ずその工事現場における建設工事の施工の技術上の管理をつかさどる主任技術者又は監理技術者を置かなければならない。

ワンポイントアドバイス　「30日以内」ではなく、「20日以内」である。　**正解：(3)**

第4章 道路法

道路法は、道路網の整備を図るため、道路に関して路線の指定および認定、管理、構造、安全、費用の負担区分等に関する事項を定めている。

試験に出る
令和元年後期、平成23年に出題
【過去10年で2回】

4.1 用語の定義

道路法では、道路と道路の附属物を、表4-1のように定義している。

表4-1 用語の定義

用語	定義
道路	道路とは、一般交通の用に供する道で、**高速自動車国道、一般国道、都道府県道**および**市町村道**の**4種類**を指し、トンネル、橋、渡船施設、道路用エレベーター等道路と一体となってその効用を全うする施設または工作物および道路の附属物で当該道路に附属して設けられているものを含むものとする。
道路の附属物	道路の附属物とは、道路の構造の保全、安全かつ円滑な道路の交通の確保その他道路の管理上必要な施設または工作物で、次に掲げるものをいう。 ① 道路上の柵または駒止(こまどめ) ② 道路上の並木または街灯で、道路管理者の設けるもの ③ 道路標識、道路元標(げんぴょう)または里程標(りていひょう) ④ **道路情報管理施設**(道路上の道路情報提供装置、車両監視装置、気象観測装置、緊急連絡施設その他これらに類するものをいう。) ⑤ 道路に接する道路の維持または修繕に用いる機械、器具または材料の常置場 ⑥ 共同溝または電線共同溝

例題4-1 令和元年後期 2級土木施工管理技術検定(学科)試験〔No.36〕

道路法に関する次の記述のうち,**誤っているもの**はどれか。

(1) 道路上の規制標識は，規制の内容に応じて道路管理者又は都道府県公安委員会が設置する。
(2) 道路管理者は，道路台帳を作成しこれを保管しなければならない。
(3) 道路案内標識などの道路情報管理施設は，道路附属物に該当しない。
(4) 道路の構造に関する技術的基準は，道路構造令で定められている。

ワンポイントアドバイス　道路情報管理施設は道路附属物である。（1）については表4-5を参照。

正解：(3)

試験に出る
令和元年後期に出題
【過去10年で1回】

4.2 道路管理者

道路の種類と道路管理者は、表4-2のとおりである。また**道路管理者**は、その管理する道路の台帳を**調製**し、これを**保管しなければならない。**

これだけは覚える
道路の構造に関する技術的基準といえば…道路の種類ごとに道路構造令で定められている。

表4-2　道路法上の道路と道路管理者

道路の種類		道路管理者
高速自動車国道		国土交通大臣
一般国道	指定区間（直轄国道）	国土交通大臣
	指定区間外（補助国道）	都道府県知事または指定市の市長
都道府県道		都道府県知事または指定市の市長
市町村道		市町村長

令和2年後期、令和元年前期、平成27、25年に出題
【過去10年で4回】

4.3 道路の占用

道路法では、道路の地上または地下に一定の工作物、物件または施設を設けて継続的に使用することを「道路の占用」とよんでいる。道路を占用するときは、道路管理者の許可を受けなければならない。

道路の占用に関する主な項目と内容を、表4-3に示す。

参考
道路上や上空、地下に一定の施設を設置し、継続して道路を使用することを道路の占用という。

表4-3　道路の占用に関する主な項目と内容

項目	内容
道路の占用の許可	1)　道路に次のいずれかに掲げる工作物、物件または施設を設け、継続して道路を使用しようとする場合においては、道路管理者の許可を受けなければならない。 ①電柱、電線、変圧塔、郵便差出箱、公衆電話所、広告塔その他これらに類する工作物 ②水管、下水道管、ガス管その他これらに類する物件 ③鉄道、軌道その他これらに類する施設 ④歩廊、雪よけその他これらに類する施設 ⑤地下街、地下室、通路、浄化槽その他これらに類する施設 ⑥露店、商品置場その他これらに類する施設 ⑦**看板、標識**、旗ざお、パーキング・メーター、幕およびアーチ ⑧工事用板囲、足場、詰所その他の工事用施設 ⑨土石、竹木、瓦その他の工事用材料 ⑩トンネルの上または高架の道路の路面下に設ける事務所、店舗、倉庫、住宅、自動車駐車場、自転車駐車場、広場、公園、運動場その他これらに類する施設 ⑪その他 2)　道路の占用の許可を受けようとする者は、次に掲げる事項を記載した申請書を道路管理者に提出しなければならない。 ①道路の占用の**目的** ②道路の占用の**期間** ③道路の占用の**場所** ④工作物、物件または施設の**構造** ⑤工事実施の**方法** ⑥工事の**時期** ⑦道路の**復旧方法** 3)　道路の占用の許可を受けた者は、前記2）に掲げる**事項を変更**しようとする場合においては、その変更が道路の構造または交通に支障を及ぼすおそれのないと認められる軽易なもので政令で定めるものである場合を除く外、あらかじめ**道路管理者の許可**を受けなければならない。 4)　道路において、**工事もしくは作業をしようとする者**または当該工事もしくは作業の**請負人**の場合は、申請書の提出は、**当該地域を管轄する警察署長**を経由して行うことができる。この場合において、当該警察署長は、すみやかに当該申請書を道路管理者に送付しなければならない。

表4-3　道路の占用に関する主な項目と内容（続き）

項目	内容
水管またはガス管の占用の場所	1）水管またはガス管を地上に設ける場合においては、道路の交差し、接続し、または屈曲する部分以外の道路の部分であること。 2）水管またはガス管を地下に設ける場合においては、次のいずれにも適合する場所であること。 ①道路を横断して設ける場合および歩道以外の部分に当該場所に代わる適当な場所がなく、かつ、公益上やむを得ない事情があると認められるときに水管またはガス管の本線を歩道以外の部分に設ける場合を除き、歩道の部分であること。 ②水管またはガス管の本線の頂部と路面との距離が1.2m（工事実施上やむを得ない場合にあっては、**0.6m**）を超えていること。
下水道管の占用の場所	下水道管の本線を地下に設ける場合において、その頂部と路面との距離が3m（工事実施上やむを得ない場合にあっては、**1m**）を超えていること。

例題4-2　　令和元年前期　2級土木施工管理技術検定（学科）試験〔No.36〕

道路の占用許可に関し，道路法上，道路管理者に提出すべき申請書に記載する事項に**該当しないもの**は，次のうちどれか。

(1) 占用の目的
(2) 占用の期間
(3) 工事実施の方法
(4) 建設業の許可番号

ワンポイントアドバイス　表4-3を参照。

正解：(4)

試験に出る
平成29年第1回に出題
【過去10年で1回】

4.4 工事の実施

工事の実施に関する主な項目と内容を、表4-4に示す。

表4-4　工事の実施に関する主な項目と内容

項目	内容
工事実施の方法	1)　占用物件の保持に支障を及ぼさないために必要な措置を講ずること。 2)　道路を掘削する場合においては、**溝掘、つぼ掘**または**推進工法**その他これに準ずる方法によるものとし、えぐり掘の方法によらないこと。 3)　路面の排水を妨げない措置を講ずること。 4)　原則として、道路の**一方の側**は、**常に通行**することができることとすること。 5)　工事現場においては、柵または覆いの設置、夜間における赤色灯または黄色灯の点灯その他道路の交通の危険防止のために必要な措置を講ずること。
道路を掘削する場合	占用に関する工事で、道路を掘削するものの実施方法は、次のとおりとする。 1)　舗装道の舗装の部分の切断は、のみまたは切断機を用いて、原則として直線に、かつ、路面に垂直に行うこと。 2)　掘削部分に近接する道路の部分には、占用のために掘削した土砂を堆積しないで**余地を設ける**ものとし、当該土砂が道路の交通に支障を及ぼすおそれのある場合においては、これを他の場所に搬出すること。 3)　湧水または溜り水により土砂の流失または地盤の緩みを生ずるおそれのある箇所を掘削する場合においては、当該箇所に土砂の流失または地盤の緩みを防止するために必要な措置を講ずること。 4)　**湧水または溜り水の排出**に当たっては、道路の排水に支障を及ぼすことのないように措置して道路の排水施設に排出する場合を除き、路面その他の道路の部分に排出しないように措置すること。 5)　掘削面積は、工事の施工上やむを得ない場合において、覆工を施す等道路の交通に著しい支障を及ぼすことのないように措置して行う場合を除き、**当日中に復旧可能な範囲**とすること。 6)　道路を横断して掘削する場合においては、原則として、道路の交通に著しい支障を及ぼさないと認められる道路の部分について掘削を行い、当該掘削を行った道路の部分に道路の交通に支障を及ぼさないための措置を講じた後、その他の道路の部分を掘削すること。 7)　沿道の建築物に接近して道路を掘削する場合においては、人の出入りを妨げない措置を講ずること。

表4-4　工事の実施に関する主な項目と内容（続き）

項目	内容
工事の時期	1)　他の占用に関する工事、または道路に関する工事の時期を勘案して適当な時期であること。 2)　道路の交通に著しく支障を及ぼさない時期であること。特に道路を横断して掘削する工事、その他道路の交通を遮断する工事については、**交通量の最も少ない時間**であること。
原状回復および道路の復旧	道路占用者は、道路の占用の期間が満了した場合または道路の占用を廃止した場合においては、占用物件を除却し、**道路を原状に回復**しなければならない。ただし、原状に回復することが不適当な場合においては、この限りでない。

例題4-3　平成29年第1回　2級土木施工管理技術検定（学科）試験〔No.36〕 

道路法上，道路占用者が道路を掘削する場合に**用いてはならない方法**は，次のうちどれか。

(1) えぐり掘り
(2) つぼ掘り
(3) 推進工法
(4) 溝掘り

ワンポイントアドバイス　表4-4の工事実施の方法を参照。

正解：(1)

試験に出る

令和元年後期に出題
【過去10年で1回】

これだけは覚える

車両制限令の一般的制限値を超える車両の通行といえば…道路管理者の許可が必要。

4.5 道路の保全等

道路の保全等に関する主な項目と内容を、表4-5に示す。

表4-5　道路の保全等に関する主な項目と内容

項　目	内　容
道路に関する禁止行為	何人も道路に関し、次の行為をしてはならない。 1）　みだりに道路を損傷し、または汚損すること。 2）　みだりに道路に土石、竹木等の物件を堆積し、その他道路の構造または交通に支障を及ぼすおそれのある行為をすること。
道路標識等の設置	1）　**道路管理者**は、道路の構造を保全し、または交通の安全と円滑を図るため、必要な場所に**道路標識**または区画線を設けなければならない。 2）　**都道府県公安委員会**は、道路における危険を防止し、その他交通の安全と円滑を図り、または交通公害その他の道路の交通に起因する障害を防止するため必要があると認めるときは、政令で定めるところにより、信号機または**道路標識**等を設置し、および管理して、交通整理、歩行者または車両等の通行の禁止その他の道路における交通の規制をすることができる。
通行の禁止または制限	1）　**道路管理者**は、次の場合においては、道路の構造を保全し、または交通の危険を防止するため、区間を定めて、**道路の通行を禁止**し、または**制限**することができる。 ①道路の破損、欠壊その他の事由に因り交通が危険であると認められる場合 ②**道路に関する工事**のため、やむを得ないと認められる場合 2）　道路管理者は、水底トンネルの構造を保全し、または水底トンネルにおける交通の危険を防止するため、政令で定めるところにより、爆発性または易燃性を有する物件その他の危険物を積載する車両の通行を禁止し、または制限することができる。 3）　道路の構造を保全し、または交通の危険を防止するため、道路との関係において必要とされる**車両の幅、重量、高さ、長さおよび最小回転半径の最高限度**は、車両制限令で定められている。 4）　車両でその幅、重量、高さ、長さまたは最小回転半径が、政令で定める最高限度を超えるものは、道路を通行させてはならない。 5）　道路管理者は、道路の構造を保全し、または交通の危険を防止するため必要があると認めるときは、トンネル、橋、高架の道路その他これらに類する構造の道路について、車両でその重量または高さが、構造計算その他の計算または試験によって安全であると認められる限度を超えるものの通行を禁止し、または制限することができる。

表4-5　道路の保全等に関する主な項目と内容（続き）

項目	内容
限度を超える車両等の通行許可	1）　**道路管理者**は、車両の構造または車両に積載する貨物が特殊であるためやむを得ないと認めるときは、当該車両を通行させようとする者の申請に基づいて、通行経路、通行時間等について、道路の構造を保全し、または交通の危険を防止するため必要な条件を附して、**車両の最高限度等を超える車両の通行を許可**することができる。 2）　道路管理者は、通行の許可をしたときは、**許可証**を交付しなければならない。 3）　許可証の交付を受けた者は、当該許可に係る通行中、当該許可証を当該車両に備え付けていなければならない。

平成30年前期・後期、平成29年第2回、平成28、26、24年に出題
【過去10年で6回】

4.6 車両制限令

道路の構造を保全し、または交通の危険を防止するため、道路との関係において必要とされる車両についての制限は、道路法に定めるほか、この車両制限令の定めるところによる。

ひとこと

車両制限令は、道路法第47条の規定に基づき、制定されたものである。

(1) 車両の幅等の最高限度

車両の幅、重量、高さ、長さおよび最小回転半径の最高限度を、表4-6に示す。

表4-6　車両の幅等の最高限度

項目		最高限度
幅		2.5m
重量	**総重量**	20t
	軸重	10t
	輪荷重	5t
高さ		3.8m
長さ		12m
最小回転半径（外輪最小回転半径）		12m

ただし、高速自動車国道または道路管理者が、道路の構造の保全または交通の危険の防止上支障がないと認めて指定した道路を通行する車両および高速自動車国道を通行するセミトレーラ連結車またはフルトレーラ連結車を除く。

(2) カタピラを有する自動車の制限

舗装道を通行する自動車は、下記に示す場合以外は、カタピラを有しないものでなければならない。

① その自動車のカタピラの構造が、路面を損傷するおそれのないものである場合
② その自動車が、当該道路の除雪のために使用される場合
③ その自動車のカタピラが、路面を損傷しないように当該道路について必要な措置がとられている場合

例題4-4　平成30年後期　2級土木施工管理技術検定（学科）試験〔No.36〕

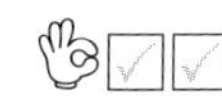

車両の総重量等の最高限度に関する次の記述のうち，車両制限令上，**正しいもの**はどれか。

ただし，高速自動車国道又は道路管理者が道路の構造の保全及び交通の危険防止上支障がないと認めて指定した道路を通行する車両，及び高速自動車国道を通行するセミトレーラ連結車又はフルトレーラ連結車を除く車両とする。

(1) 車両の総重量は，10t

(2) 車両の長さは，20m

(3) 車両の高さは，4.7m

(4) 車両の幅は，2.5m

ワンポイントアドバイス　総重量は20ｔ、長さは12ｍ、高さは3.8ｍである。

正解：(4)

例題4-5　平成29年第2回　2級土木施工管理技術検定（学科）試験〔No.36〕

車両制限令に定められている車両の幅等の最高限度に関する次の記述のうち，**誤っているもの**はどれか。

(1) 車両の軸重は，15tである。

(2) 車両の幅は，2.5mである。

(3) 車両の輪荷重は，5tである。

(4) 車両の最小回転半径は，車両の最外側のわだちについて12mである。

ワンポイントアドバイス　車両の軸重は、10ｔである。

正解：(1)

第5章 河川法

この法律は、河川について、洪水、高潮等による災害の発生が防止され、河川が適正に利用され、流水の正常な機能が維持され、および河川環境の整備と保全がされるようにこれを総合的に管理することを目的としている。

試験に出る

令和２年後期、令和元年前期、平成30年前期、平成28、26、24、23年に出題
【過去10年7回】

5.1 用語の定義

河川法の主な用語の定義を、表5-1に示す。

ひとこと
堤防から見て、川の水のある側を堤外地、宅地のある側を堤内地という。

表5-1　主な用語の定義

用語	定義
河川	河川とは、一級河川および二級河川をいい、これらの河川に係る河川管理施設を含むものとする。また、**河川法の規定が準用**される**準用河川**がある。
河川管理施設	河川管理施設とは、**ダム、堰、水門、堤防、護岸、床止め**、樹林帯その他河川の流水によって生ずる公利を増進し、または公害を除却し、もしくは軽減する効用を有する施設をいう。
河川区域	河川区域とは、次に掲げる区域をいう。（下図） 1）　河川の流水が継続して存する土地および地形、草木の生茂の状況その他その状況が河川の流水が継続して存する土地に類する状況を呈している土地の区域 2）　河川管理施設の敷地である土地の区域 3）　堤外の土地の区域のうち、1）の区域と一体として管理を行う必要があるものとして河川管理者が指定した区域 [図] 堤防／堤防／堤内地／堤防敷／堤外地／堤防敷／堤内地／河川保全区域 50m以内／河川区域／河川保全区域 50m以内
河川保全区域	河川保全区域とは、**河岸**または**堤防**等の**河川管理施設を保全**するため、この保全に支障を及ぼすおそれがある行為を規制するために河川管理者が指定した区域をいい、原則として堤防等の河川管理施設から50m以内の堤内地の区域である。

令和2年後期、令和元年前期、平成30年前期、平成29年第1回、平成28、26、24、23年に出題
【過去10年8回】

普通河川とは一級河川、二級河川、準用河川のいずれでもない河川のことで、河川法の適用を受けず市町村長が条例に基づき管理する。

5.2 河川管理者 ★

それぞれの河川の河川管理者は、表5-2のとおりである。

表5-2　河川の区分と河川管理者

河川の区分	河川の区間	河川管理者
一級河川	一級水系のうち、国土交通大臣が指定した区間	国土交通大臣
二級河川	一級水系以外の水系の河川のうち、都道府県知事が指定した区間	都道府県知事
準用河川	一級河川および二級河川以外の河川で、市町村長が指定した区間	市町村長

例題5-1　令和元年前期　2級土木施工管理技術検定（学科）試験〔No.37〕 

河川法に関する次の記述のうち，**誤っているもの**はどれか。

(1) 河川の管理は，原則として，一級河川を国土交通大臣，二級河川を都道府県知事がそれぞれ行う。

(2) 河川は，洪水，津波，高潮等による災害の発生が防止され，河川が適正に利用され，流水の正常な機能が維持され，及び河川環境の整備と保全がされるように総合的に管理される。

(3) 河川区域には，堤防に挟まれた区域と堤内地側の河川保全区域が含まれる。

(4) 河川法上の河川には，ダム，堰，水門，床止め，堤防，護岸等の河川管理施設も含まれる。

ワンポイントアドバイス　河川保全区域は、表5-1内の図に示すように、河川区域には含まれない。

正解：(3)

例題5-2　令和2年後期　2級土木施工管理技術検定（学科）試験〔No.37〕 

河川法に関する次の記述のうち，**正しいもの**はどれか。

(1) 河川法上の河川には，ダム，堰，水門，堤防，護岸，床止め等の河川管理施設は含まれない。
(2) 河川保全区域とは，河川管理施設を保全するために河川管理者が指定した一定の区域である。
(3) 二級河川の管理は，原則として，当該河川の存する市町村長が行う。
(4) 河川区域には，堤防に挟まれた区域と堤内地側の河川保全区域が含まれる。

ワンポイントアドバイス
(1) 河川には、河川管理施設も含まれる。
(3) 二級河川の管理は、都道府県知事が行う。
(4) 河川区域には、河川保全区域は含まれない。

正解：(2)

よく出る！★
令和元年後期、平成30年後期、平成29年第1回・第2回、平成27、26、25、24、23年に出題
【過去10年で9回】

これだけは覚える
河川管理者の許可といえば…工作物の新築等の許可が出題されることが多い。

5.3 河川区域における行為の許可（高規格堤防特別区域内での行為を除く）★

河川区域における行為の許可に関する主な項目と内容を、表5-3に示す。

ひとこと
河川区域内の土地は、ほとんどが河川管理者の管理する官有地だが、民有地も存在している。
高規格堤防とは、スーパー堤防ともいわれ、幅の広い堤防（堤防の高さの30倍程度）としたものである。

表5-3　河川区域における行為の許可

項　目	内　容
土地の占用の許可	河川区域内の土地（河川管理者以外の者がその権原に基づき管理する土地を除く。）を占用しようとする者は、河川管理者の許可を受けなければならない。 1）　占用の許可となる土地は、河川管理者が所有する土地すなわち官有地（国有地）である。 2）　民有地（私有地）の占用は、許可を必要としない。ただし、民有地であっても、工作物の設置や土地の形状の変更を伴う場合は、それぞれの規定による許可が必要となる。 3）　占用の範囲は、地表面だけでなく、上空や地下にも及ぶ。したがって、上空に電線や吊り橋を設ける場合や地下にサイホン等を埋設する場合も、土地の占用の許可が必要となる。
土石等の採取の許可	河川区域内の土地（河川管理者以外の者がその権原に基づき管理する土地を除く。）において土石（砂を含む。）を採取しようとする者は、河川管理者の許可を受けなければならない。河川区域内の土地において土石以外の河川の産出物（竹木、あし、かやその他これらに類するもので河川管理者が指定するもの。）を採取しようとする者も、河川管理者の許可を受けなければならない。 1）　土石等の採取の許可は、土地の占用の許可と同様、官有地が対象である。また、民有地における土石等の採取は許可の対象外であるが、掘削を伴う行為は掘削の許可が必要である。 2）　河川工事以外の工事で発生した土砂等を他の工事に使用したり、他に搬出する場合は、この規定による許可が必要である。 3）　特例として、河川工事または河川維持のため、現場付近で行う土石等の採取は、河川の管理行為そのものとみなされるので、許可を必要としない。
工作物の新築等の許可	河川区域内の土地において工作物を新築し、改築し、または除却しようとする者は、河川管理者の許可を受けなければならない。河川の河口附近の海面において河川の流水を貯留し、または停滞させるための工作物を新築し、改築し、または除却しようとする者も、同様である。 1）　官有地、民有地を問わず、河川区域内の一切の土地が対象となる。 2）　地表面だけでなく、上空や地下に設ける工作物も対象となる。

次ページへ続く

表5-3　河川区域における行為の許可（続き）

項目	内容
工作物の新築等の許可	3）一時的な**現場事務所、工事資材置き場**等の仮設構造物にも適用される。 4）特例として、河川工事をするための資機材運搬施設、河川区域内に設けざるを得ない足場、板囲い、標識等の工作物は、河川工事と一体をなすものとして、適用されず許可を必要としない。
土地の掘削等の許可	河川区域内の土地において**土地の掘削**、**盛土**もしくは**切土**その他**土地の形状を変更する行為**、または竹木の栽植もしくは伐採をしようとする者は、河川管理者の許可を受けなければならない。 1）次の行為は、軽易な行為として、許可は必要でない。 ①河川管理施設の敷地から10m以上離れた土地における耕耘 ②許可を受けて設置された取水施設、または排水施設の機能を維持するために行う**取水口**、または**排水口**の付近に積もった土砂等の排除 ③河川管理者が指定した区域および樹林帯区域以外の土地における竹木の伐採 ④河川管理者が治水上および利水上影響が少ないと認めて指定した行為 2）**官有地、民有地を問わず、河川区域内の一切の土地**が対象となる。 3）**工作物の新築等の許可**を得て、工作物の新築等を行うために土地の掘削等を行う場合は、あらためてこの**許可を受ける必要はない。** 4）河川工事または河川維持のために河川付近で土石を採取する場合は、採取に伴う土石の掘削の許可は必要としないが、土石の採取を目的としない掘削は、河川工事であっても許可が必要である。
流水の占用の許可	河川の流水を占用しようとする者は、**河川管理者の許可**を受けなければならない。ただし、使用量が少量の場合は、一般使用として扱い、許可の必要はない。
竹木の流送等の禁止、制限または許可	河川における竹木の流送または舟もしくはいかだの通航については、河川管理上必要な範囲内において、これを禁止し、もしくは制限し、または**河川管理者の許可**を受けさせることができる。

例題5-3　令和元年後期　2級土木施工管理技術検定（学科）試験〔No.37〕 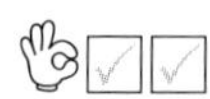

河川区域内における河川管理者の許可に関する次の記述のうち，河川法上，**正しいもの**はどれか。

(1) 河川の上空に送電線を架設する場合は，河川管理者の許可を受ける必要はない。
(2) 取水施設の機能を維持するために取水口付近に堆積した土砂等を排除する場合は，河川管理者の許可を受ける必要はない。
(3) 河川の地下を横断して下水道管を設置する場合は，河川管理者の許可を受ける必要はない。
(4) 道路橋の橋脚工事を行うための工事資材置場を河川区域内に新たに設置する場合は，河川管理者の許可を受ける必要はない。

ワンポイントアドバイス
(1) 河川の上空に送電線を架設する場合でも、河川管理者の許可が必要である。
(3) 河川の地下を横断して下水道管を設置する場合でも、河川管理者の許可が必要である。
(4) 工事資材置場等の一時的な仮設構造物でも、河川管理者の許可が必要である。

正解：(2)

例題5-4　平成29年第2回　第2級土木施工管理技術検定（学科）試験〔No.37〕

河川法上，河川区域内における河川管理者の許可に関する次の記述のうち，**誤っているもの**はどれか。

(1) 工作物を新築，改築又は除却をしようとする場合は，河川管理者の許可が必要である。
(2) 取水施設の機能を維持するために行う取水口付近に積もった土砂の排除をしようとする場合は，河川管理者の許可が必要である。

学科　Ⅲ 法規―5 河川法

(3) 河川の地下を横断してサイホンやトンネルを設置しようとする場合は，河川管理者の許可が必要である。

(4) 河川の上空に送電線を架設しようとする場合は，河川管理者の許可が必要である。

ワンポイントアドバイス　取水口付近に積もった土砂の排除をしようとする場合は、軽易な行為として、河川管理者の許可は必要でない。

正解：(2)

5.4 河川保全区域における行為の制限

河川保全区域では、河川管理者の許可が要る行為と、要らぬ行為がある。

表5-4　河川保全区域における行為の制限

項　目	内　容
河川管理者の許可が必要	1)　土地の掘削、盛土または切土その他土地の形状を変更する行為 2)　工作物の新築または改築
河川管理者の許可を必要としない	河川管理施設の敷地から5m以内の土地におけるものは除き、次の行為は河川管理者の許可は必要でない。 1)　耕耘 2)　堤内の土地における地表から高さ**3m以内**の盛土（堤防に沿って行う盛土で堤防に沿う部分の長さが**20m以上**のものを除く。） 3)　堤内の土地における地表から深さ**1m以内**の土地の掘削または切土 4)　堤内の土地における**工作物**（コンクリート造、石造、れんが造等の**堅固なもの**および貯水池、水槽、井戸、水路等**水が浸透する**おそれのあるものを**除く**。）の**新築または改築** 5)　河川管理者が河岸または河川管理施設の保全上影響が少ないと認めて指定した行為

第6章　建築基準法

この法律は、建築物の敷地、構造、設備および用途に関する最低の基準を定めている。

よく出る！★

令和元年前期・後期、平成30年前期・後期、平成29年第2回、平成28、27、23年に出題
【過去10年で8回】

6.1　主な用語の定義

先ずは、主な用語の定義を、表6-1に示す。特に建築物、建築設備、主要構造部の用語を覚える。

表6-1　主な用語の定義

用語	定義
建築物	**土地に定着する工作物**のうち、屋根および柱もしくは壁を有するもの、これに**附属する**門もしくは**塀**、観覧のための工作物または地下もしくは高架の工作物内に設ける事務所、店舗、興行場、倉庫その他これらに類する施設をいい、建築設備を含むものとする。
特殊建築物	**学校**、体育館、**病院**、**劇場**、観覧場、集会場、展示場、百貨店、市場、ダンスホール、遊技場、公衆浴場、旅館、共同住宅、**寄宿舎**、下宿、工場、倉庫、自動車車庫、危険物の貯蔵場、と畜場、火葬場、汚物処理場その他これらに類する用途に供する建築物をいう。
建築設備	**建築物に設ける電気**、**ガス**、**給水**、排水、換気、**暖房**、**冷房**、消火、排煙もしくは汚物処理の設備または煙突、昇降機もしくは**避雷針**をいう。
主要構造部	壁、柱、床、はり、屋根または階段をいい、建築物の構造上重要でない**間仕切壁**、**間柱**、附け柱、揚げ床、最下階の床、廻り舞台の床、小ばり、ひさし、局部的な小階段、屋外階段その他これらに類する**建築物の部分を除くものとする**。
建築主	建築物に関する工事の請負契約の注文者または請負契約によらないで、自らその工事をする者をいう。
建築主事	都道府県および市町村の建築課などに置かれる職員で、建築確認などの行政事務を行う者。建築主事は、建築基準適合判定資格者の登録を受けた者の中から、都道府県知事または市町村長が命ずる。

次ページへ続く

表6-1　主な用語の定義（続き）

用語	定義
建築確認	建築に先立ち、建築主からの申請に対して、**建築主事**が、その建築計画が建築基準法令の規定に適合しているかを**判断する行為**。
都市計画	都市計画とは、都市の健全な発展と秩序ある整備を図るための**土地利用**、**都市施設の整備**および**市街地開発事業**に関する計画で、政令で定められたものをいう。
都市計画区域	一体の都市として総合的に整備、開発、および保全する必要のある区域として、**都道府県が指定した区域**をいう。
特定行政庁	**建築主事**を置く市町村の区域については**当該市町村の長**をいい、その他の市町村の区域については**都道府県知事**をいう。

例題6-1　平成29年第2回　2級土木施工管理技術検定（学科）試験〔No.38〕 

建築基準法に関する次の記述のうち，**誤っているもの**はどれか。

(1) 病院は，特殊建築物である。
(2) 建築物に設ける暖房設備は，建築設備である。
(3) 構造上重要でない間仕切壁は，主要構造物ではない。
(4) 建築物に附属する塀は，建築物ではない。

ワンポイントアドバイス　建築物に附属する塀や門は、建築物である。

正解：(4)

6.2 建築物の設計および建築の手続き等

建築基準法では、一定規模以上の建築物や、建築確認と建築物の完了検査について定められている。

(1) 建築物の設計および工事監理

一定規模以上の建築物の設計および監理は、**建築士**でなければ行ってはならない。

(2) 建築の手続き等

建築確認と建築物の完了検査の内容を、表6-2に示す。

表6-2　建築の手続き等に関する主な項目と内容

項目	内容
建築確認	建築主は、法令で定められている建築物を建築、大規模な修繕等をする場合、当該工事に着手する前に、その計画が建築基準関係規定に適合するものであることについて、確認の申請書を提出して**建築主事**（または指定確認検査機関）**の確認**を受け、確認済証の交付を受けなければならない。
建築物の完了検査	建築主は、建築確認を受けなければならない建築物の工事を完了させたときには、その旨を**工事完了の日**から**4日以内**に**建築主事**（または指定確認検査機関）に到着するよう申請して、法令等に適合しているかどうかの**検査**を受けなければならない。

参考

単体規定とは建築物自身の安全や衛生について規定されたもので、集団規定とは建築物と都市との関係について規定されたものである。

6.3 全国適用の規定（単体規定）

単体規定は、建築物および敷地の安全性、防火および避難、衛生等に関する基準を定めたもので、都市計画区域以外であっても全国の建築物に適用される。

表6-3　全国適用の規定（単体規定）の主な項目と内容

項目	内容
敷地の衛生および安全	建築物の敷地は、これに接する道の境より高くなければならず、建築物の地盤面は、これに接する周囲の土地より高くなければならない。ただし、敷地内の排水に支障がない場合または建築物の用途により防湿の必要がない場合においては、この限りでない。
構造耐力	建築物は、自重、積載荷重、積雪荷重、風圧、土圧および水圧ならびに地震その他の震動および衝撃に対して安全な構造のものでなければならない。また、大規模な建築物は、構造計算によって安全性が確かめられたとして国土交通大臣の認定を受けたものでなければならない。

新傾向 NEW

令和２年後期、令和元年前期・後期、平成30年前期・後期、平成29年１回、平成23年に出題【過去10年で7回】

6.4 都市計画区域内等で適用される規定（集団規定） NEW

集団規定は、都市計画区域および準都市計画区域内の建築物または建築物の敷地に限って適用される。

(1) 建築物等と道路

建築物等と道路に関する主な項目と内容を、表6-4に示す。

表6-4　建築物等と道路に関する主な項目と内容

項目	内容
道路の定義	道路とは、道路法、都市計画法等による道路で、原則として幅員４m以上のものをいう。
敷地等と道路との関係	建築物の敷地は、原則として道路に２m以上接しなければならない。
道路内の建築制限	建築物または敷地を造成するための擁壁は、原則として道路内に、または道路に突き出して建築し、または築造してはならない。

(2) 用途地域

用途地域とは、都市計画において、それぞれの地域の役割を決めて、その区域の環境を決めるものであり、12種類の地域に分けられる。また、都市の総合計画による土地利用に従い、用途地域ごとに建てることができる建築物の種類の制限が定められている。

これだけは覚える

敷地面積の算定といえば…敷地の水平投影面積による。

(3) 建築物の敷地および構造

建築物の敷地および構造に関する主な項目と内容を、表6-5に示す。

表6-5　建築物の敷地および構造に関する主な項目と内容

項目	内容
容積率	容積率とは、建築物の延べ面積（同一敷地内に2以上の建築物がある場合には、その延べ面積の合計）の敷地面積に対する割合をいい、建築物の大きさを一定限度以内に抑えることにより、市街地の環境の維持を図るとともに、道路、公園、下水道等の公共施設と建築物の均衡を維持することを目的とするものである。この値は、**用途地域の地域ごとに制限**が定められている。 容積率＝延べ面積の合計／敷地面積
建ぺい率	建ぺい率とは、建築物の建築面積（同一敷地内に2以上の建築物がある場合は、その建築面積の合計）の敷地面積に対する割合をいい、この値を抑えることによって敷地内に適当な空地を確保させることにより、防災、環境保全に役立てようとするものである。この値は、**用途地域の地域ごとに制限**が定められている。 建ぺい率＝建築面積の合計／敷地面積
建築物の敷地面積	建築物の敷地面積は、用途地域に関する都市計画において建築物の**敷地面積の最低限度**が定められたときは、当該最低限度以上でなければならない。ただし、特定行政庁が認めて許可したもの等は、この限りでない。

これだけは覚える

建築物が防火地域や準防火地域、未指定地域の複数にまたがる場合（面積に関係なく）といえば…建築物の全部について最も厳しい地域の規制が適用される。

(4) 防火地域および準防火地域

都市の中心市街地や主要駅前などは、防火地域として指定され、建物は原則として耐火建築物（一般的には鉄筋コンクリート造や鉄骨鉄筋コンクリート造）などの建築物にしなければならない。また準防火地域は、防火地域の外側で比較的広範囲に指定されている。

表6-6　防火地域および準防火地域に関する主な項目と内容

項　目	内　容
防火地域内の建築物	法令で定められたもの以外は、防火地域内においては、階数が**3以上**であり、または延べ面積が**100m²**を超える建築物は**耐火建築物**とし、その他の建築物は**耐火建築物または準耐火建築物**としなければならない。
準防火地域内の建築物	1)　法令で定められたもの以外は、準防火地域内においては、地階を除く階数が**4以上**である建築物または延べ面積が**1,500m²**を超える建築物は**耐火建築物**とし、延べ面積が**500m²を超え1,500m²以下**の建築物は**耐火建築物または準耐火建築物**とし、地階を除く階数が**3**である建築物は**耐火建築物、準耐火建築物**または外壁の開口部の構造および面積、主要構造部の防火の措置その他の事項について防火上必要な政令で定める技術的基準に適合する建築物としなければならない。 2)　準防火地域内にある木造建築物等は、その外壁および軒裏で延焼のおそれのある部分を防火構造とし、これに附属する高さ2mを超える門または塀で当該門または塀が建築物の1階であるとした場合に延焼のおそれのある部分に該当する部分を**不燃材料**で造り、または覆わなければならない。
屋根	**屋根の構造**は、火の粉による火災の発生を防止するために必要とされる技術的基準に適合したものとしなければならない。
外壁の開口部の防火戸	外壁の開口部で延焼のおそれのある部分に、防火戸その他の政令で定める防火設備を設けなければならない。
隣地境界線に接する外壁	外壁が**耐火構造**のものについては、その外壁を**隣地境界線**に接して設けることができる。
看板等の防火措置	防火地域内にある看板、広告塔、装飾塔その他これらに類する工作物で、建築物の屋上に設けるものまたは高さ3mを超えるものは、その主要な部分を**不燃材料**で造り、または覆わなければならない。

例題6-2　令和元年後期　2級土木施工管理技術検定（学科）試験〔No.38〕

建築基準法に関する次の記述のうち，**誤っているもの**はどれか。

(1) 容積率は，敷地面積の建築物の延べ面積に対する割合をいう。
(2) 建築物の主要構造部は，壁，柱，床，はり，屋根又は階段をいう。
(3) 建築設備は，建築物に設ける電気，ガス，給水，冷暖房などの設備をいう。
(4) 建ぺい率は，建築物の建築面積の敷地面積に対する割合をいう。

ワンポイントアドバイス　表6-5を参照すること。

正解：(1)

例題6-3　令和元年前期　2級土木施工管理技術検定（学科）試験〔No.38〕

建築基準法に関する次の記述のうち，**誤っているもの**はどれか。

(1) 建築物に附属する塀は，建築物ではない。
(2) 学校や病院は，特殊建築物である。
(3) 都市計画区域内の道路は，原則として幅員4m以上のものをいう。
(4) 都市計画区域内の建築物の敷地は，原則として道路に2m 以上接しなければならない。

ワンポイントアドバイス　例題6-1のワンポイントアドバイスを参照すること。

正解：(1)

試験に出る
平成26、25、24年に出題
【過去10年で3回】

6.5 仮設建築物に対する制限の緩和

仮設建築物等については、建築基準法の適用除外または適用の緩和措置が講じられている。

(1) 非常災害の場合の応急仮設建築物等

非常災害があった場合において、その発生した区域またはこれに隣接する区域で特定行政庁が指定するものの内においては、災害により破損した建築物の応急の修繕、または次の場合の応急仮設建築物の建築でその災害が発生した日から**1ヶ月以内**にその工事に着手するものについては、建築基準法令の規定は、**適用しない**。ただし、**防火地域内**に建築する場合については、この限りでない。

1) 国、地方公共団体または日本赤十字社が、災害救助のために建築するもの
2) 被災者が、自ら使用するために建築するもので、延べ面積が30m²以内のもの

(2) 工事を施工するための現場事務所等の仮設建築物

災害があった場合において建築する応急仮設建築物または工事を施工するために現場に設ける事務所、下小屋、材料置場その他これらに類する仮設建築物については、建築基準法の適用除外または適用の緩和措置が講じられている。

表6-7　仮設建築物等の制限の緩和

区分	内容
建築基準法の規定のうち適用されない主な規定	①　都市計画区域内等で適用される規定（集団規定） ②　建築確認申請手続き ③　建築物に関する完了検査 ④　敷地の衛生および安全 ⑤　大規模の建築物の主要構造部 ⑥　防火地域および準防火地域以外の市街地の屋根 ⑦　防火地域および準防火地域以外の市街地の外壁 ⑧　避雷設備 ⑨　建築材料の品質

これだけは覚える

仮設建築物といえば…集団規定はすべて適用されない。

これだけは覚える

防火地域または準防火地域内にある延べ面積が50m²を超える建築物といえば…屋根の構造は、仮設建築物であっても技術的基準に適合したものとしなければならない。

表6-7　仮設建築物等の制限の緩和（続き）

区分	内容
建築基準法の規定のうち適用される主な規定	①　建築物の設計および工事監理（一定規模以上は建築士が行う） ②　構造耐力 ③　居室の採光および換気 ④　地階における住宅等の居室 ⑤　電気設備 ⑥　防火地域または準防火地域内にある延べ面積が50m²を超える建築物の屋根の構造

例題6-4　　平成26年度　2級土木施工管理技術検定（学科）試験〔No.38〕 

現場に設ける延べ面積が50m²を超える仮設建築物に関する次の記述のうち，建築基準法上，**正しいもの**はどれか。

(1) 防火地域又は準防火地域内に設ける仮設建築物の屋根の構造は，政令で定める技術的基準が適用されない。
(2) 仮設建築物を建築しようとする場合は，建築主事の確認の申請は適用されない。
(3) 仮設建築物の延べ面積の敷地面積に対する割合（容積率）の規定が適用される。
(4) 仮設建築物を設ける敷地は，公道に2m以上接しなければならないという規定が適用される。

ワンポイントアドバイス
（1）防火地域または準防火地域の屋根の構造についての規定は、延べ面積が50m²を超える仮設建築物には、適用される。
（3）（4）集団規定は、適用されない。

正解：(2)

第7章 火薬類取締法

火薬類取締法は、火薬類の製造、販売、貯蔵、運搬、消費その他の取扱いを規制している。

7.1 火薬類の定義

火薬類とは火薬、爆薬、火工品の3つに分類され、それぞれの代表的なものには表7-1に示すものがある。

表7-1　火薬類の定義

用　語	定　義
火薬	推進的爆発の用途に供せられる緩性火薬類であり、**爆薬に比べてその破壊力は弱い**。火薬には次のものがある。 ①黒色火薬 ②無煙火薬 ③その他
爆薬	破壊的爆発の用途に供せられる猛性火薬類であり、**火薬よりはるかに爆発が迅速で破壊作用力も大きい**。爆薬には次のものがある。 ①雷こう、アジ化鉛その他の起爆薬 ②ニトログリセリン ③ダイナマイト ④その他
火工品	火薬または爆薬を火工したもので、次のものがある。 ①工業雷管、電気雷管 ②導爆線、導火線および電気導火線 ③その他

参考

ダイナマイトは、ノーベルが発明した爆薬でニトログリセリンを主な材料としており、岩の発破掘削の際、最も一般に用いられている。

7.2 火薬類の貯蔵と運搬

一般に、火薬類の貯蔵は火薬庫に貯蔵し、運搬は定められた規定によらなければならない。

よく出る!★

令和元年前期・後期、平成30年前期、平成29年第2回、平成27、26、25、23年に出題【過去10年で8回】

これだけは覚える

二級火薬庫の貯蔵といえば…火薬または爆薬と火工品とは同時に貯蔵できない。

(1) 火薬庫

火薬庫に関する主な項目と内容を、表7-2に示す。

ひとこと

三級火薬庫は、販売業者等が便利に扱えるように、家の近くにも設置できるよう、保管できる量を少なくした施設である。

表7-2　火薬庫に関する主な項目と内容

項目	内容
貯蔵	火薬類の貯蔵は、原則として火薬庫に貯蔵しなければならない。ただし、経済産業省令で定める数量以下の火薬類は、火薬庫外に貯蔵することができる。
火薬庫の設置、移転等の許可	1)　火薬庫を設置、移転または構造もしくは設備を変更しようとする者は、都道府県知事の許可を受けなければならない。ただし、経済産業省令で定める軽微な変更の工事をしようとするときは、この限りでない。 2)　火薬庫の設置、移転の工事をした場合には、製造施設または火薬庫につき経済産業大臣または都道府県知事が行う完成検査を受け、これらが技術上の基準に適合していると認められた後でなければ、これを使用してはならない。
火薬庫の種類	火薬庫には**一級火薬庫、二級火薬庫、三級火薬庫**があり、そのうち二級火薬庫は**土木工事**などのために**一時的**に設けられるものである。
貯蔵上の取扱い	1)　火薬庫の境界内には、必要がある者のほかは**立ち入らない**。 2)　火薬庫の境界内には、爆発し、発火し、または燃焼しやすい物を**堆積**しない。 3)　火薬庫内には、**火薬類以外の物**を貯蔵しない。 4)　火薬庫は、貯蔵以外の目的のために使用しない。 5)　火薬庫内に入る場合には、鉄類もしくはそれらを使用した器具または携帯電灯以外の灯火を持ち込まない。 6)　火薬庫内に入る場合には、あらかじめ定めた**安全な履物**を使用し、土足で出入りしない。ただし、搬出入装置を有する火薬庫については、この限りでない。 7)　火薬類の搬出入作業を行う場合には、火薬庫内に砂礫等が入らないよう注意する。

次ページへ続く

表7-2　火薬庫に関する主な項目と内容（続き）

項目	内容
貯蔵上の取扱い	8)　火薬庫内では、荷造り、荷解きまたは開函（かいかん）をしない。ただし、ファイバ板箱等安全に荷造り、荷解きまたは開函することができるものについては、この限りでない。 9)　火薬庫内では、**換気**に注意し、できるだけ温度の変化を少なくし、特に無煙火薬またはダイナマイトを貯蔵する場合には、最高最低寒暖計を備え、夏期または冬期における温度の影響を少なくするような措置を講ずる。 10)　火薬類を収納した容器包装は、火薬庫の内壁から**30cm以上**を隔て、**枕木**を置いて平積みとし、かつ、その高さは**1.8m以下**（搬出入装置を使用して貯蔵する場合にあっては４m以下）とする（３級火薬庫は除く）。 11)　火薬庫から火薬類を出すときは、古いものを先にする。 12)　火薬庫に製造後１年以上を経過した火薬類が残っている場合には、異常の有無に注意をする。 13)　火薬庫に設置してある警鳴装置については、常にその機能を点検し、作動するよう維持する。

(2) 運搬

運搬に関する主な項目と内容を、表7-3に示す。

運搬については、火薬類を運搬する場合の届出の手続、自動車、軽車両その他により火薬類を運搬する場合の技術上の基準その他火薬類の運搬に関し必要な事項が定められている。

表7-3　運搬に関する主な項目と内容

項目	内容
運搬の届出	1)　火薬類を運搬しようとする場合は、その荷送人は、その旨を出発地を管轄する都道府県公安委員会に届け出て、届出を証明する文書の交付を受けなければならない。ただし、内閣府令で定める数量以下の火薬類を運搬する場合は、この限りでない。 2)　届出は、特別の理由がある場合を除き、運搬が一つの公安委員会の管轄する地域内においてのみ行われる場合にあっては運搬開始の日の**１日前**までに、その他の場合にあっては運搬開始の日の**２日前**までにしなければならない。

表7-3　運搬に関する主な項目と内容（続き）

項目	内容
積載方法	火薬類を運搬する場合には、次のとおり積載しなければならない。 1)　運搬中において摩擦し、動揺し、または転落することのないようにする。 2)　火薬類には、防水性および防火性の**被覆**（ひふく）をする。 3)　運搬しようとする火薬類は、内閣総理大臣が告示で定める基準に従い、包装し、またはこん包して積載しなければならない。この場合において、包装等の見やすい箇所に、火薬類の種類、数量および包装等を含む重量を明瞭に**標示**しなければならない。 4)　火薬類は、他の物と混包し、または火薬類でないようにみせかけて、これを所持し、運搬し、もしくは託送してはならない。

例題 7-1　　平成30年前期　2級土木施工管理技術検定（学科）試験〔No.39〕

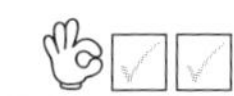

火薬類取締法上，火薬類の貯蔵上の取扱いに関する次の記述のうち，**誤っているもの**はどれか。

(1) 火薬庫の境界内には，必要がある者以外は立ち入らない。
(2) 火薬庫の境界内には，爆発，発火，又は燃焼しやすい物を堆積しない。
(3) 火薬庫内には，火薬類以外の物を貯蔵しない。
(4) 火薬庫内は，温度の変化を少なくするため，夏期は換気はしない。

ワンポイントアドバイス　火薬庫は、常に換気に注意し、温度の変化を少なくしなければならない。

正解：(4)

よく出る!★
令和2年後期、令和元年前期・後期、平成30年後期、平成29年第1回・第2回、平成28、27、26、25、24、23年に出題
【過去10年で12回】

これだけは覚える
火薬類の消費といえば…取扱いについて多く出題されている。

7.3　消費　★

火薬類の消費とは火薬類を使用することである。

消費場所には、**火薬類の管理をするための**火薬類取扱所と、**薬包に雷管等を取り付ける**火工所をそれぞれ**一箇所ずつ**設けなければならない。消費に関する主な項目と内容を、表7-4に示す。

表7-4　消費に関する主な項目と内容

項目	内容
取扱者の制限	1)　18歳未満の者は、火薬類の取扱いをしてはならない。 2)　火薬庫の所有者もしくは占有者または経済産業省令で定める数量以上の火薬類を消費する者は、火薬類取扱保安責任者免状を有する者のうちから、火薬類取扱保安責任者および火薬類取扱副保安責任者を選任し、定められた職務を行わせなければならない。
許可	火薬類を爆発させ、または燃焼させようとする者は、原則として都道府県知事の許可を受けなければならない。
火薬類の取扱い	消費場所において火薬類を取り扱う場合には、次のとおりとしなければならない。 1)　火薬類を収納する容器は、**木**その他**電気不良導体**で作った丈夫な構造のものとし、**内面**には**鉄類**を表さない。 2)　火薬類を存置し、または運搬するときは、**火薬、爆薬、導爆線または制御発破用コード**と**火工品（導爆線および制御発破用コードを除く）**とは、それぞれ異なった容器に収納する。ただし、火工所において薬包に工業雷管、電気雷管または導火管付き雷管を取り付けたものを当該火工所に存置し、または当該火工所から発破場所にもしくは発破場所から当該火工所に運搬する場合には、この限りでない。 3)　火薬類を運搬するときは、衝撃等に対して安全な措置を講ずる。この場合において、工業雷管、電気雷管もしくは導火管付き雷管またはこれらを取り付けた薬包を坑内または隔離した場所に運搬するときは、**背負袋、背負箱等**を使用する。 4)　電気雷管を運搬する場合には、脚線が裸出しないような容器に収納し、乾電池その他電路の裸出している電気器具を携行せず、かつ、電灯線、動力線その他漏電のおそれのあるものにできるだけ接近しない。 5)　火薬類は、使用前に、**凍結、吸湿、固化**その他**異常の有無**を検査する。 6)　**凍結したダイナマイト等**は、摂氏50度以下の温湯を外槽に使用した融解器により、または摂氏30度以下に保った室内に置くことにより融解する。ただし、裸火、ストーブ、蒸気管その他高熱源に接近させてはならない。 7)　固化したダイナマイト等は、**もみほぐす。** 8)　使用に適しない火薬類は、その旨を明記したうえで、**火薬類取扱所**（規定量以下の場合は火工所）に返送する。

表7-4　消費に関する主な項目と内容（続き）

項　目	内　容
火薬類の取扱い	9)　導火線は、導火線ばさみ等の適当な器具を使用して保安上適当な長さに切断し、工業雷管に電気導火線または導火線を取り付ける場合には、口締器を使用する。 10)　電気雷管は、できるだけ導通または抵抗を試験する。この場合において、試験器は、あらかじめ電流を測定し、0.01 A（半導体集積回路を組み込んだ電気雷管にあっては0.3 A）を超えないものを使用し、かつ、危害予防の措置を講ずる。 11)　落雷の危険があるときは、電気雷管または電気導火線に係る作業を中止する等の適切な措置を講ずる。 12)　1日に消費場所に持ち込むことのできる火薬類の数量は、1日の消費見込量以下とし、消費場所に持ち込む火薬類は、火薬類取扱所（規定量以下の場合は火工所）を経由させる。 13)　消費場所においては、やむを得ない場合を除き、火薬類取扱所、火工所または発破場所以外の場所に**火薬類を存置しない**。 14)　1日の消費作業終了後は、やむを得ない場合を除き、消費場所に火薬類を残置させないで**火薬庫等**に貯蔵する。 15)　消費場所においては、火薬類消費計画書に火薬類を取り扱う必要のある者として記載されている者が火薬類を取り扱う場合には、腕章を付ける等他の者と容易に識別できる措置を講ずる。 16)　消費場所においては、15)に規定する措置をしている者以外の者は、火薬類を取り扱わない。 17)　火薬類を取り扱う場所の付近では、喫煙し、または火気を使用しない。 18)　火薬類の取扱いには、盗難予防に留意する。
火薬類取扱所	消費場所においては、1日の消費見込量が、**定められた数量以下の場合を除き**、火薬類の管理および発破の準備（薬包に工業雷管、電気雷管もしくは導火管付き雷管を取り付け、またはこれらを取り付けた薬包を取り扱う作業を除く）をするために、火薬類取扱所を設けなければならない。 1)　火薬類取扱所は、一つの消費場所について一箇所とする。 2)　火薬類取扱所の建物の入口の扉は、火薬類を存置するときに見張人を常時配置する場合を除き、その外面に厚さ2mm以上の鉄板を張ったものとし、かつ、錠（なんきん錠およびえび錠を除く）を使用する等の盗難防止の措置を講ずる。

次ページへ続く

表7-4　消費に関する主な項目と内容（続き）

項　目	内　容
火薬類取扱所	3)　暖房の設備を設ける場合には、温水、蒸気または熱気以外のものを使用しない。 4)　火薬類取扱所内には、**見やすい所に取扱いに必要な法規**および**心得**を**掲示**する。 5)　**火薬類取扱所において存置**することのできる火薬類の数量は、1日の消費見込量以下とする。 6)　火薬類取扱所には、**帳簿を備え**、**責任者を定め**て、火薬類の受払いおよび消費残数量をその都度明確に**記録させる**。
火工所	消費場所においては、薬包に工業雷管、電気雷管もしくは導火管付き雷管を取り付け、またはこれらを取り付けた薬包を取り扱う作業をするために、火工所を設けなければならない。 1)　薬包に雷管を取り付ける作業は、火工所以外の場所で行ってはならない 2)　火工所に火薬類を存置する場合には、見張人を常時配置する。
発破	1)　発破場所に携行する火薬類の数量は、当該作業に使用する**消費見込量**を超えてはならない。 2)　発破場所においては、責任者を定め、火薬類の受渡し数量、消費残数量および発破孔または薬室に対する装てん方法をその都度記録させる。 3)　装てんが終了し、火薬類が残った場合には、直ちに始めの**火薬類取扱所または火工所**に返送する。 4)　装てん前に発破孔または薬室の位置および岩盤等の状況を**検査**し、適切な装てん方法により装てんを行う。 5)　発破による飛散物により人畜、建物等に損傷が生じるおそれのある場合には、損傷を防ぎ得る防護措置を講ずる。 6)　**前回の発破孔**を利用して、削岩し、または装てんしない。 7)　火薬または爆薬を装てんする場合には、その付近で喫煙し、または裸火を使用しない。 8)　水孔発破の場合には、使用火薬類に防水の措置を講ずる。 9)　温泉孔その他摂氏100度以上の高温孔で火薬類を使用する場合には、異常分解を避けるための措置を講ずる。 10)　火薬類を装てんする場合には、発破孔に砂その他の発火性または引火性のない込物を使用し、かつ、摩擦、衝撃、静電気等に対して安全な装てん機または装てん具を使用する。

表7-4　消費に関する主な項目と内容（続き）

項　目	内　容
不発（点火後爆発しないとき）	装てんされた火薬類が点火後爆発しないとき、またはその確認が困難であるときは、当該作業者は、次の規定を守らなければならない。 1）　ガス導管発破の場合には、ガス導管内の爆発性ガスを不活性ガスで完全に置換し、かつ、再点火ができないように措置を講ずる。 2）　電気雷管によった場合には、発破母線を点火器から取り外し、その端を短絡させておき、かつ、再点火ができないように措置を講ずる。 3）　**ガス導管発破の場合**には前記1）、**電気雷管**（半導体集積回路を組み込んだものを除く）によった場合には前記2）の措置を講じた後５分以上、**半導体集積回路を組み込んだ電気雷管によった場合**には前記2）の措置を講じた後10分以上、**その他の場合**には、点火後15分以上を経過した後でなければ火薬類装てん箇所に接近せず、かつ、他の作業者を接近させない。
不発（不発の装薬がある場合）	不発の装薬がある場合には、当該作業者立会の下で次の規定の一つを守らなければならない。 1）　不発の発破孔から0.6ｍ以上（手掘の場合にあっては0.3ｍ以上）の**間隔**を置いて平行に穿孔して発破を行い、不発火薬類を回収する。 2）　不発の発破孔からゴムホース等による水流で込物および火薬類を流し出し、不発火薬類を回収する。 3）　不発の発破孔からゴムホース等による水流もしくは圧縮空気で込物を流し出し、または工業雷管、電気雷管もしくは導火管付き雷管に達しないように少しずつ静かに込物の大部分を掘り出した後、新たに薬包に工業雷管、電気雷管または導火管付き雷管を取り付けたものを装てんし、再点火する。 4）　前記3）の措置により不発火薬類を回収することができない場合においては、不発火薬類が存在するおそれのある場所に適当な標示をし、かつ、直ちに責任者に報告してその指示を受ける。
発破終了後の措置	発破を終了したときは、当該作業者は、発破による有害ガスによる危険が除去された後、天盤、側壁その他の岩盤、コンクリート構造物等についての危険の有無を検査し、安全と認めた後（坑道式発破にあっては、発破後30分を経過して安全と認めた後）でなければ、何人も発破場所およびその付近に**立入らせてはならない。**

例題7-2　令和元年前期　2級土木施工管理技術検定（学科）試験〔No.39〕

火薬類の取扱いに関する次の記述のうち，火薬類取締法上，**誤っているもの**はどれか。

(1) 火薬庫の境界内には，必要がある者のほかは立ち入らない。
(2) 火薬類取扱所を設ける場合は，1つの消費場所に1箇所とする。
(3) 火工所以外の場所において，薬包に雷管を取り付ける作業を行わない。
(4) 火工所に火薬類を存置する場合には，必要に応じて見張人を配置する。

ワンポイントアドバイス　必要に応じてではなく、常時配置しなければならない。

正解：(4)

例題7-3　令和2年後期　2級土木施工管理技術検定（学科）試験〔No.39〕

火薬類取締法上，火薬類の取扱いに関する次の記述のうち，**誤っているもの**はどれか。

(1) 火薬類を運搬するときは，火薬と火工品とは，いかなる場合も同一の容器に収納すること。
(2) 火薬類を収納する容器は，内面には鉄類を表さないこと。
(3) 固化したダイナマイト等は，もみほぐすこと。
(4) 火薬類の取扱いには，盗難予防に留意すること。

ワンポイントアドバイス　火薬と火工品は、異なった容器に収納する。

正解：(1)

平成27年に出題
【過去10年で1回】

7.4 廃棄

火薬類を廃棄しようとする者は、都道府県知事の許可を受けなければならない。

廃棄の方法を、下記に示す。

1） 火薬または爆薬は、少量ずつ爆発または焼却する。ただし、硝酸塩、過塩素酸塩等の水溶性成分を主とする火薬または爆薬にあっては、安全な水溶液とした後、多量の水中に流し、または地中に埋めることができる。
2） 凍結したダイナマイトは、完全に融解した後燃焼処理するか、または500 g以下を順次に爆発処理する。
3） 工業雷管、電気雷管または信号雷管は、孔を掘って入れ、工業雷管、電気雷管または導火管付き雷管を使用して爆発処理する。
4） 導火線は、燃焼処理によるか、または湿潤状態として分解処理する。
5） 導爆線および制御発破用コードは、工業雷管、電気雷管または導火管付き雷管を使用して爆発処理する。ただし、第二種導爆線または制御発破用コードにあっては、少量ずつ燃焼処理することができる。
6） 導火管付き雷管は、導火管部と雷管部とを切断し、雷管部は、前記3）に規定する方式により爆発処理し、導火管部は燃焼処理する。

第8章 騒音・振動規制法

騒音・振動規制法は、工場および事業場ならびに建設工事に伴って発生する相当範囲にわたる騒音・振動について必要な規制を行っている。

よく出る!★

騒音規制法
令和2年後期、平成30年前期、平成29年第2回、平成27、26、24年に出題
【過去10年で6回】

振動規制法
令和元年後期、平成30年後期、平成29年第1回、平成27、24、23年に出題
【過去10年で6回】

これだけは覚える

騒音および振動規制法の両方の特定建設作業となっているものは、くい打ち機等だけである。

8.1 特定建設作業 ★

特定建設作業とは、建設工事として行われる作業のうち、著しい騒音および振動を発生する作業であって、表8-1に示したものをいう。ただし、当該作業がその作業を開始した日に終わるものを除く。

ひとこと

建設作業において、苦情の中で騒音・振動に対するものが最も多く、苦情全体の約40%以上を占めている。その中で最も苦情が多いのが掘削工である。

表8-1　特定建設作業の種類（2日間以上にわたるもの）

騒音規制法（8種類）	振動規制法（4種類）
①くい打ち機、くい抜き機、くい打ちくい抜き機を使用する作業 ・**もんけん**を除く ・**圧入式くい打ちくい抜き機**を除く ・**くい打ち機をアースオーガと併用する作業**を除く	①くい打ち機、くい抜き機、くい打ちくい抜き機を使用する作業 ・**もんけん、圧入式くい打ち機**を除く ・**油圧式くい抜き機**を除く ・**圧入式くい打ちくい抜き機**を除く
②びょう打ち機を使用する作業	②鋼球を使用して工作物を破壊する作業
③さく岩機を使用する作業 ・作業地点が連続的に移動する場合は、**1日の作業**の**2地点間の最大距離**が50mを超えない作業に限る	③舗装版破砕機を使用する作業 ・作業地点が連続的に移動する場合は、**1日の作業**の**2地点間の最大距離**が50mを超えない作業に限る
④空気圧縮機を使用する作業 ・電動機以外の原動機で定格出力が15kW以上のものを用いる場合に限る ・さく岩機の動力としての作業を除く	④ブレーカを使用する作業 ・**手持ち式のものを除く** ・作業地点が連続的に移動する場合は、**1日の作業**の**2地点間の最大距離**が50mを超えない作業に限る
⑤コンクリートプラントまたはアスファルトプラントを設けて行う作業 ・コンクリート混練機の混練容量が0.45m^{3}以上のものに限る ・アスファルト混練機の混練重量が200kg以上のものに限る ・モルタルを製造するためにコンクリートプラントを設けて行う作業を除く	
⑥バックホゥを使用する作業 ・原動機の定格出力が**80kW以上**のものに限る ・一定限度を超える大きさの騒音を発生しないものと環境大臣が指定するものを除く	
⑦トラクターショベルを使用する作業 ・原動機の定格出力が**70kW以上**のものに限る ・一定限度を超える大きさの騒音を発生しないものと環境大臣が指定するものを除く	
⑧ブルドーザを使用する作業 ・原動機の定格出力が**40kW以上**のものに限る ・一定限度を超える大きさの騒音を発生しないものと環境大臣が指定するものを除く	

例題8-1　平成30年前期　2級土木施工管理技術検定（学科）試験〔No.40〕

騒音規制法上，建設機械の規格や作業の状況などにかかわらず指定地域内において特定建設作業の対象とならない作業は，次のうちどれか。

ただし，当該作業がその作業を開始した日に**終わるもの**を除く。

(1) さく岩機を使用する作業　(2) バックホゥを使用する作業
(3) 舗装版破砕機を使用する作業　(4) ブルドーザを使用する作業

ワンポイントアドバイス　舗装版破砕機を使用する作業は、振動規制法では特定建設作業であるが、騒音規制法では特定建設作業ではない。

正解：(3)

例題8-2　令和元年後期　2級土木施工管理技術検定（学科）試験〔No.41〕

振動規制法上，指定地域内において特定建設作業の対象とならない作業は，次のうちどれか。

ただし，当該作業がその作業を開始した日に**終わるもの**を除く。

(1) 油圧式くい抜機を除くくい抜機を使用する作業
(2) 1日の2地点間の最大移動距離が50 mを超えない手持式ブレーカによる取り壊し作業
(3) 1日の2地点間の最大移動距離が50 mを超えない舗装版破砕機を使用する作業
(4) 鋼球を使用して工作物を破壊する作業

ワンポイントアドバイス　ブレーカを使用する作業は特定建設作業であるが、手持ち式のブレーカは除かれる。

正解：(2)

試験に出る
平成26、24年に出題
【過去10年で2回】

8.2 地域の指定

都道府県知事（市の区域内の地域については、市長）は、住居が集合している地域、病院または学校の周辺の地域その他の騒音を防止することにより住民の生活環境を保全する必要があると認める地域を、特定工場等において発生する騒音および**特定建設作業**に伴って発生する**騒音、振動について規制する地域**として指定しなければならない。

指定区域は、表8-2に示すように第1号区域と第2号区域の二つの区域に区分され、夜間または深夜における作業の時間帯、1日の作業時間の長さについて異なった規制を受ける。

この法律に基づく騒音または振動の規制は、都道府県知事によって規制された地域内においてのみ行われる。

表8-2 指定区域

第1号区域	・良好な住居の環境を保全するために、特に静穏の保持を必要とする区域 ・住居の用に供されているため、静穏の保持を必要とする区域 ・住居の用にあわせて商業、工業等のように供されている区域であって、相当数の住居が集合しているため、騒音および振動の発生を防止する必要がある区域 ・学校、保育所、病院等の敷地の周囲概ね80mの区域
第2号区域	指定区域のうちで上記以外の区域

例題8-3　　平成26年　2級土木施工管理技術検定（学科）試験〔No.41〕

振動を防止することにより住民の生活環境を保全する必要があると認める地域の指定を行う者と，指定地域内の振動の大きさを測定する者との次の組合せのうち，振動規制法上，**正しいもの**はどれか。

［地域の指定を行う者］　　［指定地域内の振動の大きさを測定する者］

(1) 環境大臣 ………………………… 都道府県知事

(2) 環境大臣 ………………………… 市町村長

(3) 都道府県知事 …………………… 都道府県知事

(4) 都道府県知事又は市長 …… 市町村長

ワンポイントアドバイス　一般に地域の指定を行う者は都道府県知事であるが、市の区域内の地域については市長となっている。振動の大きさの測定者については、表8-3を参照。

正解：(4)

よく出る!★

令和元年前期・後期、平成30年前期・後期、平成29年1回・2回、平成28、26、25、24、23年に出題
【過去10年で11回】

8.3 特定建設作業の実施の届出等 ★

特定建設作業の実施の届出等に関する主な項目と内容を、表8-3に示す。

表8-3　特定建設作業の実施の届出等に関する主な項目と内容

項目	内容
特定建設作業の実施の届出	指定地域内において特定建設作業を伴う建設工事を施工しようとする者は、当該特定建設作業の開始の日の7日前までに、次の事項を市町村長に届け出なければならない。ただし、**災害その他非常の事態の発生**により特定建設作業を緊急に行う必要がある場合は、**この限りでない。** ①氏名または名称および住所ならびに法人にあっては、その代表者の氏名 ②建設工事の目的に係る施設または工作物の種類 ③特定建設作業の種類、場所、実施期間および作業時間 ④騒音または振動の防止の方法 ⑤その他環境省令で定める事項
報告および検査	市町村長は、特定建設作業を伴う建設工事を施工する者に対し、特定建設作業の状況その他必要な事項の報告を求めることができる。
騒音または振動の測定	市町村長は、指定地域について、騒音または振動の大きさを測定するものとする。
改善勧告および改善命令	市町村長は、指定地域内において行われる特定建設作業に伴って発生する騒音、振動が環境省令で定める基準に適合しないことにより、その特定建設作業の場所の周辺の生活環境が著しく損なわれると認めるときは、当該建設工事を施工する者に対し、期限を定めて、その事態を除去するために必要な限度において、騒音、振動の防止の方法を改善し、または特定建設作業の作業時間を変更すべきことを勧告することができる。

これだけは覚える

特定建設作業の実施の届出先といえば…市町村長である。

例題8-4　　令和元年前期　2級土木施工管理技術検定（学科）試験〔No.40〕

騒音規制法上，指定地域内において特定建設作業を施工しようとする者が，届け出なければならない事項として，**該当しないもの**は次のうちどれか。

(1) 特定建設作業の場所
(2) 特定建設作業の実施期間
(3) 特定建設作業の概算工事費
(4) 騒音の防止の方法

ワンポイントアドバイス　表8-3を参照。

正解：(3)

例題8-5　　令和元年前期　2級土木施工管理技術検定（学科）試験〔No.41〕

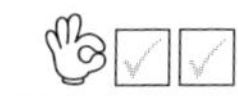

振動規制法上，指定地域内において特定建設作業を施工しようとする者が行う，特定建設作業の実施に関する届出先として，**正しいもの**は次のうちどれか。

(1) 都道府県知事
(2) 所轄警察署長
(3) 労働基準監督署長
(4) 市町村長

ワンポイントアドバイス　表8-3を参照。

正解：(4)

試験に出る

令和2年後期、
平成25年に出題
【過去10年で2回】

これだけは覚える

騒音、振動の大きさの測定場所といえば…作業場所の敷地境界線。

8.4　特定建設作業の規制基準

騒音および振動の規制基準を、表8-4に示す。

表8-4　特定建設作業の規制基準

項目	内容	
	騒音規制	振動規制
騒音、振動の大きさ	作業の場所の敷地境界線において85デシベルを超えてはならない。	作業の場所の敷地境界線において75デシベルを超えてはならない。
夜間等の作業の禁止時間帯	・**1号区域**においては、**午後7時から翌日の午前7時**まで ・**2号区域**においては、**午後10時から翌日の午前6時**まで	
1日の作業時間の制限	・**1号区域**においては、**10時間**を超えてはならない ・**2号区域**においては、**14時間**を超えてはならない	
作業期間の制限	同一場所においては、**連続6日間**を超えてはならない。	
作業禁止日	**日曜日**または**その他の休日**	
災害その他非常事態の発生等の場合	災害その他の非常事態の発生により特定建設作業を緊急に行う場合は、騒音および振動の大きさの規制基準は適用除外とならないが、その他の規制基準は適用除外となる。	

例題8-6　　令和2年後期　2級土木施工管理技術検定（学科）試験〔No.41〕 

振動規制法上，特定建設作業の規制基準に関する測定位置と振動の大きさに関する次の記述のうち，**正しいもの**はどれか。

(1) 特定建設作業の場所の中心部で75dBを超えないこと。
(2) 特定建設作業の場所の敷地の境界線で75dBを超えないこと。
(3) 特定建設作業の場所の中心部で85dBを超えないこと。
(4) 特定建設作業の場所の敷地の境界線で85dBを超えないこと。

ワンポイントアドバイス　表8-4を参照。

正解：(2)

第Ⅲ編 法規

第9章 港則法（こうそく）

港則法は、港内における船舶交通の安全および港内の整頓を図ることを目的としている。またこの法律は、港湾工事を実施する場合、最も規制を受ける法律である。

試験に出る

平成26年に出題
【過去10年で1回】

9.1 用語の定義

この法律で用いられている用語のうち、汽艇（きてい）等と特定港は、表9-1のように定義されている。

表9-1 汽艇等と特定港

用語	定義
汽艇等	**汽艇**（総トン数20t未満の汽船をいう。）、**はしけ**および**端舟**その他**ろかい**のみをもって運転し、または主としてろかいをもって運転する船舶をいう。
特定港	**きっ水**の深い船舶が出入できる港または外国船舶が常時出入する港であって、政令で定めるものをいう。

新傾向 NEW

令和元年後期、平成30年前期、平成29年第1回、平成24年に出題
【過去10年で4回】

これだけは覚える

入出港といえば…港長の許可ではなく、届出である。

9.2 入出港および停泊 NEW

港内において船舶の入出港等を安全に行うため、表9-2に示す規定が設けられている。

表9-2 入出港および停泊に関する主な項目と内容

項　目	内　容
入出港の届出	船舶は、特定港に入港したとき、または特定港を出港しようとするときは、国土交通省令の定めるところにより、港長に届け出なければならない。ただし、次の船舶は除く。 1） 総トン数20t未満の船舶および端舟その他ろかいのみをもって運転し、または主としてろかいをもって運転する船舶 2） 平水区域を航行区域とする船舶 3） 旅客定期航路事業に従事する船舶 4） あらかじめ港長の許可を受けた船舶

次ページへ続く

学科 Ⅲ 法規－9 港則法

表9-2　入出港および停泊に関する主な項目と内容（続き）

項目	内容
びょう地	1)　特定港内に停泊する船舶は、国土交通省令の定めるところにより、各々そのトン数または積載物の種類に従い、当該特定港内の一定の区域内に停泊しなければならない。 2)　国土交通省令の定める船舶は、国土交通省令の定める特定港内に停泊しようとするときは、けい留施設（けい船浮標、桟橋、岸壁その他船舶がけい留する施設）にけい留する場合の外、港長からびょう地（びょう泊すべき場所）の**指定**を受けなければならない。この場合には、港長は、特別の事情がない限り、前記1）に規定する一定の区域内においてびょう地を指定しなければならない。 3)　前記2）に規定する特定港以外の特定港でも、港長は、特に必要があると認めるときは、入港船舶に対しびょう地を指定することができる。 4)　前記2）の規定により、びょう地の指定を受けた船舶は、前記1）の規定にかかわらず、当該びょう地に停泊しなければならない。 5)　特定港のけい留施設の管理者は、当該けい留施設を船舶のけい留の用に供するときは、国土交通省令の定めるところにより、その旨をあらかじめ港長に届け出なければならない。 6)　港長は、船舶交通の安全のため必要があると認めるときは、特定港のけい留施設の管理者に対し、当該けい留施設を船舶のけい留の用に供することを制限し、または禁止することができる。 7)　港長および特定港の**けい留施設の管理者**は、びょう地の指定またはけい留施設の使用に関し船舶との間に行う信号その他の通信について、互に便宜を供与しなければならない。
移動の制限	汽艇等以外の船舶は、定められた場合を除いて、港長の許可を受けなければ、停泊した一定の区域外に移動し、または港長から指定されたびょう地から移動してはならない。ただし、海難を避けようとする場合その他やむを得ない事由のある場合は、この限りでない。
修繕およびけい船	1)　特定港内においては、**汽艇等以外の船舶を修繕**し、または**けい船**しようとする者は、その旨を港長に届け出なければならない。 2)　修繕中またはけい船中の船舶は、特定港内においては、港長の指定する場所に停泊しなければならない。 3)　港長は、危険を防止するため必要があると認めるときは、修繕中またはけい船中の船舶に対し、必要な員数の船員の乗船を命ずることができる。
けい留等の制限	汽艇等およびいかだは、港内においては、みだりにこれをけい船浮標もしくは他の船舶に**けい留**し、または他の船舶の交通の妨げとなるおそれのある場所に**停泊**させ、もしくは**停留**させてはならない。

表9-2 入出港および停泊に関する主な項目と内容（続き）

項目	内容
移動命令	港長は、特に必要があると認めるときは、特定港内に停泊する船舶に対して移動を命ずることができる。
停泊の制限	1） 船舶は、港内においては、次に掲げる場所にみだりに**びょう泊**または**停留**してはならない。 ①**埠頭、桟橋、岸壁、けい船浮標**および**ドック**の付近 ②**河川、運河その他狭い水路**および**船だまり**の入口付近 2） 港内に停泊する船舶は、異常な気象または海象により、当該船舶の安全の確保に支障が生ずるおそれがあるときは、適当な予備びょうを投下する準備をしなければならない。この場合において汽船は、更に蒸気の発生その他直ちに運航できるように準備をしなければならない。

例題9-1 平成29年第1回 第2級土木施工管理技術検定（学科）試験〔No.42〕 

特定港で行う場合に港長の許可を受ける**必要があるもの**は，港則法上，次のうちどれか。

(1) 特定港に入港したとき
(2) 特定港内又は特定港の境界附近で工事又は作業をしようとする者
(3) 特定港内において，汽艇等以外の船舶を修繕し，又はけい船しようとする者
(4) 特定港を出港しようとするとき

ワンポイントアドバイス （1）（3）（4）は、届出は必要であるが、許可は必要でない。

正解：（2）

よく出る！★

令和2年後期、令和元年前期、平成30年後期、平成29年第2回、平成27、26、25、24、23年に出題
【過去10年で9回】

これだけは覚える

港則法といえば…航路および航法からの出題が特に多い。

9.3 航路および航法 ★

船舶の交通の安全を確保するため、航路および航路の航行方法等について、表9-3に示す規定が設けられている。

表9-3　航路および航法に関する主な項目と内容

項　目	内　容
航路	1)　汽艇等以外の船舶は、特定港に出入し、または特定港を通過するには、国土交通省令の定める航路によらなければならない。ただし、海難を避けようとする場合その他やむを得ない事由のある場合は、この限りでない。 2)　船舶は、**航路内**においては、次の場合を除いては、**投びょう**し、または**えい航**している船舶を放してはならない。 ・**海難**を避けようとするとき ・**運転の自由**を失ったとき ・人命または急迫した危険のある船舶の**救助に従事**するとき ・**港長の許可**を受けて**工事または作業に従事**するとき
航法	1)　**航路外から航路**に入り、または**航路から航路外**に出ようとする船舶は、**航路を航行**する他の**船舶の進路**を**避けなければならない。** 2)　船舶は、航路内においては、並列して航行してはならない。 3)　船舶は、航路内において、他の船舶と行き会うときは、右側を航行しなければならない。 4)　船舶は、航路内においては、他の船舶を追い越してはならない。 5)　汽船が港の防波堤の入口または入口付近で他の汽船と出会うおそれのあるときは、**入航する汽船**は、防波堤の外で**出航する汽船**の進路を避けなければならない。 6)　船舶は、港内および港の境界付近においては、他の船舶に危険を及ぼさないような速力で航行しなければならない。 7)　帆船は、港内では、帆を減じまたは引船を用いて航行しなければならない。 8)　船舶は、港内においては、防波堤、埠頭その他の工作物の突端または停泊船舶を右げんに見て航行するときは、できるだけこれに近寄り、左げんに見て航行するときは、できるだけこれに遠ざかって航行しなければならない。 9)　汽艇等は、港内においては、汽艇等以外の船舶の進路を避けなければならない。 10)　小型船（総トン数が500 tを超えない範囲内において国土交通省令の定めるトン数以下である船舶であって汽艇等以外のもの）は、国土交通省令の定める船舶交通が著しく混雑する特定港内においては、小型船および汽艇等以外の船舶の進路を避けなければならない。 11)　小型船および汽艇等以外の船舶は、前記10）の特定港内を航行するときは、国土交通省令の定める様式の標識をマストに見やすいように掲げなければならない。

表9-3　航路および航法に関する主な項目と内容（続き）

項目	内容
航法	12)　国土交通大臣は、港内における地形、潮流その他の自然的条件により、定められた規定によることが船舶交通の安全上著しい支障があると認めるときは、これらの規定にかかわらず、国土交通省令で当該港における航法に関して特別の定めをすることができる。
えい航の制限	船舶は、特定港内において、他の船舶その他の物件を引いて航行するときは、引船の船首から被えい物件の後端までの長さは**200m**を超えてはならない。また 、港長は、必要があると認めるときは、この制限を更に強化することができる。

ひとこと

船は右側通行なので、表9-3の3)、8) のとおりになる。

例題9-2　令和2年後期　2級土木施工管理技術検定（学科）試験〔No.42〕

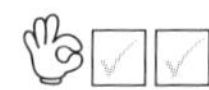

港則法に関する次の記述のうち，**誤っているもの**はどれか。

(1) 船舶は，航路内においては，他の船舶を追い越してはならない。

(2) 船舶は，航路内においては，原則として投びょうし，又はえい航している船舶を放してはならない。

(3) 船舶は，航路内において，他の船舶と行き会うときは右側航行しなければならない。

(4) 汽艇等を含めた船舶は，特定港を通過するときは，国土交通省令で定める航路を通らなければならない。

ワンポイントアドバイス　航路を通らなければならない船舶に、汽艇等は含まれない。

正解：(4)

令和元年後期、平成30年前期に出題
【過去10年で2回】

9.4 危険物

港内等で行う工事に使用する火薬類等を船舶で運搬する場合については、下記に示す規定が設けられている。

1） **爆発物その他の危険物**（当該船舶の使用に供するものを除く）を積載した船舶は、特定港に入港しようとするときは、港の境界外で**港長の指揮**を受けなければならない。

2） **危険物を積載した船舶**は、特定港においては、びょう地の指定を受けるべき場合を除いて、**港長の指定**した場所でなければ停泊し、または停留してはならない。ただし、**港長**が爆発物以外の危険物を積載した船舶につきその停泊の期間ならびに危険物の種類、数量および保管方法に鑑み差支えがないと認めて許可したときは、この限りでない。

3） 船舶は、特定港において**危険物の積込、積替または荷卸**をするには、**港長の許可**を受けなければならない。

4） 船舶は、特定港内または特定港の境界附近において**危険物を運搬**しようとするときは、**港長の許可**を受けなければならない。

9.5 水路の保全

港内の環境を良好に保つため、下記に示す規定が設けられている。

1） 何人も、港内または港の境界外**10,000m以内**の水面においては、みだりに、バラスト、廃油、石炭から、ごみその他これに類する廃物を捨ててはならない。

2） **港内または港の境界附近**において、石炭、石、れんがその他散乱するおそれのある物を船舶に積み、または船舶から卸そうとする者は、これらの物が水面に脱落するのを防ぐため必要な措置をしなければならない。

3） **港長**は、必要があると認めるときは、特定港内において、前記1）の規定に違反して廃物を捨て、または前記2）の規定に違反して散乱するおそれのある物を脱落させた者に対し、その捨て、または脱落させた物を取り除くべきことを命ずることができる。

4） 特定港内または特定港の境界付近における漂流物、沈没物その他の物件が船舶交通を阻害するおそれのあるときは、**港長**は、当該物件の所有者または占有者に対しその除去を命ずることができる。

試験に出る

令和元年前期・後期に出題
【過去10年で2回】

9.6 灯火等

港内等の安全および信号、灯火の誤認に基づく船舶交通の事故を防止するために、表9-4に示す規定が設けられている。

表9-4 灯火等に関する主な項目と内容

項目	内 容
汽笛および私設信号の制限	1） 船舶は、港内においては、みだりに汽笛またはサイレンを吹き鳴らしてはならない。 2） 特定港内において使用すべき私設信号を定めようとする者は、港長の許可を受けなければならない。
火災警報	1） 特定港内にある船舶であって汽笛またはサイレンを備えるものは、当該船舶に火災が発生したときは、航行している場合を除き、火災を示す警報として汽笛またはサイレンをもって長音（海上衝突予防法に規定される長音をいう）を**5回**吹き鳴らさなければならない。また、この警報は、適当な間隔をおいて繰り返さなければならない。 2） 特定港内に停泊する船舶であって汽笛またはサイレンを備えるものは、船内において、汽笛またはサイレンの吹鳴に従事する者が見やすいところに、前記1）に定める**火災警報の方法**を**表示**しなければならない。
灯火の制限	1） 何人も、港内または港の境界付近における船舶交通の妨げとなるおそれのある**強力な灯火**を**みだりに使用してはならない**。 2） **港長**は、特定港内または特定港の境界付近における船舶交通の妨げとなるおそれのある強力な灯火を使用している者に対し、その灯火の減光または被覆を命ずることができる。

試験に出る

令和元年後期、平成30年前期、平成27、24年に出題
【過去10年で4回】

9.7 工事等の許可等

港内で工事を行う場合は、表9-5に示す許可を受けなければならない。

表9-5　工事等の許可に関する主な項目と内容

項目	内容
工事等の許可	1）特定港内または特定港の境界付近で工事または作業をしようとする者は、港長の許可を受けなければならない。 2）特定港において、作業船舶が工事施工上、入出港を繰り返す場合、あらかじめ港長の許可を得れば、入出港のつどの届出は必要ない。 3）特定港の国土交通省令で定める区域内において、長さが国土交通省令で定める長さ以上である船舶を進水させ、またはドックに出入させようとする者は、その旨を**港長に届け出**なければならない。 4）特定港内において竹木材を船舶から水上に卸そうとする者および特定港内において、いかだをけい留し、または運行しようとする者は、**港長の許可**を受けなければならない。
船舶交通の制限等	1）特定港内の国土交通省令の定める水路を航行する船舶は、**港長**が信号所において交通整理のため行う信号に従わなければならない。 2）総トン数が国土交通省令の定めるトン数以上である船舶は、前記1）の水路を航行しようとするときは、**港長**に当該水路を航行する予定時刻を通報しなければならない。 3）**港長**は、船舶交通の安全のため必要があると認めるときは、特定港内において航路または区域を指定して、船舶の交通を制限しまたは禁止することができる。

例題9-3　令和元年後期　2級土木施工管理技術検定（学科）試験〔No.42〕

港則法上，特定港で行う場合に港長の許可を受ける**必要のないもの**は，次のうちどれか。

(1) 特定港内又は特定港の境界附近で工事又は作業をしようとする者
(2) 船舶が，特定港において危険物の積込，積替又は荷卸をするとき
(3) 特定港内において使用すべき私設信号を定めようとする者
(4) 船舶が，特定港を出港しようとするとき

ワンポイントアドバイス　特定港を出港しようとするときは、港長の許可ではなく、港長に届け出なければならない。

正解：(4)

第2部
第二次検定（実地試験）対策

アクセスキー　P
（大文字のピー）

第二次検定（実地試験）の概要

出題形式

令和２年度の２級土木施工管理技士の実地試験は、次の形式で出題された。

令和 2 年度
2 級 土木施工管理技 術 検定
実地試験問題（種別：土木）

次の注 意をよく読んでから解答してください。

【注 意】

1. これは実地試験（種別：土木）の問題です。表 紙とも 4 枚 9 問題あります。
2. 解答用紙の上 欄に試験地，受験番号，氏名を間違いのないように記 入してください。
3. 問題 1 ～問題 5 は必須問題ですので必ず解答してください。
   問題 1 の解答が無記載等の場合，問題 2 以降は採点の対 象となりません。
4. 問題 6 ～問題 9 までは選択問題（1），（2）です。
   問題 6，問題 7 の選択問題（1）の 2 問題のうち 1 問題を選択し解答してください。
   問題 8，問題 9 の選択問題（2）の 2 問題のうち 1 問題を選択し解答してください。
   それぞれの選択指定数を超えて解答した場合は，減点となります。
5. 試験問題の漢字のふりがなは，問題文の内容に影 響を与えないものとします。
6. 選択した問題は，解答用紙の選択欄に○ 印を必ず記 入してください。
7. 解答は解答用紙の所定の解答欄に記 入してください。
   解答には，漢字のふりがなは必要ありません。
8. 解答は，鉛筆又はシャープペンシルで記 入してください。
   (万年筆・ボールペンの使用は不可)
9. 解答を訂正する場合は，プラスチック消しゴムでていねいに消してから訂正してください。
10. この問題用紙の余白は計算等に使用してもさしつかえありません。
11. 解答用紙を必ず試験監督者に提 出 後，退室してください。
    解答用紙はいかなる場合でも持ち帰りはできません。
12. 試験問題は，試験 終 了 時刻（16 時 00 分）まで在席した方のうち，
    希望者に限り持ち帰りを認めます。途 中 退室した場合は，持ち帰りはできません。

※問題 1 ～問題 5 は必須問題です。必ず解答してください。
問題 1 で
① 設問 1 の解答が無記載又は記 入 漏れがある場合，
② 設問 2 の解答が無記載又は設問で求められている内容以外の記 述の場合，
どちらの場合にも問題 2 以降は採点の対 象となりません。

出題内容

この形式で出題されるようになったのは平成27年度からで、その内容は表1のとおりである。

表1　年度別出題内容

			令和2年度	令和元年度	平成30年度	平成29年度	平成28年度	平成27年度
必須問題	経験記述	問題1	現場で工夫した安全管理又は現場で工夫した工程管理	現場で工夫した品質管理又は現場で工夫した工程管理	現場で工夫した品質管理又は現場で工夫した安全管理	現場で工夫した安全管理又は現場で工夫した工程管理	現場で工夫した安全管理又は現場で工夫した品質管理	現場で工夫した品質管理又は現場で工夫した工程管理
	土工	問題2	切土法面の施工	盛土の施工	構造物の裏込め及び埋戻し	切土の施工	盛土の締固め	土量の変化率
		〃3	軟弱地盤対策工法	法面保護工	軟弱地盤対策工法	軟弱地盤対策工法	法面保護工	軟弱地盤対策工法
	コンクリート工	〃4	コンクリートの打込み、締固め、養生	コンクリートの打込みにおける型枠の施工	フレッシュコンクリートの仕上げ、養生及び硬化したコンクリートの打継目	コンクリートの打継ぎの施工	混和剤の種類と機能	鉄筋の加工・組立て
		〃5	コンクリートに関する用語	コンクリートの施工	コンクリートに関する用語	コンクリートに関する用語	鉄筋工及び型わく	養生
選択問題(1) ※1問題選択	施工管理	問題6	土の原位置試験	盛土の締固め管理	盛土の施工	コンクリート構造物の鉄筋の組立・型枠の品質管理	土の原位置試験	レディーミクストコンクリートの品質管理
		〃7	高所作業の安全管理	レディーミクストコンクリートの受入れ検査	レディーミクストコンクリートの受入れ検査	移動式クレーンの安全管理	明り掘削作業の安全管理	足場の安全管理
選択問題(2) ※1問題選択		問題8	各種コンクリート	土留め支保工の組立て作業	水道管補修工事の安全対策	盛土の敷均し及び締固め	レディーミクストコンクリートの受入れ検査	盛土材料
		〃9	横線式工程表（バーチャート）の作成	工程表の特徴	横線式工程表（バーチャート）の作成	建設発生土とコンクリート塊の利用用途	横線式工程表（バーチャート）の作成	ブルドーザ等の騒音防止

(1) 問題1　必須問題

これは経験記述であり、自らが実際に経験した土木工事の、施工管理上の課題と検討内容および対応処置について記述するものである。指定される管理項目は安全管理、品質管理、工程管理、施工計画、環境対策があり、毎年この中から2つ指定され、そのうち1つを選んで記述する。

(2) 問題2～5　必須問題

問題2～5は、全ての問題に必ず解答するものである。

①最近の出題内容

- 問題2、3 …………… 土工
- 問題4、5 …………… コンクリート工

②解答方法

答えを簡潔な文章にして記述するもの、計算をして答えを導き出すもの、文中の空欄に該当する語句や数字を語群より選んで記述するものなどがある。

(3) 問題6～9　選択問題

問題6と7から1問を選択し、問題8と9から1問を選択するものである。

①最近の出題内容

- 問題6、7、8、9 ……… 施工計画、工程管理、品質管理、安全管理、環境保全対策

②解答方法

答えを簡潔な文章にして記述するもの、文中の空欄に該当する語句や数字を語群より選んで記述するものなどがある。

序章　経験記述の書き方

経験記述は、受験者が担当した土木工事に関する現場施工管理の経験を記述するもので、毎年必須問題として出題されている。

0.1　経験記述の出題形式

令和２年度は、次のような形式で出題された。

【問題　1】　あなたが経験した土木工事の現場において，工夫した安全管理又は工夫した工程管理のうちから１つ選び，次の〔設問1〕，〔設問2〕に答えなさい。

〔注意〕　あなたが経験した工事でないことが判明した場合は失格となります。

〔設問1〕　あなたが**経験した土木工事**に関し，次の事項について解答欄に明確に記述しなさい。

〔注意〕「経験した土木工事」は，あなたが工事請負者の技術者の場合は，あなたの所属会社が受注した工事内容について記述してください。従って，あなたの所属会社が二次下請業者の場合は，発注者名は一次下請業者名となります。

なお，あなたの所属が発注機関の場合の発注者名は，所属機関名となります。

(1) 工事名

解答

工　事　名	

(2) 工事の内容

解答

① 発注者名	
② 工事場所	
③ 工　　期	
④ 主な工種	
⑤ 施 工 量	

(3) 工事現場における施工管理上のあなたの立場

解答

立　　場	

〔設問2〕 上記工事で実施した**「現場で工夫した安全管理」又は「現場で工夫した工程管理」**のいずれかを選び、次の事項について解答欄に具体的に記述しなさい。

ただし、安全管理については、交通誘導員の配置に関する記述は除く。

解答

(1) 特に留意した**技術的課題**

(2) 技術的課題を解決するために**検討した項目と検討理由及び検討内容**

(3) 上記検討の結果，技術的課題に対して**現場で実施した対応処置とその評価**

〔設問2〕において、指定される施工管理項目は毎年同じものではなく、過去10年は表1のように出題された。

表1　過去10年間の出題内容

年度	指定された施工管理項目	記述事項
令和2年度	「現場で工夫した安全管理（交通誘導員の配置に関する記述は除く。）」又は「現場で工夫した工程管理」	①特に留意した技術的課題 ②技術的課題を解決するために検討した項目と検討理由及び検討内容 ③上記検討の結果，現場で実施した対応処置とその評価
令和元年度	「現場で工夫した品質管理」又は「現場で工夫した工程管理」	①特に留意した技術的課題 ②技術的課題を解決するために検討した項目と検討理由及び検討内容 ③上記検討の結果，現場で実施した対応処置とその評価
平成30年度	「現場で工夫した品質管理」又は「現場で工夫した安全管理（交通誘導員の配置のみに関する記述は除く。）」	①特に留意した技術的課題 ②技術的課題を解決するために検討した項目と検討理由及び検討内容 ③上記検討の結果，現場で実施した対応処置とその評価

次ページへ続く

年度	指定された施工管理項目	記述事項
平成29年度	「現場で工夫した安全管理（交通誘導員の配置のみに関する記述は除く。）」又は「現場で工夫した工程管理」	①特に留意した技術的課題 ②技術的課題を解決するために検討した項目と検討理由及び検討内容 ③上記検討の結果，現場で実施した対応処置とその評価
平成28年度	「現場で工夫した安全管理（交通誘導員の配置のみに関する記述は除く。）」または「現場で工夫した品質管理」	①特に留意した技術的課題 ②技術的課題を解決するために検討した項目と検討理由および検討内容 ③上記検討の結果，現場で実施した対応処置とその評価
平成27年度	「現場で工夫した品質管理」または「現場で工夫した工程管理」	①特に留意した技術的課題 ②技術的課題を解決するために検討した項目と検討理由および検討内容 ③技術的課題に対して現場で実施した対応処置
平成26年度	「現場で工夫した安全管理（交通誘導員の配置に関する記述は除く。）」または「現場で工夫した工程管理」	①特に留意した技術的課題 ②技術的課題を解決するために検討した項目と検討理由および検討内容 ③技術的課題に対して現場で実施した対応処置
平成25年度	「現場で工夫した品質管理」または「現場で工夫した安全管理（交通誘導員に関するものは除く。）」	①特に留意した技術的課題 ②技術的課題を解決するために検討した項目と検討理由および検討内容 ③技術的課題に対して現場で実施した対応処置
平成24年度	「現場で工夫した品質管理」または「現場で工夫した環境対策」	①特に留意した技術的課題 ②技術的課題を解決するために検討した項目と検討理由および検討内容 ③技術的課題に対して現場で実施した対応処置
平成23年度	「現場で工夫した工程管理」または「現場で工夫した環境対策」	①特に留意した技術的課題 ②技術的課題を解決するために検討した項目と検討理由および検討内容 ③技術的課題に対して現場で実施した対応処置

過去10年間に出題された施工管理項目を一覧にすると、表2のようになる。

表2　指定された施工管理項目一覧

出題項目	R2	R1	H30	H29	H28	H27	H26	H25	H24	H23	計
施工計画											0
工程管理	●	●		●		●	●			●	6
品質管理		●	●		●	●		●	●		6
安全管理	●		●	●	●		●	●			6
環境保全									●	●	2

0.2 経験記述のポイント

経験記述の目的は、２級土木施工管理技士にふさわしい技術的な判断力と経験を受験者が有しているかどうかを評価することである。したがって、記述する内容もそれにふさわしい技術的内容でなければならない。

(1) 経験記述の対象となる工事

経験記述は、受験者自身の経験した土木工事について記述するものである。内容は現場における技術的課題等に対する管理経験が主体となり、日本国内の工事とする。

1　土木施工管理に関する実務経験として認められる工事

２級土木施工管理技術検定は「土木」「鋼構造物塗装」「薬液注入」の３種別に区分されるが、土木施工管理に関する実務経験として認められるもの（表3）から選び記述する。また、試験機関である（一財）全国建設研修センターのホームページ等で、土木施工管理に関する実務経験として認められるものと認められない工事等を公表しているので、判断が難しい場合は問い合わせて確認するのが望ましい。

土木施工管理（種別：土木）に関する実務経験として認められる工事等を表３に示す。

表３　土木施工管理に関する実務経験として認められる工事等（種別：土木）

受験種別	工事種別	工事内容
土木	河川工事	築堤工事、護岸工事、水制工事、床止め工事、取水堰工事、水門工事、樋門（樋管）工事、排水機場工事、河道掘削（浚渫工事）、河川維持工事（構造物の補修）　等
	道路工事	道路土工（切土、路体盛土、路床盛土）工事、路床・路盤工事、舗装（アスファルト、コンクリート）工事、法面保護工事、中央分離帯設置工事、ガードレール設置工事、防護柵工事、防音壁工事、道路施設等の排水工事、トンネル工事、カルバート工事、道路付属物工事、区画線工事、道路維持工事（構造物の補修）　等
	海岸工事	海岸堤防工事、海岸護岸工事、消波工工事、離岸堤工事、突堤工事、養浜工事、防潮水門工事　等
	砂防工事	山腹工工事、堰堤工事、渓流保全（床固め工、帯工、護岸工、水制工、渓流保護工）工事、地すべり防止工事、がけ崩れ防止工事、雪崩防止工事　等

次ページへ続く

受験種別	工事種別	工事内容
土木	ダム工事	転流工工事、ダム堤体基礎掘削工事、コンクリートダム築造工事、ロックフィルダム築造工事、基礎処理工事、原石採取工事、骨材製造工事　等
	港湾工事	航路浚渫工事、防波堤工事、護岸工事、けい留施設（岸壁、浮桟橋、船揚げ場等）工事、消波ブロック製作・設置工事、埋立工事　等
	鉄道工事	軌道盛土（切土）工事、軌道路盤工事、軌道敷設（レール、まくら木、道床敷砂利）工事（架線工事を除く）、軌道横断構造物設置工事、鉄道土木構造物（停車場、踏切道、橋、トンネル）工事　等
	空港工事	滑走路整地工事、滑走路舗装（アスファルト、コンクリート）工事、滑走路排水施設工事、エプロン造成工事、燃料タンク設置基礎工事　等
	発電・送変電工事	取水堰（新設・改良）工事、送水路工事、発電所（変電所）基礎工事、発電・送変電鉄塔設置工事、地中電線路敷設工事　等
	上水道工事	配水本管（送水本管）敷設工事、取水堰（新設・改良）工事、導水路（新設・改良）工事、浄水池（沈砂池・ろ過池）設置工事、配水池設置工事　等
	下水道工事	本管路（下水管・マンホール・汚水桝等）敷設工事、管路推進工事、ポンプ場設置工事、終末処理場設置工事　等
	土地造成工事	土地造成・整地工事、法面処理工事、擁壁工事、排水工事、調整池工事、墓苑（園地）造成工事　等
	農業土木工事	圃場整備・整地工事、土地改良工事、農地造成工事、農道整備（改良）工事、用排水路（改良）工事、用排水施設工事、草地造成工事、土壌改良工事　等
	森林土木工事	林道整備（改良）工事、擁壁工事、法面保護工事、谷止工事、治山堰堤工事　等
	公園工事	広場（運動広場）造成工事、園路（遊歩道・緑道・自転車道）整備（改良）工事、野球場新設工事、擁壁工事　等
	地下構造物工事	地下横断歩道工事、地下駐車場工事、共同溝工事、電線共同溝工事、情報ボックス工事、ガス本管敷設工事、通信管路敷設工事　等
	橋梁工事	橋梁上部（桁製作・運搬・架設・床版・舗装）工事、橋梁下部（橋台・橋脚）工事、橋台・橋脚基礎（杭基礎・ケーソン基礎）工事、耐震補強工事、橋梁（鋼橋、コンクリート橋、PC橋、斜張橋、つり橋等）工事、歩道橋工事　等
	トンネル工事	山岳トンネル（掘削工、覆工、インバート工、坑門工）工事、シールドトンネル工事、開削トンネル工事、水路トンネル工事　等
	解体工事	橋梁（上部・下部）解体工事、道路擁壁解体工事、水門・樋門（樋管）解体工事、地下構造物等解体工事　等 土木施工管理に関する実務経験として認められる工事内容のうち、土木構造物の解体工事

また、表4のような基礎工事等の場合は、土木施工管理（種別：土木）の実務経験として認められている。

表4　土木施工管理の実務経験として認められる工事等（種別：土木）

工事種別	工事内容
建築工事（ビル・マンション等）	建築物基礎および地下構造物の解体後の埋戻し・整地工事（土地造成工事）
建築工事（ビル・マンション等）・個人宅工事	PCぐい、RCぐい、鋼管ぐい、場所打ちぐい等のくい基礎工事 PCぐい、RCぐい、鋼管ぐい、場所打ちぐい等のくい基礎解体工事
浄化槽工事	大型浄化槽設置工事（パーキングエリアや工場等大規模な工事）
機械等設置工	タンク、煙突、機械等設置のためのコンクリート基礎工事
鉄管・鉄骨製作	橋梁、水門扉の工場での製作

学校や訓練所における教育指導、営業活動、コンサルタントの設計業務、橋梁や水門扉以外の鋼構造物の工場製作、造園工事、建築工事（建築工事における既製杭、場所打ち杭の基礎工事は除く）、管工事（ビル、住宅等の宅地等の宅地内における給排水設備等の配管工事）は、土木工事の経験記述に関係ないものと判断されるので、認められていない。

土木施工管理（種別：土木）に関する実務経験とは認められない工事等を表5に示す。

表5　土木施工管理に関する実務経験として認められない工事等（種別：土木）

工事種別	工事内容
建築工事（ビル・マンション等）	躯体工事、仕上工事、基礎工事、杭頭処理工事、地盤改良工事（砂ぐい、柱状改良工事等含む）、建屋解体工事
個人宅工事	個人宅地の造成工事、擁壁工事、地盤改良工事（砂ぐい、柱状改良工事等含む）、建屋解体工事、建築工事および駐車場関連工事、個人宅地内における杭基礎解体工事を含まない埋戻し・整地工事
上水道工事	敷地内の給水設備等の配管工事
下水道工事	敷地内の排水設備等の配管工事
浄化槽工事	浄化槽設置工事（個人宅等の小規模な工事）
外構工事	フェンス・門扉工事等囲障工事
公園（造園）工事	植栽工事、修景工事、遊具設置工事、防球ネット設置工事、墓石等加工設置工事
道路工事	路面清掃作業、除草作業、除雪作業、道路標識工場製作、道路標識管理業務
河川・ダム工事	除草作業、流木処理作業、塵芥処理作業

次ページへ続く

工事種別	工事内容
地質・測量調査	ボーリング工事、さく井工事、埋蔵文化財発掘調査
電気工事 通信工事	架線工事、ケーブル引込工事、電柱設置工事、配線工事、電気設備設置工事、変電所建屋工事、発電所建屋工事
機械等設置工事	タンク、煙突、機械等の製作・塗装および据付工事
コンクリート等製造	工場内における生コン製造・管理、アスコン製造・管理、コンクリート2次製品製造・管理
鉄管・鉄骨製作	工場での製作

※工程管理、品質管理、安全管理等を含まない単純な労務作業等（単なる土の掘削、コンクリートの打設、建設機械の運転、ゴミ処理等の作業）も（種別：土木）の実務経験として認められない。

(2) 記述内容

「経験した土木工事」として適切な工事を選んだならば、次の点に留意しながら、解答する。

1　工事名

- **土木工事名**であること（建築工事名であってはならない）
- 契約書等に記載されている正式な工事名とする。ただし、建築工事の杭基礎工事の場合は、そのことが分かるように「杭基礎工事」を併記する
- 正式な工事名が、土木工事であるかどうか判定しにくい場合は、土木工事の種類等（舗装工事、護岸工事等）を併記する
- 完了した工事とする
- 工事の規模は問わないが、あまりにも小さい工事では問題、課題などが見つけにくいので、できるだけ規模の大きいものが望ましい

（例）○○県道○○線○○地区道路改良工事

2　工事の内容

工事内容の記述の留意点を表6に示す。

表6　工事内容の記述の留意点

工事の内容	記述の留意点
発注者名	・元請の場合は、その工事の発注者名を記述する。 ・二次下請の場合は、一次下請業者名（元請業者名）を記述する。 （例）○○県○○土木事務所、○○株式会社
工事場所	・都道府県名からはじめ、市または郡名、町村名までなるべく詳しく記述する。 （例）○○県○○市○○町○○丁目
工期	・契約書などに記載されている工期を記述する。 ・完了した工事の工期とする。 （例）令和○○年○月○○日～令和○○年○月○○日
主な工種	・土木工事は多くの工種からなっている。そこで「主な工種」となっているので、自分が**取り上げた課題の工種**を含め、**2～3記述**する。 ・土木工事であること。 ・土工、コンクリート工、舗装工など、工事内容の分かるような工種とする。また、「○○**工**」というような書き方をする。
施工量	・**主な工種に記述されたものの施工量をすべて記述する。** ・掘削土量、コンクリート打設量など**具体的な施工量**を記述する。 ・**工期との整合性**に注意する。 （例）切土量○○m^3、水道用鋳鉄管布設φ○○mm　L＝○○m

3　工事現場における施工管理上のあなたの立場

現場監督、主任技術者、現場代理人、発注者側監督員など、指導監督的な立場を記述する。また係長、課長などと会社内の役職を記述してはならない。

4　「指定された施工管理項目に関して」特に留意した技術的課題

課題は、指定された施工管理項目のものとし、文章の構成は、次の点に留意して記述する。

①**最初に工事の概要**を記述してから、本題に入るようにする。
②工事の規模や構造物の大きさなど、できるだけ**具体的な数値**を記述する。
③**何が課題**となったか、**具体的**に記述する。
④指定された行数（令和元年度は7行）は超えてはならないが、少なくとも1行をあます程度まで埋める。（1行は25～30字程度）
⑤それぞれの施工管理項目について記述する場合の留意点を、表7に示す。

表7　施工管理項目の留意点

施工管理項目	記述する場合の留意点
施工計画	施工計画を立案する際、どのような点に注意して作成したか、またその工事の特殊性、現場の状況から特に考慮したことなどを記述する。また、施工計画は**工事開始前**に作成するものであり、**工事中に行うものではない**ことに注意する。 ・契約条件を守るための工夫 ・仮設備計画上の工夫 ・施工方法と施工順序 ・施工機械の選定
工程管理	工程管理は、どのようにして工期を守ったか、具体的な手段について記述する。また、工程管理の記述は、**工程の遅れを取り戻すために行った処置**か、**工程が遅れないように行った処置**のどちらかについて記述すればよい。また、できるだけ作業等の**日数**を記述する。 ・天候不順による工程の遅れの処置 ・不可抗力の事故による工程の遅れの処置 ・機械の不具合による工程の遅れの処置 ・工程の進捗を確保する為、工程が遅れないようにした処置
品質管理	品質管理は、その**現場で行った具体的な品質管理**の方法と工夫について記述する。また、示方書や教科書的な内容とならないように注意する。 ・盛土工における含水比、締固め度の管理方法 ・コンクリート工におけるスランプ、空気量、圧縮強度の維持方法 ・コンクリートの養生方法の工夫 ・アスファルト舗装工における混合物温度、舗装厚さの管理
安全管理	安全管理は、施工上の安全確保、**現場およびその周辺の安全対策**などについて記述する。また、法令や基準をそのまま記述したような教科書的な内容とならないように注意する。 ・作業者の安全確保の方法 ・建設機械の作業の安全対策 ・仮設備の安全対策 ・歩行者、通行車両の安全対策 ・工事現場周辺の安全対策
環境対策	環境対策は、**各種公害に対する防止策**や**建設副産物の有効利用**などについて記述する。 ・騒音、振動、地盤沈下、水質汚染、大気汚染、土壌汚染、飛散物などの公衆災害防止対策 ・建設副産物の有効利用 ・廃棄物の適正な処理

5　技術的課題を解決するために検討した項目と検討理由および検討内容

４で取り上げた課題に対してどのような検討をしたのか、次の点に留意し記述する。また、ここでは検討結果までは記述しない。

①4で取り上げた**課題**に対して、**関連性**のある**検討項目**と**検討理由**および**検討内容**とする。
②検討項目を単純に羅列させるのではなく、**なぜ検討項目に選んだのか**、その理由を記述する。
③具体的な検討項目の数は、2～3個程度とする。
④ここで、**対応処置まで記述しないようにする。**
⑤指定された行数（令和元年度は9行）は超えてはならないが、少なくとも1行をあます程度まで埋める。

6　技術的課題に対して現場で実施した対応処置とその評価

5で検討した結果をここで記述し、実施した対応処置を次の点に留意し具体的に記述する。

①**4で取り上げた課題**を効果的に改善するために、**5で検討した結果**を踏まえ、**実施した対応処置**を**具体的**に記述する。
②4で取り上げた課題に対しての対応処置なので、**4の課題**および**5の検討内容**に対して**論旨に一貫性**のある内容とする。
③示方書にあるような一般的なものではなく、その**現場特有の具体的な内容**とする。
④**5のそれぞれの検討項目**に対して、**実施した対応処置の結果**がどうなったかをそれぞれ記述する。（これが**評価**である）また内容によっては、まとめて1つの評価として記述してもよい。
⑤その対応処置の結果、**工事が予定どおり完成した事例**が望ましいが、失敗した事例では、その対応処置が不適切であったことになり、施工管理の失敗とみなされるので注意する。
⑥箇条書きにするとまとめやすい。
⑦指定された行数（令和元年度は9行）は超えてはならないが、少なくとも1行をあます程度まで埋める。

(3) 課題と検討内容等および対応処置とその評価の形式

課題と検討内容等（検討項目、検討理由、検討内容）および対応処置とその評価は施工計画、工程管理、品質管理、安全管理、環境保全のそれぞれについて一つのセットとして準備しておく。

また、記述の形式は、次のようにするとまとめやすい。

■ 課題　　　：～の必要があったため、～をすることが課題となった。
■ 検討内容等：～【課題】を解決するため、～【検討理由】の理由から～【検討項目】①、②について検討した。
■ 対応処置等：～の【検討結果】から、次のような処置をした。
①～を～して～を～した。その結果～となった。
②～を～して～を～した。その結果～となった。
以上の結果、工事は無事完了した。

(4) 記述上の注意

経験記述全体での留意点は次のとおりであり、読みやすい記述内容とする。

①解答スペースが与えられているので、そのスペースを有効に利用する。行数が与えられている場合は、**最後の行にかかる程度**の量を目標に文章を構成する。また、内容的には優れていても、短すぎると減点されるか、始めから読まれないことがあり、逆に多すぎても減点の対象となる。
②文章の書き出しは1文字あけ、また段落で区切る場合も段落の最初の1 文字はあける。
③丁寧な字で記述し、不確かな漢字は辞書などで確認しておき、**誤字**、**脱字**、**当て字**をしない（あまりにも漢字が少なく、ひらがなばかりの場合は減点となる）。
④**主語**、**述語**の関係をはっきりさせ、**要点を分かりやすく**、簡潔に記述する。
⑤記述内容に沿った**専門用語**を適切に使用し、できるだけ**具体的な数値**（**寸法**、**強度等**）を使用する。
⑥**取り上げた課題**が、**その工事・工種**のものであり、**検討内容等**および**対応処置等**を取り上げた**課題の論旨**と一致させる。
⑦**文章は過去形**とする。
⑧**指定された施工管理項目**の趣旨に沿った内容とする。
⑨経験記述は、高度な内容を要求しているものではなく、本人が実際に工事を行ったのか判断するためのものである。
⑩経験記述例などを写した場合には、確実に不合格となる（実際に土木工事経験がない人達が同じ文章を写すことが多いため、すぐに分かる）。

第I編　経験記述

第1章　施工計画

経験記述は、実際に受験者が回答したものに添削する形式で学んでいく。

施工計画は、施工計画を立案する際、どのような点に注意して作成したか、またその工事の特殊性、現場の状況から特に考慮したことなどを記述する。

次の例題は、現場が狭く、人通りも多い現場で、ボックスカルバートを搬入据付けする方法を課題としたものである。

例題1-1

〔設問1〕　あなたが**経験した土木工事**に関し，次の事項について解答欄に明確に記入しなさい。

(1)　工事名

○○町地区（R1-23-4）雨水管渠整備工事（その2）

(2)　工事の内容

上下水道を管理している○○部、○○課などと記述すること。

発注者名	○○県○○市上下水道管理者
工事場所	○○県○○市○○町
工　　期	平成30年7月22日～令和元年1月29日
主な工種	ボックスカルバート工、アスファルト舗装工
施 工 量	600mm × 600mmボックスカルバート　施工延長105.2m
	アスファルト舗装面積418.5m^2

(3)　工事現場における施工管理上のあなたの立場

工事主任

〔設問2〕〔設問1〕の工事で実施した**「現場で工夫した施工計画」**で，次の事項について解答欄に具体的に記述しなさい。

(1) 特に留意した**技術的課題**

本工事は、幅員3.3m（＋側溝縁250mm）程度の生活道路上において、600mmのボックスカルバートを新設するものであった。

施工現場は都市部における住宅密集地で、主要な駅に通じる道路でもあり、歩行者往来も多く、一方通行規制も敷かれている為、コンクリート二次製品であるボックスカルバートを現地に搬入据付けする方法が、技術的課題となった。

このように、最初に工事の概要を記述する。

(2) 技術的課題を解決するために**検討した項目と検討理由及び検討内容**

コンクリート二次製品の据付け方法として、現場が左右に逃げ場のない狭窄であることを考慮して、掘削機械に小旋回かつクレーン仕様のものを選定、製品の荷受けを工場からの直送ではなく、現場へ小運搬できるところに置き場を借りられないか検討した。また、所轄の警察署に一方通行規制解除について要望を行うこととした。

この結果、現場から車両で20分程度のところに置き場を借りて、製品の小運搬を行うこととした。また、警察のほうからも、工事期間中の一方通行規制解除の許可を得た。

ここでは、検討内容等だけとして、決定事項や実施したことなどは、記述しないこと。

(3) 技術的課題に対して**現場で実施した対応処置とその評価**

ボックスカルバートの据付は、クレーン仕様のバックホゥで行うこととしたが、道路の幅員の関係で0.25m^{3}級のものが選定できる最大のものとなった。製品1つ当たりの延長が2m、自重が1.5t程あり、一日分の予定施工量を予め掘削してしまうとアームが届かず製品の吊り下げが困難であることが分かった。このため、製品の据付を2本、1本と分けて行うこととし、2本分の掘削、床付けの後据付、埋戻し、施工箇所を前進してさらにもう1本入れて埋戻しし、舗装仮復旧させて一日の作業を終える計画とした。

評価として、対応処置の結果、工事はどうなったかを最後に記述すること。たとえば、「以上の結果、工事は無事完了した。」というようにする。

重要ポイントの整理

- 技術的課題の最初に、工事の概要を記述する。
- 検討結果は、対応処置のところに記述する。
- 評価として対応処置の結果、工事はどうなったか記述する。

次の例題は、地下水位が高い現場に、マンホール等を設置する工事で、水処理対策を課題としたものである。

例題 1-2

〔設問1〕 あなたが**経験した土木工事**に関し，次の事項について解答欄に明確に記入しなさい。

(1) 工事名

○○地区汚水管渠築造（第1工区）工事

(2) 工事の内容

発注者名	○○町役場　上下水道課
工事場所	○○県○○郡○○町1丁目地内
工　　期	平成28年12月24日～平成31年3月18日
主な工種	下水道管布設工
施 工 量	路線延長L = 167.8m、管渠延長L = 164.9m（VU φ 200）
	1号マンホール設置工3箇所、公共桝設置工12箇所、舗装工211m²

「設置工」ではなく、「設置」とすること。(「工」は書かない。)

桝の大きさを記述すること。

「舗装工」ではなく、「舗装面積」とすること。

(3) 工事現場における施工管理上のあなたの立場

工事主任

〔設問2〕〔設問1〕の工事で実施した**「現場で工夫した施工計画」**で，次の事項について解答欄に具体的に記述しなさい。

(1) 特に留意した**技術的課題**

本工事は、φ200mmの硬質塩化ビニル管、1号マンホール、公共桝の設置を開削工法で行う工事であった。

施工箇所は市街地であり、日中の通行車両も多く、第三者への影響に考慮する必要があった。

土留を打設して掘削予定であったが、地下水位が高く、湧水量により影響範囲が拡大するおそれがあったため、施工計画上、掘削の水処理対策に特に留意した。

具体的数値を記述すること。

(2) 技術的課題を解決するために**検討した項目と検討理由及び検討内容**

水処理対策について以下のように検討した。

①掘削土が砂質土なので、ボイリング対策として軽量矢板の長さを3.5mとし、根入れ長を深くすることで排水処理を行うこととした。

②掘削深度が5m以下であったため、ウェルポイント工法を用いることとしたが、周辺地盤への影響を懸念してバキュームを併用することとした。

③雨天時は掘削区間を防水シートで覆い、掘削面両脇に土のう袋を積み並べて浸入水の防止に努めることとした。

すでに検討結果を記述しているが、ここでは、検討結果は書かないこと。たとえば、次のようにする。
①～なので、排水処理について検討した。
②～なので、ウェルポイント工法について検討した。
③～なので、浸入水の防止について検討した。

(3) 技術的課題に対して**現場で実施した対応処置とその評価**

ここで、(2) の検討結果とその対応処置を記述すること。

上記②の検討内容を行った結果、集水能力が大幅に上がり、地下水位低下量を大きくすることができた。

具体的にどのくらい地下水位が低下したのか記述すること。

地盤改良としても圧密沈下に要する時間も短縮され、掘削範囲のトラフィカビリティーの向上、工期の短縮も図ることができた。

これは、(1) の課題とは関係ない。

以上のような対策や処置を実施し、懸念されていた周辺地盤への悪影響もなく、無事、工期内に完工することができた。

字数が少なすぎる。少なくても1行を余す程度までは埋めるようにする。

重要ポイントの整理

- 施工量は、構造物の具体的大きさを記述する。
- 地下水位は、具体的な数値を記述する。
- 検討結果は、対応処置のところに記述する。
- 対応処置のところでは、課題とは関係ないことは記述しない。
- 字数は、定められた行数を埋めるようにする。

次の例題は、寒冷期における道路案内標識設置工事の、寒さと降雪対策を課題としたものである。

例題 1-3

〔設問1〕 あなたが**経験した土木工事**に関し，次の事項について解答欄に明確に記入しなさい。

(1) 工事名

平成28年度　県単道路改築工事

(2) 工事の内容

発注者名	○○県○○建設事務所
工事場所	(主) ○○○○線　○○市○○町
工　　期	平成28年12月20日～平成29年3月10日
主な工種	交通安全施設工
施 工 量	道路案内標識設置2基、
	道路案内標識板修正3基、道路照明設置1基

経験記述の内容がコンクリートについても記述されているので、主な工種にコンクリート工を加え、施工量にコンクリート打設量を記述する。

(3) 工事現場における施工管理上のあなたの立場

工事主任

〔設問2〕〔設問1〕の工事で実施した**「現場で工夫した施工計画」**で，次の事項について解答欄に具体的に記述しなさい。

(1) 特に留意した**技術的課題**

本工事の中の道路案内標識設置工事については、コンクリートの基礎に支柱を建て、そこに道路案内標識板を取り付ける工事である。

「工事であった。」と過去形にすること。

本工事の工期は12月から3月であり、○○市では平均気温が約0℃、また降雪もある時期であり、通常の時期よりコンクリートの基礎作りに時間がかかることや、降雪の際には除雪作業が必要となり、よって作業が遅れて日程が延びてしまうことが課題であった。

(2) 技術的課題を解決するために**検討した項目と検討理由及び検討内容**

寒さ対策と、降雪対策の2点から以下の事項を検討した。

1、要求された品質を満足し、かつ作業日数が短縮できる基礎に使用するコンクリート材料の選定を検討した。

2、降雪時の除雪体制の整備として、どのようにして人員確保や増員を行うかを検討した。また、除雪機械を事前に準備することも検討した。

3、できる限り気象状況を把握し、最適な工程を計画することを検討した。

「最適な工程」とは、具体的にどのようなことなのか記述すること。

(3) 技術的課題に対して**現場で実施した対応処置とその評価**

寒さ対策と降雨対策を検討した結果、下記の対応処置を実施した。

1、支柱基礎に使用するコンクリート材料を、高炉セメントからポルトランドセメントに変更して、工程を2日短縮した。

2、狭い範囲を効率的に除雪できる除雪機を導入し、作業場所の除雪を素早く行った。

3、天気予報を常に確認し、それに沿った作業実施日を随時決定した。

意味が不明である。

以上の結果、工事は無事完了した。

- 「工程」とあるが、何の作業の工程なのか記述すること。
- 施工計画の記述なので、「～の作業を2日短縮するように計画した。」とすること。

- (2) の検討内容に記述されている「人員確保や増員」について記述されていない。
- 「狭い範囲を効率的に除雪できる除雪機」とは、具体的にどのようなもの(機械名と大きさ)なのかを記述すること。
- 施工計画の記述なので、「～するように計画した。」とする。

字数が少なすぎる。少なくても1行を余す程度までは埋めるようにする。

重要ポイントの整理

- 主な工種は、経験記述に書かれている工種を記述する。
- 経験記述の文章は、過去形にする。
- 抽象的な表現ではなく、具体的に記述する。
- 対応処置において、施工計画なので「～するように計画した。」とする。

次の例題は、砂防ダム工事において、軟岩、湧水対策を課題としたものである。

例題 1-4

〔設問1〕 あなたが**経験した土木工事**に関し，次の事項について解答欄に明確に記入しなさい。

(1) 工事名

○○第二砂防施設整備工事

(2) 工事の内容

発注者名	○○県○○市○○土木事務所
工事場所	○○県○○市○○町○○
工　　期	平成29年12月15日～平成30年6月30日
主な工種	水路工
施 工 量	二面水路設置　L = 59.0m、暗渠配水管布設　L = 60m

長さだけではなく、断面の大きさも記述すること。

(3) 工事現場における施工管理上のあなたの立場

工事主任

〔設問2〕〔設問1〕の工事で実施した**「現場で工夫した施工計画」**で，次の事項について解答欄に具体的に記述しなさい。

(1) 特に留意した**技術的課題**

本工事は、砂防ダム工事に伴う水路を取付け整備する工事であった。

施工するにあたり、地盤調査の結果、軟岩の露出および湧水が施工箇所内に影響を及ぼし工程に遅れが生じることが懸念された。また、山の上での施工となることから、急な天候の変化による施工中の災害での工程の遅れも考えられたため、軟岩、湧水、災害対策をすることが、技術的課題となった。

具体的にどのような災害が予想されたのか記述すること。

(2) 技術的課題を解決するために**検討した項目と検討理由及び検討内容**

技術的課題に対して、次の検討を行った。

①施工範囲内の掘削時に軟岩が現れた場合は、ただちにブレーカにより、アイオン破砕をすることを検討した。

②湧水については、ドレーン管φ200mmを設置して、湧水が水路側に来ないようにし、水路設置位置をドライな状態に保ち、施工性をよくするように検討した。

③山での工事のため、急激な気象の変化を考慮し、公開されている防災情報を活用することで、施工中の災害を防ぎ、安全性を確保し、災害による工程の遅れがないように検討した。

(3) 技術的課題に対して**現場で実施した対応処置とその評価**

検討の結果、次のように計画した。

①軟岩を取り除くためにブレーカおよびアイオンを現場に常備し、軟岩露出時にはすぐに破砕し取り除くようにした。

このように、検討内容と対応処置の番号が一致していると分かりやすい。

②湧水対策として、ドレーン管φ200mmを水路より0.5m離して底と同じ高さに設置し水路箇所をドライな状態に保ち、水路基礎工事を円滑に施工するようにした。

③気象情報、降雨量の情報を活用し、施工箇所の安全を図りつつ、使用材料を水路に仮置きしないようにした。

具体的にどのようにしたのか記述すること。

以上の結果、工事は無事完了した。

重要ポイントの整理

- 施工量において、施工する水路は長さだけではなく、断面形状も記述する。
- 予想される災害を、具体的に記述する。
- 検討内容と対応処置の番号を一致させる。
- 対応処置において、抽象的な表現ではなく、具体的に記述する。

第2章 工程管理

工程管理は、どのようにして工期を守ったか、具体的な手段について記述する。

次の例題は、アスファルト舗装工事において、豪雨のため、5日間の工程の遅れを課題としたものである。

例題2-1

〔設問1〕 あなたが**経験した土木工事**に関し，次の事項について解答欄に明確に記入しなさい。

(1) 工事名

〇〇株式会社〇〇棟前道路修繕工事

(2) 工事の内容

発注者名	〇〇株式会社
工事場所	〇〇県〇〇市大字〇〇1234-56
工　期	平成30年10月10日～平成30年11月20日
主な工種	アスファルト舗装工、路盤工
施工量	幅7m、延長210m、アスファルト舗装面積945m^2
	上層路盤、下層路盤、面積945m^2

各路盤の厚さも記述すること。

(3) 工事現場における施工管理上のあなたの立場

現場代理人

〔設問2〕〔設問1〕の工事で実施した**「現場で工夫した工程管理」**で，次の事項について解答欄に具体的に記述しなさい。

(1) 特に留意した**技術的課題**

本工事は○○○○㈱○○棟前のアスファルト舗装工事で延長210mにわたって下層路盤（20cm）、上層路盤（10cm）、表層（4cm）、基層（4cm）を敷設する工事であった。

工事中に梅雨時期特有の短時間の豪雨があり、下層路盤上に雨水が溜まり工事を中止せざるを得なくなった。その為、5日間の工程遅れが発生し、溜まった雨水の排水対策と路盤・舗装工の作業内容見直しで5日間の工程遅れを取り戻す事が課題となった。

このように、最初に工事の概要を記述する。また、文章もこのように過去形にする。

このように、具体的な数値を記述する。

(2) 技術的課題を解決するために**検討した項目と検討理由及び検討内容**

下層路盤上の溜まっている雨水の排水対策と5日間の工程遅れを取り戻す為、以下の検討を行った。

①上層路盤、アスファルト舗装の施工を行う為に下層路盤上部に溜まっている水溜りを排水する必要がある為、応急的な処置として水中ポンプによる排水と下層路盤の両側にある既設側溝の壁面に開口部を設けて排水する方法を検討した。

②締固め機械のランクアップによる作業効率化、敷均し作業でダンプトラックによるアスファルト混合物の供給体制の効率化、休日出勤の要請により5日間の工程短縮が可能か検討した。

(3) 技術的課題に対して**現場で実施した対応処置とその評価**

検討の結果、以下のことを実施した。

①下層路盤両側の側溝に幅50mmの切り欠き状の開口部を5箇所設け、水中ポンプを6台稼働させて冠水対策を実施した。

②締固め機械を当初計画の3tローラーから6t級へランクアップし、敷均しではアスファルト混合物を積んだダンプトラックは常に1～2台待機させて連続作業となる様にして供給体制を効率化した。また、休日出勤も2日実施した。

以上の結果、中断した5日間の遅れも取り戻し無事工期内に完了出来た。

ローラーの種類を記述すること。

労働基準法の休日には、問題ないことを記述すること。

重要ポイントの整理

- 施工量において、路盤の面積だけではなく、その厚さも記述する。
- 課題の最初に工事の概要を記述し、文章は過去形にする。
- 具体的な数値を記述する。
- 使用したローラーの種類を記述する。
- 休日出勤を行った場合は、労働基準法に違反しないことが分かるように記述する。

次の例題は、本工事前の工事が30日延びたため、発注者側監督員として本工事の開始の遅れを、課題としたものである。

例題2-2

〔設問1〕 あなたが**経験した土木工事**に関し，次の事項について解答欄に明確に記入しなさい。

(1) 工事名

一般国道○○号　○○町　○○舗装工事

(2) 工事の内容

発注者名	国土交通省　北海道開発局　○○建設部
工事場所	北海道○○郡○○町○○1丁目地内、他1箇所
工　期	平成29年6月25日～平成30年3月13日
主な工種	道路土工、舗装工
施 工 量	掘削26,000m^3、凍上抑制層21,900m^3
	下層路盤24,300m^3、上層路盤8,590m^3、基層2,570m^3

- 掘削土量○○m^3、凍上抑制層施工量○○m^3、下層路盤施工量○○m^3、上層路盤施工量○○m^3、基層施工量○○m^3と記述する。
- 掘削土量が、26,000m^3に対し、路盤等の合計量が57,360m^3であるのは、あまりにも差が大きすぎて整合性がない。

(3) 工事現場における施工管理上のあなたの立場

発注者側監督員

〔設問2〕〔設問1〕の工事で実施した**「現場で工夫した工程管理」**で，次の事項について解答欄に具体的に記述しなさい。

(1) 特に留意した**技術的課題**

本工事は、○○外環状道路の○○中央IC、○○東ICの土砂の掘削、運搬から凍上抑制層（C-40、t=25cm)、下層路盤（C-40、t=50cm)、上層路盤（再生アスファルト安定処理、t=6cm)、基層（再生粗粒度アスコン、t=5cm）を施工する工事であった。

現場は、軟弱地盤対策として載荷盛土対策を行っている区間であるが、沈下が収まる時期が当初予定していた時期よりも約30日延びたため、その影響で本工事の作業開始が遅れたことから、工期内に現場を完成させるために、工期の短縮を図ることが課題となった。

定められた行数内に収めるように記述すること。

「工期」の短縮でなく、「工程」の短縮と記述すること。

(2) 技術的課題を解決するために**検討した項目と検討理由及び検討内容**

本工事の工程の短縮のために、次のことを検討した。

当初、作業班体制は道路土工、路盤工がそれぞれ4人ずつの2班、舗装工は12人の1班で、○○中央ICの施工から始め、その後、○○東ICの施工を始める予定であったが、作業班を増班することで、2区間同時施工が可能であるか請負業者に協議するよう指示した。

当初、土砂の運搬箇所は、○○中央ICから約7.5km、○○東ICから約9.5km離れた国有地の残土置場であったが、作業の効率化を図るため、本工事現場からさらに運搬距離が近い残土置場がないか、関係機関等と協議を行い、検討させた。

このように、発注者側の立場で記述する。

(3) 技術的課題に対して**現場で実施した対応処置とその評価**

検討の結果、以下のことを実施した。

作業班については、施工数量が大きい道路土工、路盤工を当初の2班から、最大で4班に増班することが出来、2区間の同時施工が可能となった。

土砂運搬箇所については、2区間とも、約3.0km離れた○○町所有の残土置場に変更することが可能となった。

以上の結果、約30日間の工程を短縮することが出来、工事は無事完了した。

評価として、このように具体的に記述する。

重要ポイントの整理

- 掘削土量と施工した路盤等の合計に整合性があるように記述する。
- 工期と工程は意味が違う。
- 発注者側の立場の文章とする。
- 評価は、具体的に対応処置の結果を記述する。

次の例題は、工期内に、ボックスカルバート敷設工事を終了させるために、どのようにしたらよいかを課題にしたものである。

例題2-3

〔設問1〕 あなたが**経験した土木工事**に関し，次の事項について解答欄に明確に記入しなさい。

(1) 工事名

国道○○号（新○○橋）橋梁補修工事

(2) 工事の内容

発注者名	○○県○○地域県民局
工事場所	○○県○○市○○地内
工　　期	平成30年6月24日～平成31年3月25日
主な工種	カルバート工
施 工 量	プレキャストボックスカルバート(B6,000 × H4,850 × L1,000) × 16スパン
	施工延長　L=16m

(3) 工事現場における施工管理上のあなたの立場

現場監督

〔設問2〕〔設問1〕の工事で実施した**「現場で工夫した工程管理」**で，次の事項について解答欄に具体的に記述しなさい。

(1) 特に留意した**技術的課題**

本工事は、国道○○号線の老朽化した橋梁を撤去せず、基礎部にH鋼杭打込みをする底版部現場打ちのプレキャストボックスカルバート（B6,000 × H4,850 × L1,000）を横引きで布設する工事であった。

橋梁下の農道は、迂回するスペースも脇道も無い一本道であることと、リンゴ収穫時期が主要作業の工程と重なることから、収穫用トラックを通行させながらの作業が必要となったため、主要作業に費やせる3ヶ月以内で主要工程の完了に影響を出さないことを課題とした。

意味が不明である。

(2) 技術的課題を解決するために**検討した項目と検討理由及び検討内容**

主要作業に影響を及ぼさないように、以下の事を検討した。

畑主は8家庭あり、その全ての農耕車の出入り時間と作業日数の予定表の作成と連絡体制を密にすることにより、工事に費やせる時間を多くすることを検討した。

プレキャストボックスカルバートの基礎工事は片側毎の施工とし、使用する建設機械を小型化することで、現場内を通行可能とする施工方法にシフトすることで、休工時間の削減を検討した。

農耕車の出入り予定と施工計画をバーチャート工程表で週単位および時間単位で重複しないように管理計画することを検討した。

意味が不明である。

(3) 技術的課題に対して**現場で実施した対応処置とその評価**

主要作業の計画工程内の完了に影響を与えないための対策および検討に対して、以下のとおり対応処置を行った。

畑主の農耕車の出入り時間と日程を密な電話連絡ができたことで工程表を随時見直し、重複させることなく農耕車を通行させた。また、基礎工事等を片側毎の施工とし、小型建設機械の使用で片側通行可能に施工したことで、工事の作業時間をより多く確保出来た。

以上の処置で主要工程を見直すこともなく主要作業が完了し、工事が無事完了した。

具体的な機械名と大きさを記述すること。

具体的な作業時間を記述すること。

重要ポイントの整理

- 意味が不明な文章が多い。
- 建設機械は、具体的な機械名と大きさを記述する。
- 作業時間は、具体的な時間帯を記述する。
- 対応処置の最後は、「無事工事は完了した。」と記述する。

次の例題は、配水管敷設工事において、基礎地盤が軟弱なため、工程に遅れが生じたことを課題にしたものである。

例題2-4

〔設問1〕 あなたが**経験した土木工事**に関し，次の事項について解答欄に明確に記入しなさい。

(1) 工事名

○区○○1丁目地内配水本管敷設工事

(2) 工事の内容

発注者名	○○県○○市水道局
工事場所	○○県○○市○○区○○1丁目
工　　期	平成30年10月22日～平成31年3月15日
主な工種	管路掘削工、管路敷設工、埋戻し工
施 工 量	掘削土量643m^3、埋戻し土量600m^3
	水道用鋳鉄管敷設 Φ500mm　延長264m

(3) 工事現場における施工管理上のあなたの立場

工事主任

〔設問2〕〔設問1〕の工事で実施した**「現場で工夫した工程管理」**で，次の事項について解答欄に具体的に記述しなさい。

(1) 特に留意した**技術的課題**

この工事は、県道を開削し、配水本管を地下1.5mに敷設するものであり、矢板施工であるためGL1mまで掘削後、矢板を垂直に建て込み管路掘削を2m地点まで行うものであった。

掘削面の基礎地盤は軟弱で、湧水が多く、当初の予定であった1日当たりの管敷設作業量10mを確保できない状況となった。このため障害となる湧水対策を検討し、生じた遅れの対策が課題となった。

具体的に何日遅れたのか記述すること。

(2) 技術的課題を解決するために**検討した項目と検討理由及び検討内容**

工程の遅れを取り戻すための施工方法、作業工程の見直しを行った。

①当初、湧水量は少量であると考え、木矢板を使用した矢板施工を行う設計であったが、遮水性が高く施工が容易な鋼矢板工法を採用することとした。

「採用を検討した。」と記述すること。

②掘削時に発生する湧水対策として掘削箇所に釜場を設け、そこに集水しポンプにて排水する釜場排水工法を行うこととし、現状と作業効率、作業工程の比較検討を行った。

「釜場排水工法について検討した。」と記述すること。

現状は、どのようにしていたのか記述すること。

以上の検討による工程管理計画を立案した。

(3) 技術的課題に対して**現場で実施した対応処置とその評価**

検討した結果、以下の対応処置を実施した。

作業主任者に対し、軽量鋼矢板を使用し根入れ長さを1.2mとするように指示を行い作業効率を改善した。

掘削作業主任者に掘削の際は、床付け深さより20cm深く釜場を設置し、掘削作業に合わせ両側に溝を掘り、釜場に排水をするよう指示を行い湧水の低下を促進した。

結果、排水不良で軟弱だった掘削底面が安定することにより1日当たりの作業量が確保でき工期内に竣工することができた。

> 1日当たりの作業量10mを確保できたのは分かるが、遅れた工程をどのように取り戻したのか、全く分からない。

重要ポイントの整理

- 工程の遅れが何日であったのか記述する。
- 検討内容等では、対応処置の内容までは記述しない。
- 具体的な工程の遅れの日数を、何の作業をどのようにして取り戻したのか記述する。

第3章 品質管理

品質管理は、その現場で行った具体的な品質管理の方法と工夫について記述する。

次の例題は、盛土工において、適切な盛土材料とすることを課題にしたものである。

例題3-1

〔設問1〕 あなたが**経験した土木工事**に関し，次の事項について解答欄に明確に記入しなさい。

(1) 工事名

〇〇高速道路　〇〇ジャンクション工事

(2) 工事の内容

工事は終了したものが望ましいが、工期期間が長いものなどは、終了していなくても構わない。

発注者名	〇〇高速道路㈱　〇〇支社
工事場所	（自）〇〇県〇〇市〇〇　（至）〇〇県〇〇市〇〇
工　期	平成28年10月30日～令和3年3月7日
主な工種	切土盛土工、橋梁下部工、舗装工
施工量	道路・構造物掘削75,000m^3、盛土工553,000m^3、
	地盤改良工88,000m^3、舗装工25,000m^2

掘削土量〇〇m^3、盛土土量〇〇m^3、地盤改良施工量〇〇m^3、舗装面積〇〇m^{2}と記述する。

(3) 工事現場における施工管理上のあなたの立場

施工監督

〔設問2〕〔設問1〕の工事で実施した**「現場で工夫した品質管理」**で，次の事項について解答欄に具体的に記述しなさい。

(1) 特に留意した**技術的課題**

本工事は盛土量が553,000m^{3}で材料は多くが、自工区外に設置された公共残土（履歴から大半が粘土シルトと推測されていた）であった。また、公共残土の仮置きは、開始から相当の年月が経過しているものもあり、実際にどのような土質性状のものが、どの程度存在しているのかも不明であったため、盛土材として使用するために的確な品質管理を行うことが重要な課題となった。

具体的な強度の値等を記述すること。

(2) 技術的課題を解決するために**検討した項目と検討理由及び検討内容**

盛土材としての使用にあたり以下の検討をした。

①公共残土は受入記録によると516,000m^{3}の土砂とされており、仮置き場は広範囲に及んでいた。盛土材として使用するにはこれらを種類別に区分けする必要があり、箇所毎の土質性状や地層の形成の傾向を会得する必要があったため、その方法を検討した。

②粘土シルトが主体とされていたことから、盛土材としては軟弱である可能性があり、盛土の設計計算における安定確保のための強度を満足できるか確認し、強度を満足しなかった際の対策方法を検討した。

具体的にどのような方法で確認するのかを、記述すること。

(3) 技術的課題に対して**現場で実施した対応処置とその評価**

①仮置き場でボーリング調査（17箇所）と試料を採取し、室内試験（6箇所）を実施した。そこから、地層想定断面図の作成、粒度分布を確認し、それぞれの特徴から箇所別に盛土材として三種類に位置づけ、使用することになった。

試験名と強度の値を記述すること。

②室内試験で強度を確認した結果、全体的に安定強度を満足しなかったため、配合試験をセメント系固化材、生石灰で実施した。結果、強度を満足しつつ、効果の高い生石灰を使用し、盛土をすることになった。

許容強度の値を記述すること。

以上の条件で施工を行い、現在まで的確に品質管理ができている。

重要ポイントの整理

- 記述する工事の工期が長い大規模工事である場合は、その工事が終了していなくてもよい。
- 主な工種は「○○工」とするが、施工量では「○○工」とは記述しない。
- 具体的な試験名と強度の値等を記述する。

次の例題は、河川の護岸工事において、コンクリートの品質を確保することを課題にしたものである。

例題3-2

〔設問1〕 あなたが**経験した土木工事**に関し，次の事項について解答欄に明確に記入しなさい。

(1) 工事名

○○河川改修工事

(2) 工事の内容

発注者名	○○県○○市防災対策課
工事場所	○○県○○市○○地内
工　期	平成30年6月12日～平成31年3月31日
主な工種	コンクリートブロック張工、基礎・帯コンクリート工
施 工 量	コンクリートブロック張面積　1,250m²
	基礎・帯コンクリート施工長さ　38.5m

経験記述の内容が、コンクリートについて記述されているので、コンクリート打設量を記述すること。

(3) 工事現場における施工管理上のあなたの立場

工事主任

〔設問2〕〔設問1〕の工事で実施した**「現場で工夫した品質管理」**で，次の事項について解答欄に具体的に記述しなさい。

(1) 特に留意した**技術的課題**

文章の書き出しは、1文字あける。

本工事は、1級河川○○の河川改修工事であり、河川の両岸に帯コンクリートを設置し、コンクリートブロック張りブロックを施工するものであった。コンクリート工事の施工期間が夏から冬に予定されていたため、レディーミクストコンクリートのひび割れ等に対する品質確保するために行う施工方法の創意工夫が重要な課題となった。

1行余っているので、ここで改行し、最初の1文字はあける。

文字数を多くするため、無理に長い文章としている。ここは、「品質確保が課題となった。」と簡潔に記述する。

(2) 技術的課題を解決するために**検討した項目と検討理由及び検討内容**

コンクリートの品質を確保するため、以下の検討を行った。

文章の書き出しは、1文字あける。

①夏季のコンクリート施工については、練上がり温度を25℃以下にする計画としてセメントの種類、骨材や水の温度管理方法を検討した。

②冬季のコンクリート施工については寒風をさえぎり養生温度を10℃以上に保つ計画を検討した。

③コンクリートの打込み時刻を日中の気温の低い時間帯を避けること、シートによる保温養生、レンタンあるいはジェットヒーターによる給熱養生について検討した。

③は、寒中コンクリートであることを記述する。

(3) 技術的課題に対して**現場で実施した対応処置とその評価**

文章の書き出しは、1文字あける。

以上の検討結果をもとに下記の対応処置を実施した。

①生コン工場と協議を行い夏季は低熱セメントを採用し骨材を冷やし練上がり温度を25℃以下に設定した。

②冬季は型枠をシートで覆い寒風をさえぎりレンタンを使用した。

③打込み時刻を午前10時～午後2時までとし、シート、レンタンを使用し10℃以下にならないよう養生した。また乾燥を防止するため表面に養生マットをかけて湿潤養生を行った。

③は、寒中コンクリートであることを記述する。

評価としてコンクリートの品質はどうなったのかを記述し、最後に「工事は無事完了した。」と記述する。

- 施工量は、経験記述の内容に記述されている工種については、必ず記述する。
- 文章の書き出しと改行した最初の１文字はあける。
- 文字数を多くするため、無理に長い文章としない。
- 暑中および寒中コンクリートという用語を使用する。
- 評価として対応処置の結果を記述する。

次の例題は、橋梁上部工において、夏期のコンクリート打設における、コールドジョイントの防止を課題にしたものである。

例題3-3

〔設問1〕 あなたが**経験した土木工事**に関し，次の事項について解答欄に明確に記入しなさい。

(1) 工事名

○○縦貫○○橋上部工事

(2) 工事の内容

発注者名	国土交通省○○地方整備局○○国道事務所
工事場所	○○県○○市○○区○○地内
工　　期	平成27年12月23日～平成30年3月25日
主な工種	橋梁上部工
施 工 量	コンクリート打設量 15,992m^3、鉄筋量 3,864t、PC鋼材量 651t

(3) 工事現場における施工管理上のあなたの立場

現場監督

〔設問2〕〔設問1〕の工事で実施した**「現場で工夫した品質管理」**で，次の事項について解答欄に具体的に記述しなさい。

(1) 特に留意した**技術的課題**

本工事は○○県○○市を流れる1級河川、○○川水系○○川にかかる本線橋およびCランプ橋を片持ち張り出し架設工法にて行う橋梁上部工であった。

本工事で使用するコンクリートは約16,000m^{3}になるが、その大部分を平成29年内に打設する必要があった。張り出し施工時にも1日の打設量が300m^{3}を超える日もあり、施工が進むに連れて打設数量の増減を伴いながらコンクリートの圧送距離および打設時間が増大していった。

文章は、定められた行数内に収めるようにする。

このような現場状況から、夏期のコンクリート打設におけるコールドジョイントの防止が品質管理の課題となった。

(2) 技術的課題を解決するために**検討した項目と検討理由及び検討内容**

コンクリートのコールドジョイントを防止するため以下の内容を検討した。

①コンクリートの練り混ぜから打ち込みまでの運搬中によるワーカビリティー、スランプの低下を防止するため、配合および生コン工場の選定について検討した。②コンクリートの締固めを確実に行うために棒状振動機の下層への確実な挿入方法、1層あたりの打設高さを30cm以下にする方法について検討した。③コンクリートの温度上昇を防止するために打ち込みまでの圧送管、打設箇所の養生方法について検討した。

(3) 技術的課題に対して**現場で実施した対応処置とその評価**

④については、近隣住民への騒音による影響が予想された。よって①～③について対策を行うことにした。

①混和剤に高性能AE減水剤遅延形を使用した。練り混ぜから打ち込みまでを30分以内に行える生コン工場を選定し、綿密な連絡により現場での待ち時間を解消した。②高さ30cm毎に色分けした鉄筋を入れ、打ち込み高さを徹底した。棒状振動機に先端から40cmの位置にマーキングを行い、下層への挿入深さ10cm以上を徹底した。③圧送管を養生マットで覆い、直射日光を避け、そこに散水することで温度上昇を防止した。打設箇所、型枠内、旧コンクリートにおいては直射日光防止のため日陰を作成し、散水による湿潤状態での打設を行った。

以上の処置により、コールドジョイントを発生させることなく竣工を迎えられた。

具体的にどのように連絡したのか、記述すること。

定められた行数に収めなければならないので、検討内容を①～③の中から2つ選んで記述するようにすること。

具体的にどのように日陰を作ったのか記述すること。

重要ポイントの整理

- 綿密な連絡とは、具体的にどのようにしたのか記述する。
- 対応処置において、定められた行数に収めるため、検討内容の数を減らす。
- 直射日光防止のための日陰を、具体的にどのようにしたのか記述する。

次の例題は、コンクリート舗装工事において、暑中コンクリートの管理を課題としたものである。

例題3-4

〔設問1〕 あなたが**経験した土木工事**に関し，次の事項について解答欄に明確に記入しなさい。

(1) 工事名

主要地方道　一般県道○○線　県単道路特別整備（○○歩行空間整備）工事（その2）

(2) 工事の内容

発注者名	○○県○○土木総合事務所
工事場所	○○県○○市○○町　地内
工　　期	平成29年3月29日～平成29年7月29日
主な工種	道路改良工
施 工 量	自由勾配側溝　L=85m　断面形状も記述すること。
	コンクリート舗装工　A=174m^2

「舗装工」ではなく「舗装面積」とすること。

(3) 工事現場における施工管理上のあなたの立場

工事主任

〔設問2〕〔設問1〕の工事で実施した**「現場で工夫した品質管理」**で，次の事項について解答欄に具体的に記述しなさい。

(1) 特に留意した**技術的課題**

本工事は、県単道路整備工事における、歩道整備による自由勾配側溝（L=85m)、コンクリート舗装面積（A=174m²）による施工であった。現場でのコンクリート打設は、全体の工程より、コンクリート打設の時期が夏季となったことから、暑中コンクリートによる施工を行うこととなった。

側溝の断面形状も記述すること。

したがって、暑中コンクリートによる、温度管理および、打設後の養生管理について、課題となった。

(2) 技術的課題を解決するために**検討した項目と検討理由及び検討内容**

課題に対して、次のような検討を行った。

①コンクリートを手配する出荷工場、運搬経路、運搬時間の検討を行い、打設の終了時間を90分以内になるようにすること、到着後のコンクリート温度を35度以下に管理することを検討した。

型枠は、外気温度および、風等により乾燥しないようにするための対策について検討した。

②打設後は、乾燥によるひび割れ等を防止する為に、養生マットを使用することにして、敷設をするタイミングおよび湿潤養生の期間、方法等について検討を行った。

(3) 技術的課題に対して**現場で実施した対応処置とその評価**

検討の結果、次のような対応処置を行った。

①コンクリートの打設時温度は、温度計により33度で保持し、型枠は打設前に散水により湿潤状態に保ち、練り混ぜから打設終了時間を75分で終了することで品質を確保した。

②打設後は、表面の形状が崩れない程度になってから養生マットを敷設し、5日間は、湿潤状態を保つ為日中は1時間毎に散水し、作業終了後は加水をする事で、品質管理を行った。

以上の結果、所要の品質のコンクリートが確保でき、工事は無事完了した。

具体的にどのようにして、温度を保持したのか記述すること。

具体的にどのようにして、75分で終了するようにしたのか記述すること。

具体的な品質を記述すること。

このように最後は、「工事は無事完了した。」と記述する。

重要ポイントの整理

- 自由勾配側溝の長さだけではなく、断面形状も記述する。
- 主な工種は「○○工」とするが、施工量では「○○工」とは記述しない。「量」について記述する。
- コンクリートの打設時温度を、具体的にどのようにして適温に保持したのか記述する。
- 評価として、それぞれの対応処置の結果を記述する。
- 具体的なコンクリートの品質目標を記述する。

第4章 安全管理

安全管理は、施工上の安全確保、現場およびその周辺の安全対策などについて記述する。

次の例題は、道幅が狭く、崖がある山道の道路工事において、車両の安全走行と労働者の安全を確保することを課題としたものである。

例題4-1

〔設問1〕 あなたが**経験した土木工事**に関し，次の事項について解答欄に明確に記入しなさい。

(1) 工事名

市道○○線道路改良工事

(2) 工事の内容

主な工種が多すぎるので、技術的課題で取り上げたものを含め二つくらいとし、その施工量を記述すること。

発注者名	○○県○○市
工事場所	○○県○○市○○村○○地内
工　　期	平成30年11月8日～平成31年3月18日
主な工種	道路土工、擁壁工、側溝工、ブロック積工
施 工 量	L型擁壁31.2m、U型側溝413m、ブロック積面積477m^2

長さだけではなく、断面の大きさも記述すること。また、主な工種に道路土工を記述しているので、その施工量も記述すること。（主な工種に記述されているものは、すべてその施工量を記述する。）

(3) 工事現場における施工管理上のあなたの立場

工事主任

〔設問2〕〔設問1〕の工事で実施した**「現場で工夫した安全管理」**で，次の事項について解答欄に具体的に記述しなさい。

(1) 特に留意した**技術的課題**

本工事は、道路の両側に側溝、擁壁を設置し、道路を改良する工事であった。

現場は山道で道幅が狭く、崖となっている箇所があった為、車両が横転、作業員等に接触する可能性があった。

具体的な数値を記述すること。

車両の安全な走行を確保すると共に、作業員への接触事故を未然に防ぎ、崖からの転落を防止し、労働者の安全を確保することが、本工事の安全管理上の課題となった。

(2) 技術的課題を解決するために**検討した項目と検討理由及び検討内容**

本工事の安全性を確保する為、次のことについて検討した。

工法名を記述すること。

具体的な数値を記述すること。

①ダンプのトラフィカビリティーを確保するために路床改良を行い、十分なコーン指数を得たが、雨天時の走行に不安があったため、雨天時の車両の走行について検討を行った。

②作業員と車両の接触の恐れがあったため、作業員専用の横断路を設け、横断路付近での通行車両の速度制限についての周知の方法を検討した。

③現場は崖となっている箇所があったため、作業員の転落を防止するための防止策を検討した。

(3) 技術的課題に対して**現場で実施した対応処置とその評価**

検討した結果、以下の対応処置を行った。

①運行経路に砕石を敷き、その上に敷鉄板を敷き並べることで、雨天時の走行の安全性を確保した。

②作業員の専用道路を設けるとともに、通行車両に対して指定横断路付近での徐行運転を朝礼、送り出し教育時に指導し、徹底した。

具体的にどのようなものなのかを記述すること。

③木杭を打ち込み、トラロープワイヤーを張り、転落を防止した。

トラロープワイヤーを張った場所を記述すること。

以上の結果、工事は無事故で無事完了した。

重要ポイントの整理

- 主な工種は、技術的課題で取り上げたものを含め、二つ位として、その施工量を記述する。
- 施工量は、擁壁や側溝の長さだけでなく、断面形状も記述する。
- 道幅等は、具体的な数値を記述する。
- 路床改良の具体的な工法名を記述する。

次の例題は、道路工事において、通行車両や歩行者と重機との接触事故防止を、発注者側監督員として課題としたものである。

例題4-2

〔設問1〕 あなたが**経験した土木工事**に関し，次の事項について解答欄に明確に記入しなさい。

(1) 工事名

町道○○線道路改良舗装工事

(2) 工事の内容

発注者名	○○県○○郡○○町建設課
工事場所	○○県○○郡○○町○○地内
工　　期	平成29年7月1日～平成29年12月26日
主な工種	側溝工、路盤工、舗装工
施 工 量	自由勾配側溝　W300mm × H400 ～ 800mm　延長213m
	路盤施工量465m^3、アスファルト舗装面積1,550m^2（t = 10cm）

(3) 工事現場における施工管理上のあなたの立場

発注者側監督員

〔設問2〕〔設問1〕の工事で実施した**「現場で工夫した安全管理」**で，次の事項について解答欄に具体的に記述しなさい。

(1) 特に留意した**技術的課題**

本工事は、町道○○線（旧県道○○○○停車場線）で実施する道路改良舗装工事で、側溝延長213m、路盤・舗装面積1,550m^{2}を施工する工事であった。施工区間の道路は、幅員6.8mの町道で、隣接する○○市とを結ぶ幹線道路となっており、通勤、通学および地域住民の生活に広く利用されていた。側溝の開削に伴い、片側交互通行となるため、通行車両や歩行者と重機との接触事故が懸念された。よって、安全確保が課題となった。

このように、具体的数値を記述する。

(2) 技術的課題を解決するために**検討した項目と検討理由及び検討内容**

安全確保のために、次の項目について検討させた。

①安全体制の強化の検討

BP—100地点の交差点信号機について、本工事の片側交互通行となる区間の車両通行繁雑を抑制するため、一時的な点滅表示へ切換えが可能か、所轄警察署に対し、協議を検討させた。

②施工機械の小型化の検討

施工中は、幅員の半分を作業帯が占有するため、狭あいな工事現場での施工機械について、対策を検討させた。

(3) 技術的課題に対して**現場で実施した対応処置とその評価**

検討の結果、受注者に対し、次のような対応処置をさせた。

①交差点信号機の点滅化について、所轄警察署の承諾を得て、午前と午後のうち各々2時間は、信号機を点滅へ切換え、片側交互通行区間にかけて車両の円滑な誘導を図らせた。

②小旋回型の掘削機を配置させ、接触事故防止を図らせた。

以上の結果、事故なく工事は完成した。

具体的な機械名と大きさを記述すること。

字数が少なすぎる。少なくても1行を余す程度までは埋めるようにすること。

重要ポイントの整理

- 技術的課題において、道路幅等をこのように具体的数値を用いて記述する。
- 対応処置等において、定められた行数は、少なくても1行を余す程度までは埋める。
- 具体的な機械名と大きさを記述する。

次の例題は、小学校の通学路になっている道路の側溝修繕工事において、小学生等の歩行者の安全確保を課題としたものものである。

例題4-3

〔設問1〕 あなたが**経験した土木工事**に関し，次の事項について解答欄に明確に記入しなさい。

(1) 工事名

市道○○・○○線道路　側溝修繕工事

(2) 工事の内容

発注者名	○○県○○市役所建設部道路管理課
工事場所	○○県○○市○○字○○地内
工　期	平成30年7月8日～平成30年10月31日
主な工種	排水工事、舗装工事
施工量	施工延長L=80.0m、側溝（300mm × 400mm）L=78.0m
	現場打ちコンクリート枡（1,000mm × 1,000mm × H1,200mm）2ヶ所

(3) 工事現場における施工管理上のあなたの立場

現場監督

〔設問2〕〔設問1〕の工事で実施した**「現場で工夫した安全管理」**で，次の事項について解答欄に具体的に記述しなさい。

(1) 特に留意した**技術的課題**

本工事は、幅員6mの道路を片側交互通行にして、側溝を布設する工事であった。

工事区間は、事前調査と近隣住民により、時間によっては突風が吹くことがあると判明した。また、近接する小学校の通学路にもなっていることから、登下校時間と経路を事前に確認して、安全通路を確保することが課題となった。

具体的にどのような調査なのか記述すること。

(2) 技術的課題を解決するために**検討した項目と検討理由及び検討内容**

まず、着工前に風速計を設置し、30分ごとの風速を2週間記録し、統計を出して事前に風の強い時間帯を確認した。通学路として安全に使用できるように、現場と安全通路との間にメッシュの防護柵を設け、目視しやすい低めの位置に危険表示等を設置することを検討した。つまずき、転倒なども予想されるため、鉄板養生の上にゴムマットを布設し、段差のない平坦な作業通路を作成することを検討した。小型バックホゥ（バケット容量0.08m^3）による掘削作業の際は、旋回範囲が安全通路にかかってしまうため、歩行者が通行する場合、作業を一時中断することを検討した。

この記述は、検討内容ではない。技術的課題の事前調査の内容として記述すること。

(3) 技術的課題に対して**現場で実施した対応処置とその評価**

検討した結果、次のような対応処置を実施した。

新規入場者教育時に、時間ごとの風速を説明し、吹流しを作業場内に設置して、目視で危険を確認できるようにした。

安全通路には、防護柵・危険表示・ゴムマットを設置した。作業前、作業中、作業後の点検表を作成し、また、責任者を選出し、点検・補修を毎日行った。小学生の登校時間後に作業を開始し、下校時間帯は作業員の休憩時間に当て、歩行者が安全に通行できるよう心がけ、工事を無事完了させた。

主とする点検項目を記述すること。

具体的な数値を用いて記述すること。

重要ポイントの整理

- 技術的な課題に、具体的な事前調査内容を記述する。
- 検討内容等には、事前調査内容は記述しない。
- 対応処置において、点検表の主な点検項目を記述する。
- 小学生の登校時間と下校時間帯は、数値を用いて記述する。

次の例題は、盛土工事において、使用する道路の歩行者と自動車の安全確保を課題としたものである。

例題4-4

〔設問1〕 あなたが**経験した土木工事**に関し，次の事項について解答欄に明確に記入しなさい。

(1) 工事名

○○自動車道　○○工事

(2) 工事の内容

発注者名	○○○高速道路株式会社○○支社
工事場所	○○県○○郡○○町大字○○～○○県○○市大字○○
工　　期	平成26年12月16日～平成30年8月26日
主な工種	盛土工、溝渠工
施 工 量	盛土工：970,000m^3　溝渠：43箇所

施工量は、「○○工」とは記述しないこと。「盛土土量○○m^3」とする。

溝渠の断面形状と施工長さを記述すること。

(3) 工事現場における施工管理上のあなたの立場

現場監督

〔設問2〕〔設問1〕の工事で実施した**「現場で工夫した安全管理」**で，次の事項について解答欄に具体的に記述しなさい。

(1) 特に留意した**技術的課題**

本工事は盛土工を主体とした工事延長約8kmの区間に970,000m^{3}の盛土を行う工事であった。

盛土施工には、現場発生土を使用するため、土運搬に10tダンプトラックを使用した。工事延長が長く、掘削箇所と盛土箇所が離れているため、一般路を走行する必要があった。利用する一般道路は交通量が多く、現場近くには学校もあるため歩行者が多かった。そのため、安全な運搬経路と危険箇所を周知する必要があった。

具体的に何が課題となったのか分からない。

(2) 技術的課題を解決するために**検討した項目と検討理由及び検討内容**

歩行者や自動車の安全を確保するため、以下のことを検討した。

①運搬経路をなるべく場内で行うように、工程に基づき効率的な盛土計画を検討した。

②利用する一般道を実際に走行し、事故が発生する可能性がある箇所を調査した。

これは、検討内容ではなく、実施内容である。

③現場近くの学生の登下校時間と通学路を調査し、歩行者が多い一般道路はなるべく避けた運搬経路を検討した。

これらの検討内容について、周辺住民の意見、作業関係者との協議の結果、実施することに決定した。

(3) 技術的課題に対して**現場で実施した対応処置とその評価**

現場では以下の対応をした。

①一般道路を利用して土運搬を行う期間中は、運行管理責任者を選任した。安全運行ハザードマップを作成し、危険箇所を運転者全員に周知させた。

②ダンプトラックにGPS運行管理システムを取り付けた。運行経路からの逸脱や危険箇所に差し掛かると音声ガイダンスで注意の喚起を行い、違反車両には是正を指示した。

以上の結果、無事故で無事工事は完了した。

ここに記述されている内容は、検討内容とは関係ないものである。検討内容①の盛土計画と③の運搬経路について、検討した結果の対応処置とその評価（結果）を記述すること。

重要ポイントの整理

- 主な工種は「○○工」とするが、施工量では「○○工」とは記述しない。
- 施工量において、溝渠(こうきょ)の断面形状と施工長さを記述する。
- 何を課題としたのかを、はっきり記述する。
- 検討内容等では、対応処置の内容は記述しない。
- 対応処置は、検討内容等に記述されているものについて記述する。

第5章 環境対策

環境保全は、各種公害に対する防止策や建設副産物の有効利用などについて記述する。

次の例題は、アスファルト舗装工事において、振動・騒音、粉じん対策と水質汚濁防止を課題としたものである。

例題5-1

〔設問1〕 あなたが**経験した土木工事**に関し，次の事項について解答欄に明確に記入しなさい。

(1) 工事名

○○株式会社事務棟前道路修繕工事

(2) 工事の内容

発注者名	○○株式会社
工事場所	○○県○○市○○町○○ 123-4
工　期	平成28年12月5日～平成29年2月17日
主な工種	アスファルト舗装工、路盤工
施工量	路盤施工量525m³（路盤厚15cm）
	アスファルト舗装面積1,000m²（基層厚7cm、表層厚5cm）

路盤施工量は、1,000×0.15＝150m³となるので、整合性がない。

(3) 工事現場における施工管理上のあなたの立場

現場代理人

〔設問2〕〔設問1〕の工事で実施した**「現場で工夫した環境対策」**で，次の事項について解答欄に具体的に記述しなさい。

(1) 特に留意した**技術的課題**

本工事は○○○○○○○○○○○○㈱○○工場内の路面のひび割れが広域にわたって生じた為、アスファルト舗装を130m打換える工事であった。舗装工事区間は、工場の事務棟に隣接し、工事現場周辺には田畑があり、工事現場からの一部の排水は農業用水路と合流していた。その為、舗装工事中の事務棟側への騒音・振動防止、工事車両からの粉塵発生防止と工事現場からの排水による農業用水の水質汚濁防止が課題であった。

道路幅も記述すること。

(2) 技術的課題を解決するために**検討した項目と検討理由及び検討内容**

振動、騒音、粉塵対策と水質汚濁防止の為、以下の検討を行った。

①工事期間中も通常業務が行われており、騒音、振動は業務に支障を与え、粉塵は歩行者の健康障害になる為、工事車両の低騒音型のロードローラの使用を検討した。又、粉塵対策は散水車と清掃担当者の配置、清掃方法を検討した。

②工事現場からのアスファルト混合物の油膜が雨などで排水口から工場敷地外に排水され農業用水路が汚染されるのを防止する為、排水口で油膜を回収出来ないかまたは化学的に分解し水質上問題ない様にする事が出来ないか検討した。

(3) 技術的課題に対して**現場で実施した対応処置とその評価**

検討した結果、以下の対応処置を行った。

①工事車両の騒音、振動対策は、国土交通省で指定されている低騒音型のロードローラを使用した。粉塵対策は飛散状況をみて散水車を走行させ、守衛所通過前に清掃担当者に工事車両への散水、清掃を行わせた。

ロードローラの種類を記述すること。

②アスファルト混合物の油膜が工場敷地外へ排水されない様に排水口に油吸着マットを設置し定期的に交換した。

具体的に何日ごとなのか記述すること。

以上の結果、周辺住民等からも苦情もなく、水質汚濁等も防止でき、工事は完了出来た。

重要ポイントの整理

- 施工量は、整合性があるような値とする。
- 対応処置において、使用したロードローラの種類を記述する。
- 「定期的」とは、具体的に何日ごとなのか記述する

次の例題は、橋梁下部工事において、発注者側監督員の立場から、特定建設資材の減量を課題としたものである。

例題5-2

〔設問1〕 あなたが**経験した土木工事**に関し，次の事項について解答欄に明確に記入しなさい。

(1) 工事名

社会資本整備総合交付金（改築）工事（(仮称）○○橋A2橋台工)

(2) 工事の内容

発注者名	○○県○○県土整備事務所
工事場所	○○県○○市大字○○ 1234―5
工　　期	平成29年3月24日～平成29年11月20日
主な工種	橋梁下部工
施 工 量	コンクリート打設量　992m^3

(3) 工事現場における施工管理上のあなたの立場

発注者側監督員

〔設問2〕〔設問1〕の工事で実施した**「現場で工夫した環境対策」**で，次の事項について解答欄に具体的に記述しなさい。

(1) 特に留意した**技術的課題**

本工事は、主要地方道○○○○線バイパス工事において、一級河川○○川を渡河する（仮称）○○川橋の橋梁下部工事で、上部工鋼単純合成鈑桁、下部工逆Ｔ式橋台を施工するものである。

「であった。」と過去形で記述すること。

橋梁下部工の逆Ｔ式橋台を施工するにあたって、鉄筋81t、型枠880m^{2}を使用する計画であったため、建設リサイクル法の観点から、特定建設資材廃棄物を極力発生させない計画が求められたため、特定建設資材廃棄物の減量が課題となった。

(2) 技術的課題を解決するために**検討した項目と検討理由及び検討内容**

特定建設資材廃棄物の減量のため、以下の検討を行った。

①鉄筋組立図の作成により、端材の発生を抑制するとともに、極力無駄を省くため、鉄筋の加工および切断は、現場ではなく工場で行うことを検討した。

②型枠設置図を作成し、鋼製型枠およびプラスチック製型枠の使用箇所を多くして、転用回数を増やす施工方法の検討を行った。

③橋台ウィング部等で、やむを得ず、合板型枠を使用し、使用不能となった合板型枠等は、足場工の仮設材として再利用できないか検討した。

発注者側なので、「検討をさせた。」と記述すること。

発注者側なので、「検討をさせた。」と記述すること。

(3) 技術的課題に対して**現場で実施した対応処置とその評価**

検討の結果、以下の処置を行った。

発注者側なので、「行わせた。」と記述すること。

①鉄筋組立図を作成し、組立図に基づき鉄筋の加工および切断を工場にて行い、端材の発生を抑え、無駄を省いた。

②施工工程に合わせた型枠設置図を作成し、それを基に、鋼製型枠およびプラスチック製型枠の転用回数を増やした。

③使用不能となった合板型枠は、足場工の幅木等に再利用した。以上のことを実施させ、特定建設資材廃棄物を減量させた。

以上の結果、工事は無事に終了した。

重要ポイントの整理

- 文章は、過去形とする。
- 文章は、発注者側の立場として記述する。

次の例題は、擁壁工事において、建設発生土、余ったコンクリートの処理、コンクリートミキサー車の洗浄に使用した汚濁水の処理を課題としたものである。

例題5-3

〔設問1〕 あなたが**経験した土木工事**に関し，次の事項について解答欄に明確に記入しなさい。

(1) 工事名

市内○○町123番地内造成工事

(2) 工事の内容

発注者名	○○県○○郡○○町建設課
工事場所	○○県○○市○○町123番
工　　期	平成30年12月28日～平成31年3月31日
主な工種	擁壁工
施 工 量	コンクリート打設量　40.0m^3

経験記述の内容が、掘削土の処理方法に関して記述されているので、主な工種に土工を加え、施工量に掘削土量○○m^{3}も記述すること。

(3) 工事現場における施工管理上のあなたの立場

現場監督

〔設問2〕 〔設問1〕の工事で実施した**「現場で工夫した環境対策」**で，次の事項について解答欄に具体的に記述しなさい。

(1) 特に留意した**技術的課題**

本工事は、道路境界および隣地境界における現場打ちコンクリートによる擁壁工事であった。

擁壁施工箇所では、地山の掘削が必要であり、掘削により発生した土の処理方法が課題となった。

掘削土量を記述すること。

また、コンクリート打設時には、打設せずに余ったコンクリートや、コンクリート洗浄に使用した後の汚濁水の排水方法が課題となった。

(2) 技術的課題を解決するために**検討した項目と検討理由及び検討内容**

施工前に、原位置で標準貫入試験にて土を採取し、土質を確認した。その結果、第2種建設発生土として区分できたため、掘削による発生土を、擁壁完成後の埋め戻し土として利用することを検討した。

コンクリート打設の際、複数台のうち最終のミキサー車での発注量は、打設具合を確認しながら決定し、コンクリートの残りがないよう検討した。また、余ったコンクリートの処理、ミキサー車の洗浄をプラントにて行えるよう、現場からの移動時間が30分以内のコンクリートプラントを選出することを検討した。その他のコンクリート付着物は、洗浄した後の汚濁水を現場内に設置した水槽内へ流し、水槽内の沈殿物は産業廃棄物として処理、上澄みは無色でpH値が5.8～8.6であることを確認後、下水へ排水することを検討した。

意味が不明である。

文章は、定められた行数内に収めるようにする。

(3) 技術的課題に対して**現場で実施した対応処置とその評価**

検討した結果、以下の対応処置を行った。

掘削の際の発生土を現場内へ仮置きし、擁壁完成後に埋め戻し土として利用した。コンクリートは、現場から20分のプラントを選出し、打設具合を確認しながら最低限発注し、余ったコンクリートの処理とミキサー車の洗浄はプラントにて行わせた。その他のコンクリート洗浄後の水は現場内の水槽にて分離させ、沈殿物は産業廃棄物として処理、上澄みは無色でpH値が7.0であることを確認後、下水へ排水した。結果、環境を保全し、無事工事を完了させた。

以上の結果、環境を保全し、無事工事を完了させた。

利用できなかった土はどうしたのか記述すること。

具体的にどのように処理したのか記述すること。

重要ポイントの整理

- 主な工種は、技術的課題で取り上げたものを含め、二つ位として、その施工量を記述する。
- 意味が不明なところがある。
- 産業廃棄物を具体的にどのようにして処理したのか記述する。
- 文章は定められた行数内に収める。

次の例題は、ダムの洪水吐改修および基礎処理の工事において、基礎掘削に伴う湧水の濁水処理対策を課題としたものである。

例題5-4

〔設問1〕 あなたが**経験した土木工事**に関し，次の事項について解答欄に明確に記入しなさい。

(1) 工事名

○○農地防災事業　○○ダム洪水吐建設工事

(2) 工事の内容

発注者名	国土交通省　北海道開発局　○○開発建設部
工事場所	北海道○○郡○○町○○
工　　期	平成28年12月3日～平成31年1月15日
主な工種	洪水吐工、基礎処理工（グラウチング）
施 工 量	洪水吐工L = 63.12m（H = 12.60m，B = 14.60m）
	基礎処理工L = 3,362m

基礎処理長　○○mとし、グラウチングの施工範囲も記述すること。

施工量では、「工」は書かない。

洪水吐施工長　○○mと記述すること。

(3) 工事現場における施工管理上のあなたの立場

現場監督

〔設問2〕〔設問1〕の工事で実施した**「現場で工夫した環境対策」**で，次の事項について解答欄に具体的に記述しなさい。

(1) 特に留意した**技術的課題**

本工事は、国営総合農地防災事業「○○○地区」の事業計画に基づき、○○ダムの洪水吐改修および基礎処理を実施するものであった。

本工事箇所は、○○川水系一級河川○○川に位置し、内水面漁業連合より濁水処理対策を要請されていたことから、洪水吐基礎掘削に伴う湧水等を適切に河川へ排水するための濁水処理対策を課題とした。

「～が課題となった。」と記述する。

(2) 技術的課題を解決するために**検討した項目と検討理由及び検討内容**

濁水処理対策を実施するにあたり、濁水中に含まれる土粒子を除去しなければならなかった。

このため、沈砂池を設けて土粒子を沈降させた後、上澄みだけを放流する「自然沈降」、または凝集剤により強制的に分離させる「凝集沈降」等の方法について比較検討を行った。検討の結果、本工事箇所における施工ヤードの制約および経済性の観点から、ヤシマットを設置したノッチタンクにより土粒子をろ過した後の清水のみを排水する「ろ過分離」を採用し、濁度を低減させることとした。

具体的にどのような比較を行ったのか、記述すること。

ここでは、検討結果は記述しない。検討結果は、(3) の対応処置に記述すること。

(3) 技術的課題に対して**現場で実施した対応処置とその評価**

現場では、ヤシマットを設置したノッチタンクを用いることに加え、水中ポンプを設置する釜場に砂利層を設け、細粒分を吸い上げないよう工夫するとともに、週1回デジタル濁度計により濁度が排水基準値（150mg/L）以下であるかを測定、監視することにより、〇〇川下流へ濁水が流出することを防止した。

字数が少なすぎる。少なくても1行を余す程度までは埋めるようにする。

評価として対応処置の結果を記述し、最後に、「以上の結果、工事は無事完了した。」と記述する。

重要ポイントの整理

- 主な工種は「〇〇工」とするが、施工量では「〇〇工」とは記述しない。
- 技術的課題では、「～が課題となった。」と記述する。
- 検討結果は、対応処置のところに記述する。
- 定められた行数は、少なくても1行を余す程度までは埋める。
- 評価としての対応処置の最後は、「濁水流出が防止でき、工事は無事完了した。」と記述する。

第1章 土工

分野別問題には、必須問題と選択問題があるが、土工はすべて必須問題であるので、特に重要である。また、計算問題はすべて手計算で行わなければならないので、注意が必要である。

例題 1-1 令和2年 2級土木施工管理技術検定（実地）試験 必須問題〔問題2〕

切土法面の施工における留意事項に関する次の文章の［　　］の（イ）～（ホ）に当てはまる**適切な語句を，次の語句から選び**解答欄に記入しなさい。

(1) 切土法面の施工中は，雨水などによる法面浸食や崩壊，落石などが発生しないように，一時的な法面の［（イ）］，法面保護，落石防止を行うのがよい。

(2) 切土法面の施工中は，掘削終了を待たずに切土の施工段階に応じて順次［（ロ）］から保護工を施工するのがよい。

(3) 露出することにより［（ハ）］の早く進む岩は，できるだけ早くコンクリートや［（ニ）］吹付けなどの工法による処置を行う。

(4) 切土法面の施工に当たっては，丁張にしたがって仕上げ面から［（ホ）］をもたせて本体を掘削し，その後法面を仕上げるのがよい。

［語句］ 風化，　中間部，　余裕，　飛散，　水平，　下方，
モルタル，　上方，　排水，　骨材，　中性化，　支持，
転倒，　固結，　鉄筋

解答例

(イ)	(ロ)	(ハ)	(ニ)	(ホ)
排水	上方	風化	モルタル	余裕

ワンポイントアドバイス 切土法面の施工の留意事項を表1-1に示す。

表1-1　切土法面の施工の留意事項

種類	内容
施工中の切土法面の保護	施工中にも、雨水等による法面浸食や崩壊・落石等が発生しないように、一時的な**法面の排水**、**法面保護**、**落石防止**を行う。また、掘削終了を待たずに切土の施工段階に応じて順次**上方**から**保護工**を施工する。 施工中の切土法面保護は、次の点に留意して実施する。 ・**一時的な切土法面の排水**は、ビニールシートや土のう等の組合せにより、仮排水路を**法肩**の上や**小段**に設け、これを集水して縦排水路で排水し、できるだけ切土部への水の浸透を防止するとともに法面を雨水等が流れないようにする。 ・**法面保護**は、法面全体をビニールシート等で被覆したり、**モルタル吹付け**により法面を保護することもある。 また、切土法面勾配が緩やかで、かつ植生に適した土質の場合には、発芽率が良好で初期生育に優れた草本植物の種子散布により短期的な法面保護を図ることもある。 ・**落石防止**としては、亀裂の多い岩盤法面や礫等の**浮石**の多い法面では、仮設の**落石防護網**や**落石防護柵**を施工することもある。
岩盤法面の施工	岩盤法面の施工の留意点は、次のとおりである。 ・法面の施工に当たっては、丁張を設置して本体部分の掘削後に削り落としながら仕上げる。 ・落石のおそれのある浮石等は、ていねいに取り除く。 ・仕上り法面の凹凸については、岩質によっても異なるが、およそ30cm程度までにすることが望ましい。 ・施工中に断層を発見した場合、幅、方向、連続性、破砕帯の有無・破砕程度、湧水の有無等をよく調査し、大規模な崩壊につながるものかどうかを検討する。 ・岩石の風化は岩質によって異なり、露出することにより**風化**の早く進む岩は、できるだけ早く**コンクリート**や**モルタル吹付け等**の工法による処置を行う。
土砂法面の施工	法面施工に当たっては、丁張にしたがって**仕上げ面**から**余裕**をもたせて本体を掘削し、その後法面を仕上げるのがよい。

例題 1-2　令和2年　2級土木施工管理技術検定（実地）試験　必須問題〔問題3〕 

軟弱地盤対策工法に関する次の工法から**2つ選び，工法名とその工法の特徴についてそれぞれ**解答欄に記述しなさい。

・サンドドレーン工法
・サンドマット工法
・深層混合処理工法（機械かくはん方式）
・表層混合処理工法
・押え盛土工法

解答例

下表の中から2つを選び記述する。

工法名	工法の特徴
サンドドレーン工法	軟弱地盤中に砂柱によって鉛直方向の排水層を設けて、構造物あるいは盛土の荷重によって土中の水分を排水層にしぼり出し、鉛直上方向に排水することによって、地盤の強さの増加を図る工法である。
サンドマット工法	地盤表層に砂を敷き均すことにより、軟弱層の圧密のための上部排水を確保する工法で、施工機械のトラフィカビリティーの確保にも用いられる。
深層混合処理工法（機械かくはん方式）	セメント系添加材と地盤中の土とを撹拌翼で強制的に混合することにより、軟弱地盤を柱体状等に固結させる工法である。
表層混合処理工法	軟弱地盤の表層部分の土とセメント系や石灰系等の添加材を撹拌混合することにより、地盤のせん断強度を増加し、安定性増大、変形抑制およびトラフィカビリティーの確保を図る。
押え盛土工法	盛土本体の側方部を、本体より小規模な盛土で押さえて盛土の安定性の確保を図る工法である。

ワンポイントアドバイス　10ページ「1.4　軟弱地盤対策工法」参照

例題 1-3　令和元年　2級土木施工管理技術検定（実地）試験　必須問題〔問題2〕

盛土の施工に関する次の文章の［　　］の（イ）～（ホ）に当てはまる**適切な語句を，次の語句から選び**解答欄に記入しなさい。

(1)　盛土材料としては，可能な限り現地［（イ）］を有効利用することを原則としている。

(2)　盛土の［（ロ）］に草木や切株がある場合は，伐開除根など施工に先立って適切な処理を行うものとする。

(3)　盛土材料の含水量調節にはばっ気と［（ハ）］があるが，これらは一般に敷均しの際に行われる。

(4)　盛土の施工にあたっては，雨水の浸入による盛土の［（ニ）］や豪雨時などの盛土自体の崩壊を防ぐため盛土施工時の［（ホ）］を適切に行うものとする。

［語句］　購入土，　固化材，　サンドマット，　腐植土，　軟弱化，
　　　　発生土，　基礎地盤，　日照，　粉じん，　粒度調整，
　　　　散水，　補強材，　排水，　不透水層，　越水

解答例

（イ）	（ロ）	（ハ）	（ニ）	（ホ）
発生土	基礎地盤	散水	軟弱化	排水

ワンポイントアドバイス　6ページ「1.3　盛土の施工」参照

例題 1-4　令和元年　2級土木施工管理技術検定（実地）試験　必須問題〔問題3〕

植生による法面保護工と構造物による法面保護工について，**それぞれ1つずつ工法名とその目的又は特徴**について解答欄に記述しなさい。

ただし，解答欄の（例）と同一内容は不可とする。

(1)　植生による法面保護工　　(2)　構造物による法面保護工

解答例

	工法名	目的または特徴
(1) 植生による法面保護工	張芝工	芝の全面張り付けによる浸食防止、凍上崩落抑制、早期全面被覆を目的とする。
(2) 構造物による法面保護工	ブロック張工	風化、浸食、表流水の浸透防止を目的とする。

ワンポイントアドバイス　表1-2の中から（1）植生による法面保護工と（2）構造物による法面保護工から工法（工種）をそれぞれ一つずつ選び、工法ごとに目的または特徴を、解答例のように簡潔に記述する。

表1-2　法面保護工の主な工種と目的

分類	工種		目的
のり面緑化工（植生工）	播種工	種子散布工 客土吹付工 植生基材吹付工（厚層基材吹付工） 植生シート工 植生マット工	浸食防止，凍上崩落抑制，植生による早期全面被覆
		植生筋工	盛土で植生を筋状に成立させることによる浸食防止，植物の侵入・定着の促進
		植生土のう工 植生基材注入工	植生基盤の設置による植物の早期生育 厚い生育基盤の長期間安定を確保

次ページへ続く

分類	工種		目的
のり面緑化工（植生工）	植栽工	張芝工	芝の全面張り付けによる浸食防止，凍上崩落抑制，早期全面被覆
		筋芝工	盛土で芝の筋状張り付けによる浸食防止，植物の侵入・定着の促進
		植栽工	樹木や草花による良好な景観の形成
	苗木設置吹付工		早期全面被覆と樹木等の生育による良好な景観の形成
構造物工	金網張工 繊維ネット張工		生育基盤の保持や流下水によるのり面表層部のはく落の防止
	柵工 じゃかご工		のり面表層部の浸食や湧水による土砂流出の抑制
	プレキャスト枠工		中詰の保持と浸食防止
	モルタル・コンクリート吹付工 石張工 ブロック張工		風化，浸食，表流水の浸透防止
	コンクリート張工 吹付枠工 現場打ちコンクリート枠工		のり面表層部の崩落防止，多少の土圧を受ける恐れのある箇所の土留め，岩盤はく落防止
	石積，ブロック積擁壁工 かご工 井桁組擁壁工 コンクリート擁壁工 連続長繊維補強土工		ある程度の土圧に対抗して崩壊を防止
	地山補強土工 グラウンドアンカー工 杭工		すべり土塊の滑動力に対抗して崩壊を防止

表1-2出典：日本道路協会編『道路土工－切土工・斜面安定工指針（平成21年度版）』日本道路協会、2009年、192ページ、「解表8-1　のり面保護工の主な工種と目的」

例題 1-5　平成30年　2級土木施工管理技術検定（実地）試験　必須問題〔問題2〕

下図のような構造物の裏込め及び埋戻しに関する次の文章の［　　］の（イ）～（ホ）に当てはまる**適切な語句又は数値を，次の語句又は数値から選び**解答欄に記入しなさい。

(1)　裏込め材料は，［（イ）］で透水性があり，締固めが容易で，かつ水の浸入による強度の低下が［（ロ）］安定した材料を用いる。

(2)　裏込め，埋戻しの施工においては，小型ブルドーザ，人力などにより平坦に敷均し，仕上り厚は［（ハ）］cm以下とする。

(3)　締固めにおいては，できるだけ大型の締固め機械を使用し，構造物縁部などについてはソイルコンパクタや［（ニ）］などの小型締固め機械により入念に締め固めなければならない。

(4)　裏込め部においては，雨水が流入したり，たまりやすいので，工事中は雨水の流入をできるだけ防止するとともに，浸透水に対しては，［（ホ）］を設けて処理をすることが望ましい。

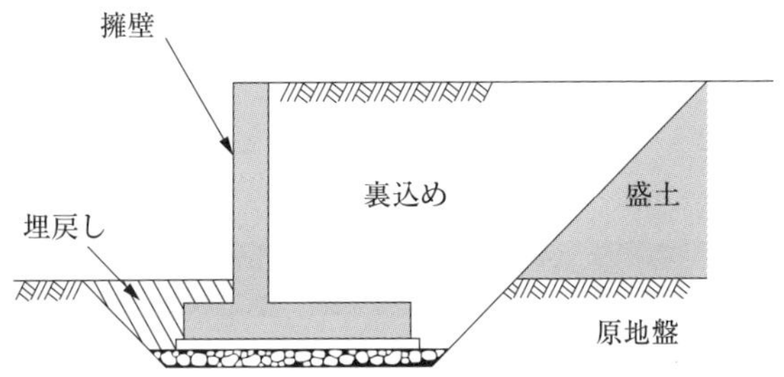

［語句又は数値］

弾性体，	40，	振動ローラ，
少ない，	地表面排水溝，	乾燥施設，
可撓性，	高い，	ランマ，
20，	大きい，	地下排水溝，
非圧縮性，	60，	タイヤローラ

解答例

(イ)	(ロ)	(ハ)	(ニ)	(ホ)
非圧縮性	少ない	20	ランマ	地下排水溝

ワンポイントアドバイス 裏込めおよび埋戻しの施工においての留意点は、次のとおりである。

- **材料**は、**圧縮性が小さく、透水性のよい**材料を用いる。
- **敷均し**は、**仕上がり厚20cm以下**とし、締固めは路床と同じ程度に行う。
- 裏込め材は、小型ブルドーザ、人力などにより平坦に敷均し、ダンプトラックやブルドーザなどによる高まきは避ける。
- **締固め**は、できるだけ**大型の締固め機械**を使用し、構造物縁部および翼壁などについても**小型締固め機械**により入念に締め固める。
- **裏込め部**は、雨水の流入や湛水が生じやすいので、工事中は雨水の流入を極力防止し、浸透水に対しては、**地下排水溝**を設けて処理する。
- 埋戻し部分などの地下排水の不可能な箇所の湛水は、埋戻し施工時にはポンプなどで完全に排水する。
- 裏込め材料に構造物掘削土を使用できない場合は、掘削土が裏込め材料に混ざらないように注意する。
- 構造物が十分に強度を発揮しないうちに、裏込めまたは盛土によって構造物に土圧を与えてはならない。また、構造物が十分な強度を発揮した後でも、構造物に偏土圧を加えてはならない。

例題 1-6　平成30年　2級土木施工管理技術検定（実地）試験　必須問題〔問題3〕

軟弱地盤対策工法に関する**次の工法から2つ選び，工法名とその工法の特徴**についてそれぞれ解答欄に記述しなさい。

・ 盛土載荷重工法
・ サンドドレーン工法
・ 発泡スチロールブロック工法
・ 深層混合処理工法（機械かくはん方式）
・ 押え盛土工法

解答例

下表の中から2つ選び記述する。

工法名	工法の特徴
盛土載荷重工法	軟弱地盤上などに構造物をつくる場合、あらかじめ盛土などによって載荷を行い、圧密沈下と強さの増加を待ってから盛土を取り除き、構造物を築造する方法である。
サンドドレーン工法	軟弱地盤中に砂柱によって鉛直方向の排水層を設けて、構造物あるいは盛土の荷重によって土中の水分を排水層にしぼり出し、鉛直上方向に排水することによって、地盤の強さの増加を図る工法である。
発泡スチロールブロック工法	発砲スチロールのブロックを積み重ね、各ブロックを緊結金具で連結することにより、盛土を構築する工法である。
深層混合処理工法(機械かくはん方式)	セメント系添加材と地盤中の土とを撹拌翼で強制的に混合することにより、軟弱地盤を柱体状等に固結させる工法である。
押え盛土工法	盛土本体の側方部を、本体より小規模な盛土で押さえて盛土の安定性の確保を図る工法である。

ワンポイントアドバイス 10ページ「1.4　軟弱地盤対策工法」参照

例題 1-7　平成29年　2級土木施工管理技術検定(実地)試験　必須問題〔問題2〕

切土の施工に関する次の文章の［　　］の（イ）～（ホ）に当てはまる**適切な語句を，下記の語句から選び**解答欄に記入しなさい。

(1)　施工機械は，地質・［（イ）］条件，工事工程などに合わせて最も効率的で経済的となるよう選定する。

(2)　切土の施工中にも，雨水による法面［（ロ）］や崩壊・落石が発生しないように，一時的な法面の排水，法面保護，落石防止を行うのがよい。

(3)　地山が土砂の場合の切土面の施工にあたっては，丁張にしたがって［（ハ）］から余裕をもたせて本体を掘削し，その後，法面を仕上げるのがよい。

(4)　切土法面では［（イ）］・岩質・法面の規模に応じて，高さ5～10m ごとに1～2m幅の［（ニ）］を設けるのがよい。

(5)　切土部は常に［（ホ）］を考えて適切な勾配をとり，かつ切土面を滑らかに整形するとともに，雨水などが湛水しないように配慮する。

［語句］　浸食，　親綱，　仕上げ面，　日照，　補強，　地表面，
　　　　水質，　景観，　小段，　粉じん，　防護柵，　表面排水，
　　　　越水，　垂直面，　土質

解答例

（イ）	（ロ）	（ハ）	（ニ）	（ホ）
土質	浸食	仕上げ面	小段	表面排水

ワンポイントアドバイス　切土の施工で注意することは、切土をすると水が集まることである。したがって、これらの水を処理することを考えなければならない。また、法面排水と維持管理時の点検作業を考慮して、小段を設ける。

例題 1-8　平成29年　2級土木施工管理技術検定（実地）試験　必須問題〔問題3〕

軟弱地盤対策工法に関する**次の工法から2つ選び，工法名とその工法の特徴についてそれぞれ**解答欄に記述しなさい。

・サンドマット工法
・緩速載荷工法
・地下水位低下工法
・表層混合処理工法
・掘削置換工法

解答例

下表の中から2つ選び記述する。

工法名	工法の特徴
サンドマット工法	地盤表層に砂を敷き均すことにより、軟弱層の圧密のための上部排水を確保する工法で、施工機械のトラフィカビリティーの確保にも用いられる。
緩速載荷工法	盛土速度を通常に比べ時間をかけてゆっくり施工することで、地盤の破壊を防止しつつ、粘性土層の圧密による強度増加を図る。
地下水位低下工法	地下水位を低下させることにより、地盤がそれまで受けていた浮力に相当する荷重を下層の軟弱層に載荷して、圧密沈下を促進し強度増加を図る。この工法には、ウェルポイント、ディープウェル等がある。
表層混合処理工法	軟弱地盤の表層部分の土とセメント系や石灰系等の添加材を撹拌混合することにより、地盤のせん断強度を増加し、安定性増大、変形抑制およびトラフィカビリティーの確保を図る。
掘削置換工法	比較的表層にある軟弱土を良質土に置き換えることにより、地盤の安定性の確保または沈下量の低減を図る。

ワンポイントアドバイス　10ページ「1.4　軟弱地盤対策工法」参照

例題 1-9　平成28年　2級土木施工管理技術検定（実地）試験　必須問題〔問題2〕

盛土の締固め作業及び締固め機械に関する次の文章の［　　］の（イ）～（ホ）に当てはまる**適切な語句を，下記の語句から選び**解答欄に記入しなさい。

(1)　盛土材料としては，破砕された岩から高含水比の［（イ）］にいたるまで多種にわたり，また，同じ土質であっても［（ロ）］の状態で締固めに対する方法が異なることが多い。

(2)　締固め機械としてのタイヤローラは，機動性に優れ，種々の土質に適用できるなどの点から締固め機械として最も多く使用されている。

一般に砕石等の締固めには，（ハ）を高くして使用している。

施工では，タイヤの（ハ）は載荷重及び空気圧により変化させることができ，（ニ）を載荷することによって総重量を変えることができる。

(3)　振動ローラは，振動によって土の（ホ）を密な配列に移行させ，小さな重量で大きな効果を得ようとするもので，一般に粘性に乏しい砂利や砂質土の締固めに効果がある。

［語句］　バラスト，　扁平率，　粒径，　鋭敏比，
接地圧，　透水係数，　粒度，　粘性土，
トラフィカビリティー，　砕石，　岩塊，　含水比，
耐圧，　粒子，　バランス

解答例

（イ）	（ロ）	（ハ）	（ニ）	（ホ）
粘性土	含水比	接地圧	バラスト	粒子

ワンポイントアドバイス　7ページ「(1) 盛土材料」および18ページ「表1-11　主な締固め機械の特徴・用途」を参照

例題 1-10　平成28年　2級土木施工管理技術検定（実地）試験　必須問題〔問題3〕

盛土や切土の法面を被覆し，法面の安定を確保するために行う**法面保護工の工法名を5つ**解答欄に記述しなさい。

ただし，解答欄の記入例と同一内容は不可とする。

解答例

工法名
種子散布工
筋芝工
張芝工
コンクリート張工
ブロック張工

ワンポイントアドバイス 345ページ「表1-2　法面保護工の主な工種と目的」の中から５つ選び、工法名を記述する。

例題 1-11 平成27年　2級土木施工管理技術検定（実地）試験　必須問題〔問題2〕

土工に関する次の文章の［　　］の（イ）～（ホ）に当てはまる**適切な語句又は数値を，下記の語句又は数値から選び**解答欄に記入しなさい。

(1)　土量の変化率（L）は，［（イ）］(m^3)／地山土量(m^3)で求められる。
(2)　土量の変化率（C）は，［（ロ）］(m^3)／地山土量(m^3)で求められる。
(3)　土量の変化率（L）は，土の［（ハ）］計画の立案に用いられる。
(4)　土量の変化率（C）は，土の［（ニ）］計画の立案に用いられる。
(5)　300m^{3}の地山土量を掘削し，運搬して締め固めると［（ホ）］m^{3}となる。

ただし，L＝1.2，C＝0.8とし，運搬ロスはないものとする。

［語句又は数値］　補正土量，　配分，　累加土量，　保全，
運搬，　200，　掘削土量，　資材，
ほぐした土量，　250，　締め固めた土量，　安全，
240，　労務，　残土量

解答例

(5)　C＝締め固めた土量／地山土量＝0.8より
締め固めた土量＝地山土量×0.8＝300×0.8＝240m^3

(イ)	(ロ)	(ハ)	(ニ)	(ホ)
ほぐした土量	締め固めた土量	運搬	配分	240

ワンポイントアドバイス 5ページ「1.2　土量の変化」参照

例題 1-12 平成27年　2級土木施工管理技術検定（実地）試験　必須問題〔問題3〕 

軟弱な基礎地盤に盛土を行う場合に，盛土の沈下対策又は盛土の安定性の確保に**効果のある工法名を５つ**解答欄に記入しなさい。

ただし，解答欄の記入例と同一内容は不可とする。

解答例

下記の中から５つ（解答欄の記入例を除く）を選び、工法名を記入する。

主として盛土の沈下対策に効果のあるもの

- 盛土載荷重工法（プレロード工法）
- バーチカルドレーン工法（サンドドレーン、ペーパードレーン）
- サンドコンパクションパイル工法
- 深層混合処理工法
- 石灰パイル工法
- 軽量盛土工法

主として盛土の安定性の確保に効果のあるもの

- 掘削置換工法
- 押え盛土工法
- 緩速載荷工法
- 深層混合処理工法（沈下対策と重複）
- 石灰パイル工法（　　〃　　）
- 軽量盛土工法（　　〃　　）

ワンポイントアドバイス 軟弱地盤対策工の対策原理と効果を、表1-3に示す。

表1-3　各対策工の対策原理と効果

原理	代表的な対策工法		効果															
			沈下		安定			変形		液状化								
			圧密沈下の促進による供用後の沈下量の低減	全沈下量の低減	圧密による強度増加	すべり抵抗の増加	すべり滑動力の軽減	応力の遮断	応力の軽減	液状化の発生を防止する対策						せん断変形の抑制	液状化の発生は許すが施設の被害を軽減する対策	トラフィカビリティ確保
										砂地盤の性質改良				有効応力の増大	過剰間隙水圧の消散			
										密度増大	固結	粒度の改良	飽和度の低下					
圧密・排水	表層排水工法																	○
	サンドマット工法		○															○
	緩速載荷工法				○													
	盛土載荷重工法		○		○													
	バーチカルドレーン工法	サンドドレーン工法	○		○													
		プレファブリケイティッドバーチカルドレーン工法	○		○													
	真空圧密工法		○		○													
	地下水位低下工法		○		○								○	○				
締固め	振動締固め工法	サンドコンパクションパイル工法	○	○	○	○			○	○								
		振動棒工法		○*						○								
		バイブロフローテーション工法		○*						○								
		バイブロタンパー工法		○*						○								
		重錘落下締固め工法		○*						○								
	静的締固め工法	静的締固め砂杭工法	○	○	○	○			○	○								
		静的圧入締固め工法								○								
固結	表層混合処理工法			○		○		○			○							○
	深層混合処理工法	深層混合処理工法（機械撹拌工法）		○		○		○	○		○					○	○	
		高圧噴射攪拌工法		○		○		○	○		○					○	○	
	石灰パイル工法			○		○				○	○							
	薬液注入工法			○		○					○							
	凍結工法					○												
掘削置換	掘削置換工法			○		○		○				○						
間隙水圧消散	間隙水圧消散工法														○			
荷重軽減	軽量盛土工法	発泡スチロールブロック工法		○			○		○									
		気泡混合軽量土工法		○			○		○									
		発泡ビーズ混合軽量土工法		○			○		○									
	カルバート工法			○			○		○									
盛土の補強	盛土補強工法					○											○	
構造物による対策	押え盛土工法					○											○	
	地中連続壁工法															○		
	矢板工法					○		○							○**		○	
	杭工法			○		○			○								○	
補強材の敷設	補強材の敷設工法					○												○

*) 砂地盤について有効　　**) 排水機能付きの場合

表1-3出典：日本道路協会編『道路土工ー軟弱地盤対策工指針（平成24年度版）』日本道路協会、2012年、191ページ、「解表6－1　各対策工の対策原理と効果」

例題 1-13 平成26年　2級土木施工管理技術検定（実地）試験　必須問題〔問題2-1〕 

盛土の施工に関する次の文章の［　　］に当てはまる**適切な語句を下記の語句から選び**，解答欄に記入しなさい。

(1)　盛土に用いる材料は，敷均しや締固めが容易で締固め後のせん断強度が［（イ）］，［（ロ）］が小さく，雨水などの浸食に強いとともに，吸水による［（ハ）］が低いことが望ましい。

(2)　盛土材料が［（ニ）］で法面勾配が1：2.0程度までの場合には，ブルドーザを法面に丹念に走らせて締め固める方法もあり，この場合，法尻にブルドーザのための平地があるとよい。

(3)　盛土法面における法面保護工は，法面の長期的な安定性確保とともに自然環境の保全や修景を主目的とする点から，初めに法面［（ホ）］工の適用について検討することが望ましい。

［語句］　擁壁，　高く，　せん断力，　有機質，　伸縮性，
良質，　粘性，　低く，　膨潤性，　岩塊，
湿潤性，　緑化，　圧縮性，　水平，　モルタル吹付

解答例

(イ)	(ロ)	(ハ)	(ニ)	(ホ)
高く	圧縮性	膨潤性	良質	緑化

ワンポイントアドバイス

(1) 6ページ「1.3　盛土の施工」参照

(2) 主な法面の施工方法を、表1-2に示す。

(3) 法面保護工は、植物による法面保護工（法面緑化工）と構造物による法面保護工（構造物工）とに大きく分けられ、法面緑化工はさらに、植生工とその補助を目的とする緑化基礎工に分けられる。
法面緑化工は、法面に植生を成立させて風化や浸食を防止し、それと併せて自然環境の保全や修景を行う法面保護工である。

表1-4　主な法面の施工方法

法面勾配の状態	施工方法
法面勾配が 1：1.8前後の場合	法面を丁張に従って粗仕上げしてから、自重1t以上の振動ローラ等を図1-1のように牽引または盛土の天端より巻き上げながら締め固める。 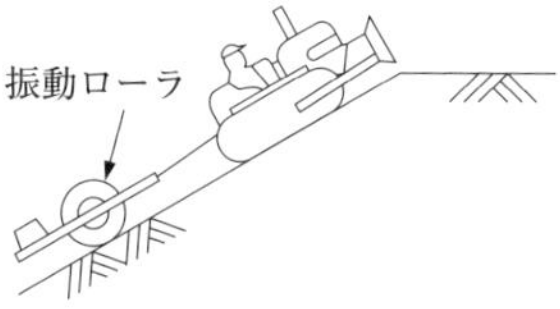 振動ローラ 図1-1　振動ローラによる締固め
盛土材料が良質で 法面勾配が 1：2.0程度までの場合	ブルドーザを図1-2のように法面に丹念に走らせて締め固める。この場合、法尻にブルドーザのための平地があるとよい。  水平に締め固めた層 図1-2　ブルドーザによる締固め
法面勾配が 1：0.5程度の場合	通常の締固め機械では施工できなくなるので、特殊な機械を用いるか、法肩部から土羽打ちを行う。図1-3は、バックホゥで盛土の法肩から法面の盛土材料を補給しながら、バケットの底面で法面整形を行う方法である。 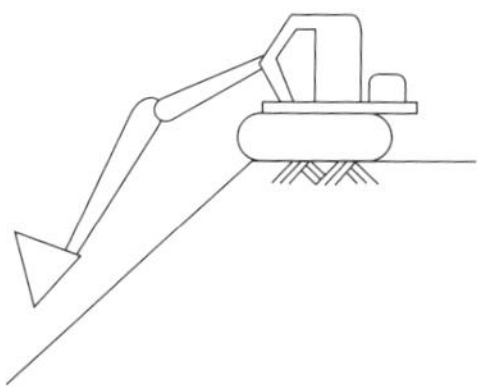 図1-3　土羽打ちによる締固め

図1-1～1-3出典：日本道路協会編『道路土工ー盛土工指針（平成22年度版）』日本道路協会、2010年、242ページ、「解図5-6-1」

例題 1-14 平成26年　2級土木施工管理技術検定（実地）試験　必須問題〔問題2-2〕 

盛土に高含水比の現場発生土を使用する場合，**下記の（1），（2）についてそれぞれ1つ**解答欄に記述しなさい。

(1)　土の含水量の調節方法

(2)　敷均し時の施工上の留意点

解答例

下記の中からそれぞれ1つ選び、解答欄に簡潔に記述すればよい。

（1）土の含水量の調節方法	・トレンチ掘削により排水を促進させ、含水量を低下させる。 ・含水比の低い盛土材料を混合し、含水量を低下させる。 ・石灰を混合し、含水量を低下させる。
（2）敷均し時の施工上の留意点	・こね返しが生じないように、湿地ブルドーザを用いて薄層に敷き均す。 ・高い盛土を行う場合は、盛土内に透水性のよい山砂等で排水層を設けて、排水層から有孔管を用いて水を排出する。

ワンポイントアドバイス　高含水比粘性土を盛土材料として使用するときは、運搬機械によるわだち掘れが盛土にできたり、こね返しによって著しく強度低下したりするので、次に示すような普通の盛土材料と異なった敷均し方法がとられる。

- ブルドーザ施工の場合は、湿地ブルドーザを使用する。
- 高い盛土を行う場合は、盛土内の含水比を低下させるため、一定の高さごとに透水性の良い山砂等で排水層を設け、排水層からは有孔管等を用いて水を外に出す。

ワンポイントアドバイス　含水量の調節は、材料の自然含水比が締固め時に規定される施工含水比の範囲内にない場合に、その範囲に入れるよう調節するもので、次のものがある。

- ばっ気は、気乾して含水比の低下を図ることで、締固めに先立って敷き均し、放置したり、かき起こしたりして乾燥させる。
- 切土または土取り場の掘削に先がけて、切土作業面より下にトレンチ（溝）を掘削し、地下水位を下げることにより材料の含水比の低下を図るもので、比較的効果が認められている。
- 材料に散水して含水比を高めるもので、敷き均した後、締固めにあたって散水する。

例題 1-15 平成25年 2級土木施工管理技術検定（実地）試験 必須問題〔問題2-1〕

切土法面の施工に関する次の文章の［　　］に当てはまる**適切な語句を，下記の［語句］から選び**解答欄に記入しなさい。

(1) 切土法面の施工中は，雨水などによる法面［（イ）］や崩壊・落石などが発生しないように一時的な法面の排水，法面保護，落石防止を行う。また，掘削終了を待たずに切土の施工段階に応じて順次［（ロ）］から保護工を施工するのがよい。

(2) 一時的な切土法面の排水は，ビニールシートや土のうなどの組合せにより，仮排水路を［（ハ）］の上や小段に設け，雨水を集水して［（ニ）］で法尻へ導いて排水し，できるだけ切土部への水の浸透を防止するとともに法面に雨水などが流れないようにすることが望ましい。

(3) 法面保護は，法面全体をビニールシートなどで被覆したり，モルタル吹付けにより法面を保護することもある。

(4) 落石防止としては，亀裂の多い岩盤や礫などの［（ホ）］の多い法面では，仮設の落石防護網や落石防護柵を施工することもある。

［語句］ 飛散，縦排水路，転倒，中間部，法肩，
上方，傾斜面，浸食，水平排水孔，浮石，
植生工，地下水，地下排水溝，下方，乾燥

解答例

（イ）	（ロ）	（ハ）	（ニ）	（ホ）
浸食	上方	法肩	縦排水路	浮石

ワンポイントアドバイス 342ページ「表1-1 切土法面の施工の留意事項」を参照。

例題 1-16 平成25年　2級土木施工管理技術検定（実地）試験　必須問題〔問題2-2〕

次の建設機械の中から**2つ選び，その主な特徴（用途，機能）**を解答欄に記述しなさい。

・ブルドーザ
・振動ローラ
・クラムシェル
・トラクターショベル（ローダ）
・モーターグレーダ

解答例

下表の中から２つ選び、その特徴をそれぞれ１つ簡潔に解答欄に記述する。

建設機械	主な特徴（用途、機能）
ブルドーザ	• クローラ（履帯）式またはホイール（車輪）式のトラクタに、作業装置として土工板（ブレード）を取り付けた機械である。 • 土砂の掘削、押土および短距離の運搬作業に使用するほか、整地、締固め、伐開、除雪などにも用いられる。 • ブルドーザは、60m以下の土砂運搬に適している。
振動ローラ	• 振動ローラは、鉄輪内に配置された振動機構で発生する起振力によって自重以上の転圧力を得る機械であり、小型の機種でも従来の大型の機械に匹敵する性能を有する。 • 振動ローラは、ロードローラに比べると小型で、砂や砂利の締固めに適している。
クラムシェル	• クローラクレーンのブームからワイヤロープによって吊り下げた開閉式のバケットで掘削する機械である。 • シールドの立坑やオープンケーソンの掘削、水中掘削など、狭い場所で深い掘削のほか、砂や砂利の荷役作業にも用いられる。

建設機械	主な特徴（用途、機能）
トラクターショベル（ローダ）	• クローラ式またはホイール式のトラクタにバケットを取り付けた機械で、積込み・運搬作業を主体に切り崩し、集積などの作業にも使用されている。
モーターグレーダ	• ブレードを上下左右に動かしたり、旋回させて任意の姿勢がとれるように取り付けたものである。 • モーターグレーダは、L形溝の掘削・整形、砂利道の補修、土の敷均し、除雪などの作業にも用いられるが、これらの作業の中で特に路面の精密仕上げに適している。

ワンポイントアドバイス 15ページ「1.5　建設機械」参照

例題 1-17 平成24年　2級土木施工管理技術検定（実地）試験　必須問題〔問題2-1〕

盛土の施工に関する次の文章の［　　］に当てはまる**適切な語句を，下記の語句から選び**解答欄に記入しなさい。

(1)　盛土に用いる材料としては，敷均しや締固めの施工が容易で締め固めた後のせん断強さが大きく［（イ）］が少なく，雨水などの侵食に対して強いとともに吸水による膨潤性の低いことが望ましい。

(2)　敷均しは，盛土を均一に締め固めるために最も重要な作業であり，［（ロ）］でていねいに敷均しを行えば均一でよく締まった盛土を築造することができる。

(3)　含水量の調節は，材料の自然［（ハ）］が締固め時に規定される施工［（ハ）］の範囲内にない場合にはその範囲に入るよう，［（ニ）］やトレンチ掘削による［（ハ）］の低下，散水の方法などがとられる。

(4)　最適含水比，最大［（ホ）］に締め固められた土は，その締固めの条件のもとでは土の間隙が最小である。

［語句］　支持力，　収縮性，　押え盛土，　薄層，　劣化，
サンドマット，　軽量盛土，　飽和度，　ばっ気乾燥，　含水比，
乾燥密度，　圧縮性，　コーン指数，　高まき出し，　N値

解答例

(イ)	(ロ)	(ハ)	(ニ)	(ホ)
圧縮性	薄層	含水比	ばっ気乾燥	乾燥密度

ワンポイントアドバイス 6ページ「1.3　盛土の施工」および174ページ「(2) 盛土の品質管理」参照

例題 1-18 平成24年　2級土木施工管理技術検定（実地）試験　必須問題〔問題2-2〕 

軟弱地盤対策工法に関する次の工法から**2つ選び，その工法名とその工法の特徴について**解答欄に記述しなさい。

・盛土荷重載荷工法
・サンドドレーン工法
・軽量盛土工法
・深層混合処理工法
・サンドマット工法

解答例

下表の中から2つ選び、その特徴をそれぞれ簡潔に解答欄に記述する。

工法名	工法の特徴
盛土荷重載荷工法	軟弱地盤上などに構造物をつくる場合、あらかじめ盛土などによって載荷を行い、圧密沈下と強さの増加を待ってから盛土を取り除き、構造物を築造する方法である。
サンドドレーン工法	軟弱地盤中に砂柱によって鉛直方向の排水層を設けて、構造物あるいは盛土の荷重によって土中の水分を排水層にしぼり出し、鉛直上方向に排水することによって、地盤の強さの増加を図る工法である。

工法名	工法の特徴
軽量盛土工法	盛土材料として、発泡スチロール等の軽量な材料を使用して、沈下を抑えた工法である。
深層混合処理工法	主として石灰やセメント系の安定材と、基礎地盤の軟弱土とを地中で強制的に混合することにより、固結した柱状、壁状、ブロック状などの混合処理土を形成させる工法である。
サンドマット工法	軟弱地盤上に厚さ0.5 ～ 1.2m程度のサンドマット（敷砂）を施工するもので、施工機械のトラフィカビリティーの確保に用いられる。

ワンポイントアドバイス 10ページ「1.4　軟弱地盤対策工法」参照

第2章 コンクリート工

コンクリート工は、土工と同様に必須問題なので特に重要である。また、特にコンクリートに関する用語の出題頻度が高いので、主な用語の意味を記述できるようにしておくことが望ましい。

例題2-1 令和2年 2級土木施工管理技術検定（実地）試験 必須問題〔問題4〕

コンクリートの打込み，締固め，養生に関する次の文章の［ ］の（イ）～（ホ）にあてはまる適切な語句を，次の語句から選び解答欄に記入しなさい。

(1) コンクリートの打込み中，表面に集まった［（イ）］水は，適当な方法で取り除いてからコンクリートを打ち込まなければならない。

(2) コンクリート締固め時に使用する棒状バイブレータは，材料分離の原因となる［（ロ）］移動を目的に使用してはならない。

(3) 打込み後のコンクリートは，その部位に応じた適切な養生方法により一定期間は十分な［（ハ）］状態に保たなければならない。

(4) ［（ニ）］セメントを使用するコンクリートの［（ハ）］養生期間は，日平均気温15℃以上の場合，5日を標準とする。

(5) コンクリートは，十分に［（ホ）］が進むまで，［（ホ）］に必要な温度条件に保ち，低温，高温，急激な温度変化などによる有害な影響を受けないように管理しなければならない。

［語句］

硬化,	ブリーディング,	水中,
混合,	レイタンス,	乾燥,
普通ポルトランド,	落下,	中和化,
垂直,	軟化,	コールドジョイント,
湿潤,	横,	早強ポルトランド

解答例

(イ)	(ロ)	(ハ)	(ニ)	(ホ)
ブリーディング	横	湿潤	普通ポルトランド	硬化

ワンポイントアドバイス　34ページ「2.4　コンクリートの施工」を参照

例題2-2　令和2年　2級土木施工管理技術検定（実地）試験　必須問題〔問題5〕 

コンクリートに関する次の用語から**2つ選び，用語とその用語の説明についてそれぞれ**解答欄に記述しなさい。

・コールドジョイント
・ワーカビリティー
・レイタンス
・かぶり

解答例

下表の中から２つを選び記述する。

用語	用語の説明
コールドジョイント	コンクリートを層状に打ち込む場合に、先に打ち込んだコンクリートと後から打ち込んだコンクリートとの間が、完全に一体化していない不連続面。
ワーカビリティー	材料分離を生じることなく、運搬、打込み、締固め、仕上げ等の作業のしやすさ。
レイタンス	コンクリートの打込み後、ブリーディングに伴い、内部の微細な粒子が浮上し、コンクリート表面に形成するぜい弱な物質の層。
かぶり	コンクリート表面から鉄筋表面までの最短距離。

ワンポイントアドバイス　巻末の用語解説を参照

例題2-3　令和元年　2級土木施工管理技術検定（実地）試験　必須問題〔問題4〕

コンクリートの打込みにおける型枠の施工に関する次の文章の［　　　］の（イ）～（ホ）に当てはまる**適切な語句を，次の語句から選び**解答欄に記入しなさい。

(1)　型枠は，フレッシュコンクリートの［（イ）］に対して安全性を確保できるものでなければならない。また，せき板の継目はモルタルが［（ロ）］しない構造としなければならない。

(2)　型枠の施工にあたっては，所定の［（ハ）］内におさまるよう，加工及び組立てを行わなければならない。型枠が所定の間隔以上に開かないように，［（ニ）］やフォームタイなどの締付け金物を使用する。

(3)　コンクリート標準示方書に示された，橋・建物などのスラブ及び梁の下面の型枠を取り外してもよい時期のコンクリートの［（ホ）］強度の参考値は14.0N/mm^{2}である。

［語句］　スペーサ，　鉄筋，　圧縮，　引張り，　曲げ，　変色，
精度，　面積，　季節，　セパレータ，　側圧，　温度，
水分，　漏出，　硬化

解答例

（イ）	（ロ）	（ハ）	（ニ）	（ホ）
側圧	漏出	精度	セパレータ	圧縮

ワンポイントアドバイス　40ページ「(8) 型枠および支保工」参照

型枠の施工について主な留意点を次に示す。

- フレッシュコンクリートの**側圧**を考慮して設計する。
- 作用荷重に対して、形状および位置を正確に保てるように、適切な**締付け金具**を選定する。
- 組立および取外しが容易で、取外し時にコンクリートその他に振動や衝撃等を及ぼさない構造とする。また、**せき板**または**パネルの継目**はなるべく**部材軸**に**直角**または**平行**とし、**モルタルが漏出しない**構造とする。

・型枠の施工にあたっては、所定の型枠材を用い、所定の**精度内**におさまるよう、加工および組立を行う。

例題2-4　令和元年　2級土木施工管理技術検定（実地）試験　必須問題〔問題5〕 

コンクリートの施工に関する次の①～④の記述のいずれにも語句又は数値の誤りが文中に含まれている。**①～④のうちから2つ選び，その番号をあげ，誤っている語句又は数値と正しい語句又は数値**をそれぞれ解答欄に記述しなさい。

① コンクリートを打込む際のシュートや輸送管，バケットなどの吐出口と打込み面までの高さは2.0m以下が標準である。

② コンクリートを棒状バイブレータで締固める際の挿入間隔は，平均的な流動性及び粘性を有するコンクリートに対しては，一般に100cm以下にするとよい。

③ 打込んだコンクリートの仕上げ後，コンクリートが固まり始めるまでの間に発生したひび割れは，棒状バイブレータと再仕上げによって修復しなければならない。

④ 打込み後のコンクリートは，その部位に応じた適切な養生方法により一定期間は十分な乾燥状態に保たなければならない。

解答例

誤っている語句または数値と正しい語句または数値は、下表のとおりとなる。①～④のうち2つを選び記述する。

番号	誤っている語句または数値	正しい語句または数値
①	2.0m	1.5m
②	100cm	50cm
③	棒状バイブレータ	タンピング
④	乾燥	湿潤

ワンポイントアドバイス 34ページ「2.4　コンクリートの施工」参照

例題2-5　平成30年　2級土木施工管理技術検定（実地）試験　必須問題〔問題4〕

フレッシュコンクリートの仕上げ，養生及び硬化したコンクリートの打継目に関する次の文章の［　　］の（イ）～（ホ）に当てはまる**適切な語句を，次の語句から選び**解答欄に記入しなさい。

(1)　仕上げとは，打込み，締固めがなされたフレッシュコンクリートの表面を平滑に整える作業のことである。仕上げ後，ブリーディングなどが原因の［（イ）］ひび割れが発生することがある。

(2)　仕上げ後，コンクリートが固まり始めるまでに，ひび割れが発生した場合は，［（ロ）］や再仕上げを行う。

(3)　養生とは，打込み後一定期間，硬化に必要な適当な温度と湿度を与え，有害な外力などから保護する作業である。湿潤養生期間は，日平均気温が15℃以上では［（ハ）］で7日と，使用するセメントの種類や養生期間中の温度に応じた標準日数が定められている。

(4)　新コンクリートを打ち継ぐ際には，打継面の［（ニ）］や緩んだ骨材粒を完全に取り除き，十分に［（ホ）］させなければならない。

［語句］　水分，　普通ポルトランドセメント，
吸水，　乾燥収縮，
パイピング，　プラスチック収縮，
タンピング，　保温，
レイタンス，　混合セメント（B種），
ポンピング，　乾燥，
沈下，　早強ポルトランドセメント，　エアー

解答例

（イ）	（ロ）	（ハ）	（ニ）	（ホ）
沈下	タンピング	混合セメント（B種）	レイタンス	吸水

ワンポイントアドバイス 34ページ「2.4　コンクリートの施工」参照
仕上げ作業後、コンクリートが固まり始めるまでの間に発生したひび割れ（鉄筋位置の表面にはコンクリートの沈下によるひび割れが発生することがある）は、タンピング（コンクリート表面をたたいて締め固める作業）と再仕上げによって修復する。

例題2-6　平成30年　2級土木施工管理技術検定（実地）試験　必須問題〔問題5〕 

コンクリートに関する次の用語から**2つ選び，用語名とその用語の説明**についてそれぞれ解答欄に記述しなさい。

・ブリーディング
・コールドジョイント
・AE剤
・流動化剤

解答例

下表の中から2つを選び記述する。

用語名	用語の説明
ブリーディング	コンクリートが打ち終わると、水がコンクリート表面に上昇してくる現象。
コールドジョイント	コンクリートを層状に打ち込む場合、先に打ち込んだコンクリートと後から打込んだコンクリートとの間が、完全に一体化していない不連続面。
AE剤	コンクリート中に、多数の微細な独立した空気の泡を一様に分布させ、ワーカビリティーおよび耐凍害性を向上させる混和剤。
流動化剤	配合や硬化後の品質を変えることなく、練上がり後に添加することで、流動性を大幅に改善させる混和剤

ワンポイントアドバイス 25ページ「表2-5　主な混和剤」、26ページ「2.2　コンクリートの性質」参照

例題2-7　平成29年　2級土木施工管理技術検定（実地）試験　必須問題〔問題4〕

コンクリートの打継ぎの施工に関する次の文章の［　　］の（イ）～（ホ）に当てはまる**適切な語句を，下記の語句から選び**解答欄に記入しなさい。

(1)　打継目は，構造上の弱点になりやすく，［（イ）］やひび割れの原因にもなりやすいため，その配置や処理に注意しなければならない。

(2)　打継目には，水平打継目と鉛直打継目とがある。いずれの場合にも，新コンクリートを打ち継ぐ際には，打継面の［（ロ）］や緩んだ骨材粒を完全に取り除き，コンクリート表面を［（ハ）］にした後，十分に［（ニ）］させる。

(3)　水密を要するコンクリート構造物の鉛直打継目では，［（ホ）］を用いる。

［語句］　ワーカビリティー，　乾燥，　モルタル，　密実，
漏水，　コンシステンシー，　平滑，　吸水，
はく離剤，　粗，　レイタンス，　豆板，
止水板，　セメント，　給熱

解答例

（イ）	（ロ）	（ハ）	（ニ）	（ホ）
漏水	レイタンス	粗	吸水	止水版

ワンポイントアドバイス　38ページ「(6) 打継ぎ」参照

例題2-8　平成29年　2級土木施工管理技術検定（実地）試験　必須問題〔問題3〕

コンクリートに関する次の用語から**2つ選び，用語とその用語の説明をそれぞれ**解答欄に記述しなさい。

ただし，解答欄の記入例と同一内容は不可とする。

・ エントレインドエア
・ スランプ
・ ブリーディング
・ 呼び強度
・ コールドジョイント

解答例

下表の中から2つ選び記述する。

用語	用語の説明
エントレインドエア	AE剤または空気連行作用のある混和剤を用いて、コンクリート中に連行させた独立した微細な空気泡。
スランプ	フレッシュコンクリートの軟らかさの程度を示すもので、スランプコーンを引き上げた直後に測った頂部からの下がりで表す。
ブリーディング	コンクリートが打ち終わると、水がコンクリート表面に上昇してくる現象。
呼び強度	現場で生コンを発注する時に指定する強度のことで、生コン工場が打設28日後においてその強度が出ることを保証しているもの。
コールドジョイント	コンクリートを層状に打ち込む場合、先に打ち込んだコンクリートと後から打込んだコンクリートとの間が、完全に一体化していない不連続面。

ワンポイントアドバイス 26ページ「2.2　コンクリートの性質」参照
コンクリート中の空気には**エントレインドエア**と**エントラップトエア**があり、エントラップトエアとは混和剤を用いないコンクリートに、その練混ぜ中に自然に取り込まれる空気泡をいう。
また土木では、呼び強度＝設計基準強度としているが、建築では設計基準強度に温度補正などを加味したものを呼び強度としている。

例題2-9　平成28年　2級土木施工管理技術検定（実地）試験　必須問題〔問題4〕

コンクリート用混和剤の種類と機能に関する次の文章の［　　］の（イ）～（ホ）に当てはまる**適切な語句を，下記の語句から選び**解答欄に記入しなさい。

(1)　AE剤は，ワーカビリティー，［（イ）］などを改善させるものである。
(2)　減水剤は，ワーカビリティーを向上させ，所要の単位水量及び［（ロ）］を減少させるものである。
(3)　高性能減水剤は，大きな減水効果が得られ，［（ハ）］を著しく高めることが可能なものである。
(4)　高性能AE減水剤は，所要の単位水量を著しく減少させ，良好な［（ニ）］保持性を有するものである。
(5)　鉄筋コンクリート用［（ホ）］剤は，塩化物イオンによる鉄筋の腐食を抑制させるものである。

［語句］
中性化，　単位セメント量，　凍結，
空気量，　強度，　コンクリート温度，
遅延，　スランプ，　粗骨材量，
塩化物量，　防せい，　ブリーディング，
細骨材率，　耐凍害性，　アルカリシリカ反応

解答例

（イ）	（ロ）	（ハ）	（ニ）	（ホ）
耐凍害性	単位セメント量	強度	スランプ	防せい

ワンポイントアドバイス　**高性能減水剤**は、減水率が特に高く、高強度コンクリートまたは流動化コンクリート用として使用される。また**高性能AE減水剤**は、空気連行性をもった高性能減水剤で、スランプロス低減効果を付与された混和剤である。**防せい剤**は、鉄筋の防せい効果を期待するものである。
25ページ「表2-5　主な混和剤」参照

例題2-10 平成28年　2級土木施工管理技術検定（実地）試験　必須問題〔問題5〕

鉄筋コンクリート構造物の施工管理に関して，コンクリート打込み前に，鉄筋工及び型枠において現場作業で**確認すべき事項をそれぞれ1つずつ**解答欄に記述しなさい。

ただし，解答欄の記入例と同一内容は不可とする。

解答例

工種	確認すべき事項
鉄筋工	鉄筋の組み立てが、正しい位置に配置されているかを確認する。
型枠	型枠の寸法および不具合の有無の確認。

ワンポイントアドバイス　難しいことを記述するのではなく、一般的なことを記述すればよい。

例題2-11 平成27年　2級土木施工管理技術検定（実地）試験　必須問題〔問題4〕

コンクリート工事において，鉄筋を加工し，組み立てる場合の留意事項に関する次の文章の［　　］の（イ）～（ホ）に当てはまる**適切な語句又は数値を，下記の語句又は数値から選び**解答欄に記入しなさい。

(1)　鉄筋は，組み立てる前に清掃し，どろ，浮きさび等，鉄筋とコンクリートとの［（イ）］を害するおそれのあるものを取り除かなければならない。

(2)　鉄筋は，正しい位置に配置し，コンクリートを打ち込むときに動かないように堅固に組み立てなければならない。鉄筋の交点の要所は，直径［（ロ）］mm以上の焼なまし鉄線又は適切なクリップで緊結しなければならない。使用した焼なまし鉄線又はクリップは，［（ハ）］内に残してはならない。

(3)　鉄筋の［（ハ）］を正しく保つためにスペーサを必要な間隔に配置しなければならない。鉄筋は，材質を害しない方法で，［（ニ）］で加工することを原則とする。コンクリートを打ち込む前に鉄筋や型枠の配置や清掃状態などを確認するとともに，型枠をはがしやすくするために型枠表面に［（ホ）］剤を塗っておく。

［語句又は数値］　0.6,　常温,　圧縮,　はく離,　0.8,
付着,　有効高さ,　0.4,　スランプ,　遅延,
加熱,　硬化,　冷間,　引張,　かぶり

解答例

（イ）	（ロ）	（ハ）	（ニ）	（ホ）
付着	0.8	かぶり	常温	はく離

ワンポイントアドバイス　39ページ「(7) 鉄筋工」参照

例題2-12　平成27年　2級土木施工管理技術検定（実地）試験　必須問題〔問題5〕

コンクリートの養生は，コンクリート打込み後の一定期間実施するが，**養生の役割又は具体的な方法を2つ**解答欄に記述しなさい。

解答例

養生の役割	養生の具体的な方法
仕上げを終えたコンクリートを十分硬化させるために、適当な温度と湿度を与え、衝撃や余分な荷重を加えずに風雨、霜、直射日光から露出面を保護することである。	散水、湛水（たんすい）、湿布で覆うなどして、コンクリートを湿潤状態に保つ。また、寒い場合にはヒーターなどで温め、暑い場合には散水して冷却するなどしてコンクリートの温度を適切に保つ。

ワンポイントアドバイス　37ページ「(5) 養生」参照

例題2-13 平成26年　2級土木施工管理技術検定(実地)試験　必須問題〔問題3-1〕 

コンクリートの打継目に関する次の文章の［　　］に当てはまる**適切な語句を下記の語句から選び**，解答欄に記入しなさい。

(1)　打継目は，できるだけ［(イ)］の小さい位置に設け，打継面を部材の圧縮力の作用方向と直交させるのを原則とする。

(2)　水平打継目については，既に打ち込まれたコンクリートの表面の［(ロ)］や品質の悪いコンクリート，緩んだ骨材などを完全に取り除く。

(3)　鉛直打継目については，既に打ち込まれ硬化したコンクリートの打継面をワイヤブラシで削るか［(ハ)］などにより粗にして十分吸水させた後，新しくコンクリートを打ち継がなければならない。

(4)　打ち込んだコンクリートが打継面に行きわたり，打継面と密着するように打込み及び［(ニ)］を行わなければならない。

(5)　水密を要するコンクリート構造物の鉛直打継目では［(ホ)］を用いるのを原則とする。

［語句］

養生,	クラッキング,	止水板,
引張力,	レイタンス,	金網,
せん断力,	コンシステンシー,	締固め,
曲げの力,	チッピング,	スランプ,
仕上げ,	コールドジョイント,	接着

解答例

(イ)	(ロ)	(ハ)	(ニ)	(ホ)
せん断力	レイタンス	チッピング	締固め	止水板

ワンポイントアドバイス　38ページ「(6) 打継ぎ」参照

例題2-14 平成26年　2級土木施工管理技術検定（実地）試験　必須問題〔問題3-2〕 

コンクリートに関する**次の用語から2つ選び，その用語の説明をそれぞれ**解答欄に記述しなさい。

①スペーサ
②AE剤
③ワーカビリティー
④ブリーディング
⑤タンピング

解答例

下記の中から2つ選び、それぞれについて解答欄に簡潔に記述する。

用語	用語の説明
①スペーサ	鉄筋あるいはPC鋼材、シースなどに所定のかぶりを与えたり、その間隔を正しく保持したりするために用いる部品。
②AE剤	微小な独立した空気の泡を、コンクリート中に一様に分布させる混和剤。
③ワーカビリティー	材料分離を生じることなく、運搬、打込み、締固め、仕上げなどの作業が容易にできる程度を表すフレッシュコンクリートの性質。
④ブリーディング	フレッシュコンクリート、フレッシュモルタルおよびフレッシュペーストにおいて、固体材料の沈降または分離によって、練混ぜ水の一部が遊離して上昇する現象。
⑤タンピング	コンクリートの表面仕上げの前に、コンクリート表面を繰り返し軽く叩いて締め固める作業。

ワンポイントアドバイス　26ページ「2.2　コンクリートの性質」参照

例題2-15 平成25年 2級土木施工管理技術検定(実地)試験 必須問題〔問題3-1〕

コンクリートの打込み及び締固めに関する，次の文章の［　　］に当てはまる**適切な語句又は数値を，下記の［語句］から選び**解答欄に記入しなさい。

(1) コンクリートは，打上がり面がほぼ水平になるように打ち込むことを原則とする。コンクリートを2層以上に分けて打ち込む場合，上層と下層が一体となるように施工しなければならない。

下層のコンクリートに上層のコンクリートを打ち重ねる時間間隔は外気温が25℃を超える場合には許容打重ね時間間隔は［(イ)］時間を標準と定められている。下層のコンクリートが固まり始めている場合に打ち込むと上層と下層が完全に一体化していない不連続面の［(ロ)］が発生する。

締固めにあたっては，棒状バイブレータ（内部振動機）を下層のコンクリート中に［(ハ)］cm程度挿入しなければならない。

(2) コンクリートを十分に締め固められるように，棒状バイブレータ（内部振動機）はなるべく鉛直に一様な間隔で差し込み，一般に［(ニ)］cm以下にするとよい。1箇所あたりの締固め時間の目安は，コンクリート表面に光沢が現れてコンクリート全体が均一に溶けあったようにみえることなどからわかり，一般に［(ホ)］秒程度である。

［語句］ 150,　10,　4,　5～15,
コンシステンシー,　フレッシュペースト,
80,　3,　20～30,　100,
50,　30～60,　コールドジョイント,　30,　2

解答例

(イ)	(ロ)	(ハ)	(ニ)	(ホ)
2	コールドジョイント	10	50	5～15

ワンポイントアドバイス 35ページ「(2) 打込み」および「(3) 締固め」参照

例題2-16 平成25年　2級土木施工管理技術検定(実地)試験　必須問題〔問題3-2〕 

コンクリート構造物の型枠及び支保工の設置又は取外しの**施工上の留意点を2つ**解答欄に記述しなさい。

解答例

下記の中から2つ選び、それぞれについて解答欄に簡潔に記述する。

作業内容	施工上の留意点
型枠の設置	・型枠は、コンクリートの自重に対して必要な強度と剛性を有し、構造物の形状寸法にずれがないように施工する。 ・必要のある場合には、型枠の清掃、検査およびコンクリートの打込みに便利なように、適当な位置に一時的な開口を設ける。 ・型枠は、ボルトや鋼棒などによって締め付け、角材や軽量形鋼などによって連結し補強する。 ・せき板内面には、はく離剤を塗布することを原則とする。
支保工の設置	・支保工の組立てに先立って、基礎地盤を整地し、必要に応じて補強を行う。 ・コンクリートの打込み前および打込み中に、支保工の緩みや変形等の異常が生じていないことを確認する。 ・施工時および完成後のコンクリートの自重による沈下や変形を想定して、適切な上げ越しをつけておく。
型枠・支保工の取外し	・型枠および支保工は、コンクリートがその自重および施工期間中に加わる荷重を受けるのに必要な強度に達するまで、取り外してはならない。 ・コンクリートが必要な強度に達する時間を判定するには、構造物に打ち込まれたコンクリートと同じ状態で養生したコンクリート供試体の圧縮強度によるのがよい。 ・型枠および支保工の取外しの順序は、比較的荷重を受けにくい部分をまず取り外し、その後、残りの重要な部分を取り外す。

ワンポイントアドバイス 40ページ「(8) 型枠および支保工」参照

例題2-17 平成24年　2級土木施工管理技術検定（実地）試験　必須問題〔問題3-1〕 

コンクリートの締固めの施工に関する**留意点を2つ**解答欄に記述しなさい。

解答例

下記の中から2つ選び、それぞれについて解答欄に簡潔に記述する。

締固めの留意点
• コンクリートの締固めには、内部振動機（棒状バイブレータ）を用いることを原則とし、それが困難な場合には型枠振動機（型枠バイブレータ）を使用してよい。 • 挿入深さは、上下層が一体になるように、下層コンクリート中に10cm程度挿入する。 • 挿入間隔は、平均的な流動性や粘性をもつコンクリートでは、50cm以下にする。 • 挿入時間の標準は、5～15秒程度である。 • 内部振動機は、コンクリートに穴を残さないように、ゆっくりと引き抜く。また、コンクリートの材料分離の原因となるため、コンクリートを横移動させる目的で用いてはならない。 • 1台の内部振動機で締め固められるコンクリートの容積は、一般に1時間あたり4～8m³程度である。

ワンポイントアドバイス 35ページ「(3) 締固め」参照

例題2-18 平成24年　2級土木施工管理技術検定（実地）試験　必須問題〔問題3-2〕 

コンクリートに関する次の用語から**2つ選び，その用語名とその用語の説明を**解答欄に記述しなさい。

・アルカリシリカ反応
・かぶり
・AEコンクリート
・コールドジョイント
・マスコンクリート

解答例

下記の中から2つ選び、それぞれについて解答欄に簡潔に記述する。

用語	用語の説明
アルカリシリカ反応	アルカリと反応性をもつ骨材が、セメント、その他のアルカリ分と長期にわたって反応し、コンクリートに膨張、ひび割れ、ポップアウトを生じさせる現象。
かぶり	鋼材あるいはシースの表面から、コンクリート表面までの最短距離で計測したコンクリートの厚さ。
AEコンクリート	AE剤などを用いて微細な空気泡を含ませたコンクリート。
コールドジョイント	コンクリートを層状に打ち込む場合に、先に打ち込んだコンクリートと後から打ち込んだコンクリートとの間が、完全に一体化していない不連続面。
マスコンクリート	部材あるいは構造物の寸法が大きく、セメントの水和熱による温度の上昇の影響を考慮して設計・施工しなければならないコンクリート。

ワンポイントアドバイス 26ページ「2.2　コンクリートの性質」参照

第3章　工程管理

工程管理は選択問題であり、過去10年で7回出題されているが、そのうち6回が工事の施工手順に基づいて横線式工程表（バーチャート）を作成し、その所要日数を求める問題である。したがって、バーチャートの作成方法を理解しておく必要がある。

例題3-1　令和2年　2級土木施工管理技術検定（実地）試験　選択問題(2)〔問題9〕

下図のようなプレキャストボックスカルバートを築造する場合，施工手順に基づき**工種名を記述し，横線式工程表（バーチャート）を作成し，全所要日数**を求め解答欄に記述しなさい。

各工種の作業日数は次のとおりとする。

・床掘工5日　・養生工7日　・残土処理工1日　・埋戻し工3日
・据付け工3日　・基礎砕石工3日　・均しコンクリート工3日

ただし，床掘工と次の工種及び据付け工と次の工種はそれぞれ1日間の重複作業で行うものとする。

また，解答用紙に記載されている工種は施工手順として決められたものとする。

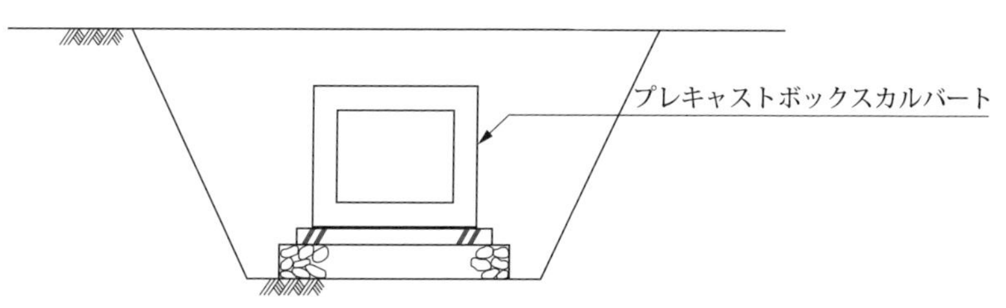

解答例

施工手順に従い、各工種を縦軸に列記して、その所要日数をもとに工程線を着手日から当てはめると、表3-1の横線式工程表（バーチャート）となり、所要日数は23日となる。

表3-1　横線式工程表（バーチャート）

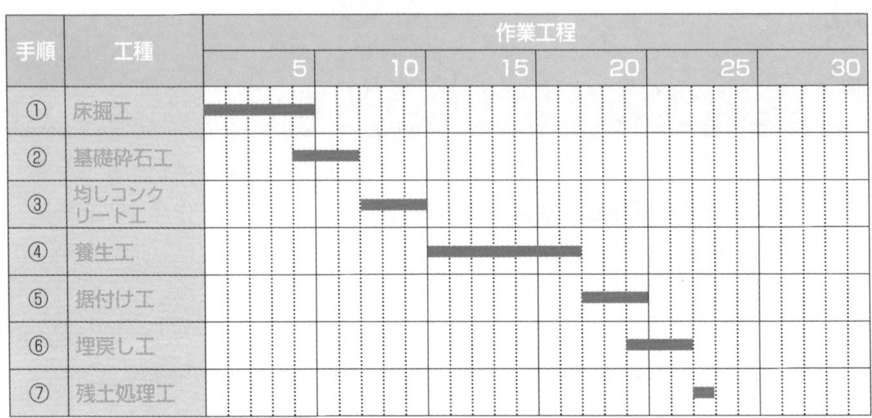

手順	工種	作業工程					
		5	10	15	20	25	30
①	床掘工						
②	基礎砕石工						
③	均しコンクリート工						
④	養生工						
⑤	据付け工						
⑥	埋戻し工						
⑦	残土処理工						

ワンポイントアドバイス 施工手順は、一般的な工事の手順なのでそれを縦軸に記述し、重複作業の日数を重ねることに注意して作成する。

例題3-2　令和元年　2級土木施工管理技術検定（実地）試験　選択問題(2)〔問題9〕

建設工事において用いる次の工程表の**特徴について，それぞれ1つずつ**解答欄に記述しなさい。

ただし，解答欄の（例）と同一内容は不可とする。

(1)　横線式工程表

(2)　ネットワーク式工程表

解答例

種別	工程表の特徴
(1) 横線式工程表	横線式工程表には、バーチャートとガントチャートがある。どちらも縦軸に部分工事をとり、バーチャートは横軸にその工事に必要な日数を、ガントチャートは各工事の出来高比率を棒線で記入した図表である。
(2) ネットワーク式工程表	矢線と丸印で組み立てられたネットワーク表示により、工事内容を系統立てて明確にし、作業相互の関連や順序、重点管理必要とする作業などを的確に判断できるようにした図表である。

ワンポイントアドバイス 112ページ「6.2 工程表の種類」参照

例題3-3 平成30年 2級土木施工管理技術検定（実地）試験 選択問題(2)〔問題9〕

下図のような現場打ちコンクリート側溝を築造する場合，施工手順に基づき**工種名を記述し横線式工程表（バーチャート）を作成し，全所要日数**を求め解答欄に記入しなさい。

各工種の作業日数は次のとおりとする。

・側壁型枠工5日　・底版コンクリート打設工1日　・側壁コンクリート打設工2日　・底版コンクリート養生工3日　・側壁コンクリート養生工4日　・基礎工3日床掘工5日　・埋戻し工3日　・側壁型枠脱型工2日

ただし，床掘工と基礎工については1日の重複作業で，また側壁型枠工と側壁コンクリート打設工についても1日の重複作業で行うものとする。

また，解答用紙に記載されている工種は施工手順として決められたものとする。

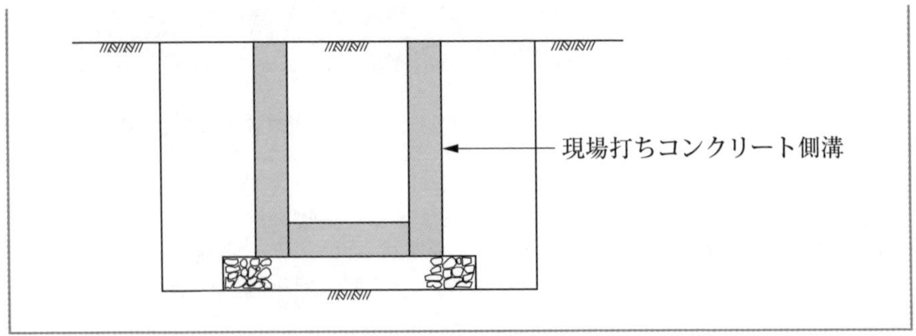

解答例

施工手順にしたがい、各工種を縦軸に列記して、その所要日数をもとに工程線を着手日から当てはめると、表3-2の横線式工程表（バーチャート）となり、所要日数は26日となる。

表3-2　横線式工程表（バーチャート）

手順	工種	作業工程																													
						5					10					15					20					25					30
①	床掘工	■	■	■	■	■																									
②	基礎工					■	■	■																							
③	側壁型枠工								■	■	■	■	■																		
④	側壁コンクリート打設工												■	■																	
⑤	側壁コンクリート養生工														■	■	■	■													
⑥	側壁型枠脱型工																		■	■											
⑦	底版コンクリート打設工																				■										
⑧	底版コンクリート養生工																					■	■	■							
⑨	埋戻し工																								■	■	■				

ワンポイントアドバイス 現場打ちコンクリート側溝の施工手順が分からなければバーチャートを作成できないが、側壁コンクリートの後に底版コンクリートを打設することだけを覚えておけば、あとは一般的な施工手順であるので表3-2のようなバーチャートが作成できる。

例題3-4　平成28年　2級土木施工管理技術検定（実地）試験　選択問題(2)〔問題9〕 

下図のようなプレキャストU型側溝を築造する場合，施工手順に基づき**工種名を記入し横線式工程表（バーチャート）を作成し，全所要日数を求め**解答欄に記述しなさい。

ただし，各工種の作業日数は下記の条件とする。

床掘工5日，据付け工4日，埋戻し工2日，基礎工3日，敷モルタル工4日，残土処理工1日とし，基礎工については床掘工と2日の重複作業，また，敷モルタル工と据付け工は同時作業で行うものとする。

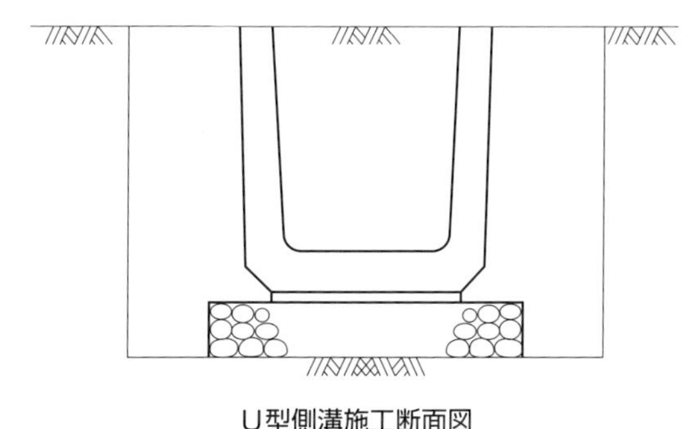

U型側溝施工断面図

解答例

施工手順にしたがい、各工種を縦軸に列記して、その所要日数をもとに工程線を着手日から当てはめると、表3-3の横線式工程表（バーチャート）となり、所要日数は13日となる。

表3-3　横線式工程表（バーチャート）

手順	工種	作業工程					
		5	10	15	20	25	30
①	床掘工						
②	基礎工						
③	敷モルタル工						

次ページへ続く

手順	工種	作業工程					
		5	10	15	20	25	30
④	据付け工						
⑤	埋戻し工						
⑥	残土処理工						

ワンポイントアドバイス　プレキャストU型側溝の施工手順は、施工場所の土を掘削し、基礎をつくり、その上に敷モルタルを施工しその上にプレキャストU型側溝を据え付ける。据付けが終了したら埋戻しを行い、最後に残土処理をして終了する。

例題3-5　平成25年　2級土木施工管理技術検定（実地）試験　選択問題〔問題4-2〕

下図のような置換土の上にコンクリート重力式擁壁を築造する場合，施工手順に基づき**横線式工程表（バーチャート）を作成し，その所要日数を求め**解答欄に記入しなさい。

ただし，各工種の作業日数は下記の条件とする。

養生工7日，コンクリート打込み工1日，基礎砕石工3日，床掘工7日，置換工6日，型枠組立工3日，型枠取外し工1日，埋戻し工3日とする。

なお，床掘工と置換工は2日，置換工と基礎砕石工は1日の重複作業で行うものとする。

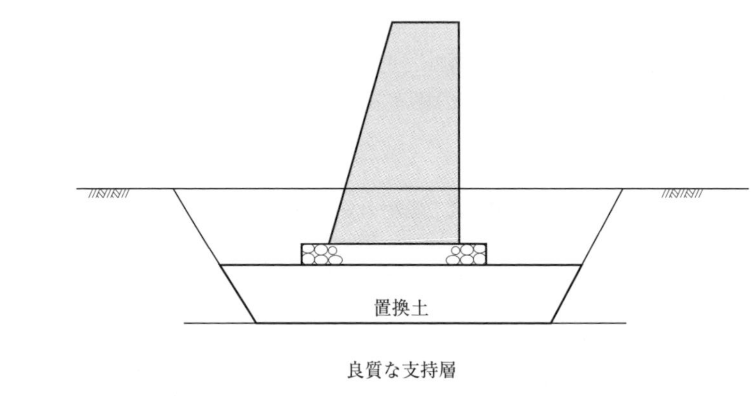

解答例

施工手順にしたがい、各工種を縦軸に列記して、その所要日数をもとに工程線を着手日から当てはめると、表3-4の横線式工程表（バーチャート）となり、所要日数は28日となる。

表3-4　横線式工程表（バーチャート）

手順	工種	作業工程					
		5	10	15	20	25	30
①	床掘工						
②	置換工						
③	基礎砕石工						
④	型枠組立工						
⑤	コンクリート打込み工						
⑥	養生工						
⑦	型枠取外し工						
⑧	埋戻し工						

ワンポイントアドバイス　114ページ「(1) 横線式工程表」参照

例題3-6　平成24年　2級土木施工管理技術検定（実地）試験　選択問題〔問題4-1〕

下図のような管渠を築造する場合，施工手順に基づき**横線式工程表（バーチャート）を作成し，その所要日数を求め**解答欄に記入しなさい。

ただし，各工種の作業日数は下記の条件とする。

基礎工4日，床掘工6日，型枠組立工2日，コンクリート打込み工1日，養生工7日，型枠取外し工1日，埋戻し工2日，管渠布設（据付け）工3日とし，基礎工については床掘工と2日の重複作業で行うものとする。

なお，管渠布設（据付け）は，スペーサーなどを用いて基礎工のコンクリートの打込み前に行うものとする。

また，解答欄の手順③⑦⑧については決められた施工手順とする。

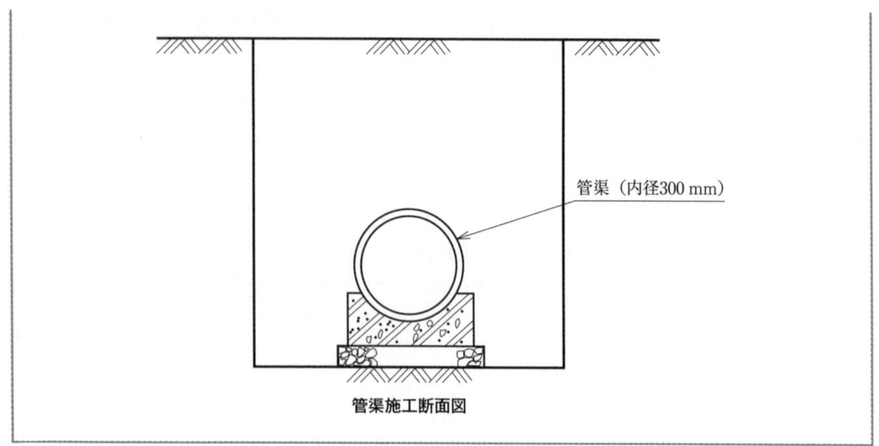

管渠施工断面図

解答例

施工手順にしたがい、各工種を縦軸に列記して、その所要日数をもとに工程線を着手日から当てはめると、表3-5の横線式工程表（バーチャート）となり、所要日数は24日となる。

表3-5　横線式工程表（バーチャート）

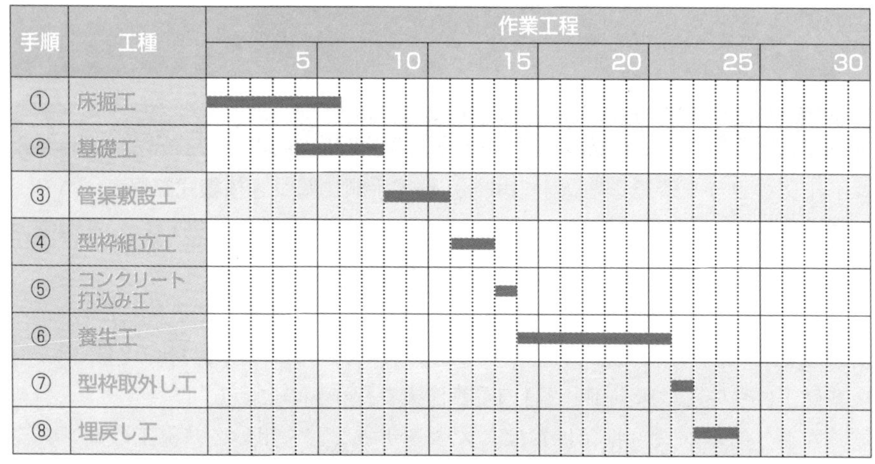

ワンポイントアドバイス　114ページ「(1) 横線式工程表」参照

第4章 安全管理

安全管理は選択問題ではあるが毎年出題される。特に足場、墜落防止および掘削作業等の安全管理についての出題では、これらの高さや幅等の具体的な数値を必要とする問題が多いので、重要な数値は覚えなければならない。

例題4-1 令和2年 2級土木施工管理技術検定(実地)試験 選択問題(2)〔問題7〕

建設工事における高所作業を行う場合の安全管理に関して，労働安全衛生法上，次の文章の［　　］の（イ）～（ホ）に当てはまる**適切な語句又は数値を，次の語句又は数値**から選び解答欄に記入しなさい。

(1) 高さが［（イ）］m以上の箇所で作業を行なう場合で，墜落により労働者に危険を及ぼすおそれのあるときは，足場を組立てる等の方法により［（ロ）］を設けなければならない。

(2) 高さが［（イ）］m以上の［（ロ）］の端や開口部等で，墜落により労働者に危険を及ぼすおそれのある箇所には，［（ハ）］，手すり，覆い等を設けなければならない。

(3) 架設通路で墜落の危険のある箇所には，高さ［（ニ）］cm以上の手すり又はこれと同等以上の機能を有する設備を設けなくてはならない。

(4) つり足場又は高さが5m以上の構造の足場等の組立て等の作業については，足場の組立て等作業主任者［（ホ）］を修了した者のうちから，足場の組立て等作業主任者を選任しなければならない。

［語句又は数値］

特別教育,	囲い,	85,	作業床,
3,	待避所,	幅木,	2,
技能講習,	95,	1,	アンカー,
技術研修,	休憩所,	75	

解答例

(イ)	(ロ)	(ハ)	(ニ)	(ホ)
2	作業床	囲い	85	技能講習

ワンポイントアドバイス 147ページ「7.5　墜落等による危険の防止」および「7.6　足場」を参照。

例題4-2　令和元年　2級土木施工管理技術検定（実地）試験　選択問題(2)〔問題8〕

下図に示す土止め支保工の組立て作業にあたり，**安全管理上必要な労働災害防止対策に関して労働安全衛生規則に定められている内容について2つ**解答欄に記述しなさい。

ただし，解答欄の（例）と同一内容は不可とする。

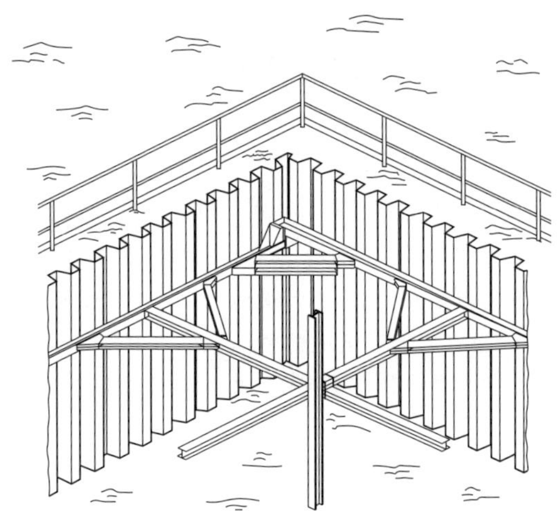

解答例

①土止め支保工を組み立てるときは、あらかじめ、組立図を作成し、当該組立図により組み立てる。

②土止め支保工の切梁または腹起しの取付けまたは取外しの作業を行うときは、その作業を行う箇所には、関係労働者以外の労働者が立ち入ることを禁止する。

ワンポイントアドバイス　上記の例以外にもいくつか解答がある。144ページ「(2) 土留め支保工」を参照すること。

例題4-3　平成30年　2級土木施工管理技術検定（実地）試験　選択問題(2)〔問題8〕

下図のような道路上で架空線と地下埋設物に近接して水道管補修工事を行う場合において，工事用掘削機械を使用する際に次の項目の事故を防止するため**配慮すべき具体的な安全対策**について，それぞれ1つ解答欄に記述しなさい。

(1)　架空線損傷事故

(2)　地下埋設物損傷事故

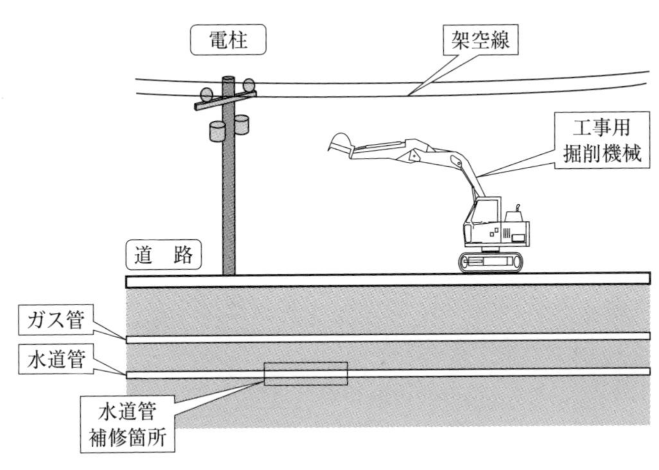

解答例

下表の中から１つずつ選び記述する。

項目	配慮すべき具体的な安全対策
(1) 架空線損傷事故	・監視人を置き、作業を監視させる。 ・架空線、電柱に防護具を装着する。 ・架空線、電柱との離隔距離を確保する。 ・工事用掘削機械が、架空線に接触しないように、作業範囲に囲いを設ける。
(2) 地下埋設物損傷事故	・施工に先立ち、埋設物管理者等が保管する台帳に基づいて試掘を行い、その埋設物の種類等を目視により確認し、その位置を道路管理者および埋設物管理者に報告する。 ・ガス導管の防護は、作業を指揮する者を指名して、その者の直接の指揮により作業させる。 ・埋設物のつり防護、受け防護を行う。 ・埋設物の付近では、管路を損傷するおそれのある機械は使用しない。

ワンポイントアドバイス　架空線損傷事故の安全対策は架空線等に接触しないようにすることであり、地下埋設物損傷事故の安全対策は試掘を行い、埋設物を確認して損傷しないようにすることである。

例題4-4　平成29年　2級土木施工管理技術検定（実地）試験　選択問題(1)〔問題7〕

建設工事における移動式クレーンを用いる作業及び玉掛作業の安全管理に関する，クレーン等安全規則上，次の文章の［　　］の（イ）～（ホ）に当てはまる**適切な語句を，下記の語句から選び**解答欄に記入しなさい。

(1)　移動式クレーンで作業を行うときは，一定の［（イ）］を定め，［（イ）］を行う者を指名する。

(2)　移動式クレーンの上部旋回体と［（ロ）］することにより労働者に危険が生ずるおそれの箇所に労働者を立ち入らせてはならない。

(3)　移動式クレーンに，その［（ハ）］荷重をこえる荷重をかけて使用してはならない。

(4)　玉掛作業は，つり上げ荷重が1t以上の移動式クレーンの場合は，［（ニ）］講習を終了した者が行うこと。

(5)　玉掛けの作業を行うときは，その日の作業を開始する前にワイヤロープ等玉掛用具の［（ホ）］を行う。

［語句］　誘導，　定格，　特別，　旋回，　措置，　接触，　維持，　合図，
防止，　技能，　異常，　自主，　転倒，　点検，　監視

解答例

（イ）	（ロ）	（ハ）	（ニ）	（ホ）
合図	接触	定格	技能	点検

ワンポイントアドバイス　132ページ「(2) 移動式クレーン」および205ページ「表2-5　免許または技能講習修了を要する業務」参照

例題4-5　平成28年　2級土木施工管理技術検定（実地）試験　選択問題(1)〔問題7〕

明り掘削作業時に事業者が行わなければならない安全管理に関し，労働安全衛生規則上，次の文章の［　　］の（イ）～（ホ）に当てはまる**適切な語句又は数値を，下記の語句又は数値から選び**解答欄に記入しなさい。

(1)　掘削面の高さが［（イ）］m以上となる地山の掘削（ずい道及びたて坑以外の坑の掘削を除く。）作業については，地山の掘削作業主任者を選任し，作業を直接指揮させなければならない。

(2) 明り掘削の作業を行う場合において，地山の崩壊又は土石の落下により労働者に危険を及ぼすおそれのあるときは，あらかじめ，［（ロ）］を設け，防護網を張り，労働者の立入りを禁止する等当該危険を防止するための措置を講じなければならない。

(3) 明り掘削の作業を行うときは，点検者を指名して，作業箇所及びその周辺の地山について，その日の作業を開始する前，［（ハ）］の後及び中震以上の地震の後，浮石及び亀裂の有無及び状態ならびに含水，湧水及び凍結の状態の変化を点検させること。

(4) 明り掘削の作業を行う場合において，運搬機械等が労働者の作業箇所に後進して接近するとき，又は転落するおそれのあるときは，［（ニ）］者を配置しその者にこれらの機械を［（ニ）］させなければならない。

(5) 明り掘削の作業を行う場所については，当該作業を安全に行うため作業面にあまり強い影を作らないように必要な［（ホ）］を保持しなければならない。

［語句又は数値］ 角度，　大雨，　3，　土止め支保工，
突風，　4，　型枠支保工，　照度，
落雷，　合図，　誘導，　濃度，
足場工，　見張り，　2

解答例

(イ)	(ロ)	(ハ)	(ニ)	(ホ)
2	土止め支保工	大雨	誘導	照度

ワンポイントアドバイス 141ページ「(1) 掘削の時期および順序等」参照

例題4-6 平成27年 2級土木施工管理技術検定（実地）試験 選択問題(1)〔問題7〕 

建設工事における足場を用いた場合の安全管理に関して，労働安全衛生法上，次の文章の[　　]（イ）～（ホ）に当てはまる**適切な語句又は数値を，下記の語句又は数値から選び**解答欄に記入しなさい。

(1) 高さ[（イ）]m以上の作業場所には，作業床を設けその端部，開口部には囲い手すり，覆い等を設置しなければならない。また，安全帯のフックを掛ける位置は，墜落時の落下衝撃をなるべく小さくするため，腰[（ロ）]位置のほうが好ましい。

(2) 足場の作業床に設ける手すりの設置高さは，[（ハ）]cm以上と規定されている。

(3) つり足場，張出し足場又は高さが5m以上の構造の足場の組み立て，解体又は変更の作業を行うときは，足場の組立等[（ニ）]を選任しなければならない。

(4) つり足場の作業床は，幅を[（ホ）]cm以上とし，かつ，すき間がないようにすること。

［語句又は数値］ 30，　作業主任者，　40，　より高い，
3，　と同じ，　1，　より低い，
100，　主任技術者，　2，　50，
75，　安全管理者，　85

解答例

（イ）	（ロ）	（ハ）	（ニ）	（ホ）
2	より高い	85	作業主任者	40

ワンポイントアドバイス 149ページ「7.6　足場」参照

実地　Ⅱ 分野別問題―4 安全管理

例題4-7　平成26年　2級土木施工管理技術検定（実地）試験　選択問題〔問題5-1〕 

事業者が，行わなければならない墜落事故の防止対策に関し，労働安全衛生規則上，次の文章の［　　］に当てはまる**適切な語句又は数値を下記の語句又は数値から選び**，解答欄に記入しなさい。

(1)　高さが2m以上の箇所で作業を行う場合，労働者が墜落するおそれがあるときは，足場を組み立て［（イ）］を設けなければならない。

(2)　高さ2m以上の［（イ）］の端，開口部等で墜落のおそれがある箇所には，［（ロ）］，手すり，覆い等を設けなければならない。

(3)　(2)において，［（ロ）］等を設けることが困難なときは，防網を張り，労働者に［（ハ）］等を使用させる等の措置を講じなければならない。

(4)　労働者に［（ハ）］等を使用させるときは，［（ハ）］等及びその取付け設備等の異常の有無について，［（ニ）］しなければならない。

(5)　高さ又は深さが［（ホ）］mをこえる箇所で作業を行うときは，作業に従事する労働者が安全に昇降するための設備等を設けなければならない。

［語句又は数値］　安全ネット，　適宜報告，　保管管理，　支保工，
2，　囲い，　照明，　1.5，
保護帽，　型枠工，　2.5，　作業床，
時々点検，　随時点検，　安全帯

解答例

（イ）	（ロ）	（ハ）	（ニ）	（ホ）
作業床	囲い	安全帯	随時点検	1.5

ワンポイントアドバイス　147ページ「7.5　墜落等による危険の防止」参照

例題4-8　平成25年　2級土木施工管理技術検定（実地）試験　選択問題〔問題5-2〕

供用中の道路上での大型道路情報板設置工事において，下図のような現場条件で移動式クレーンを使用する際に，架空線事故及びクレーンの転倒の**防止をするための対策を各々1つ**解答欄に記述しなさい。

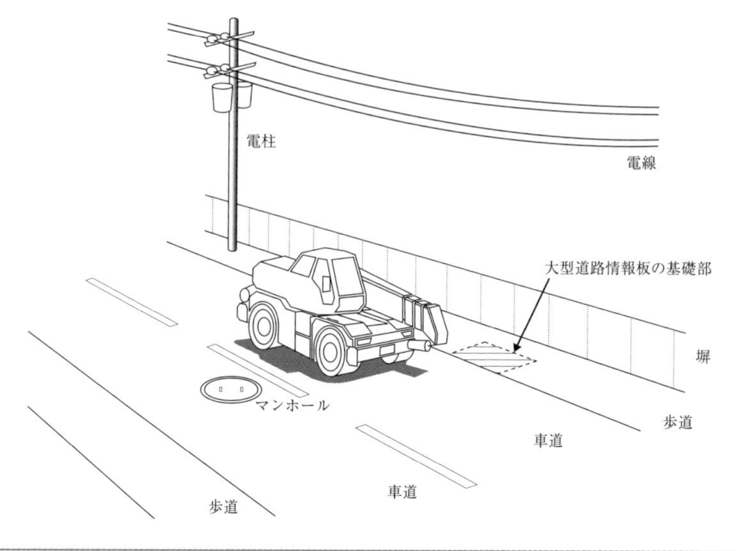

解答例

下記の項目の防止対策より各々１つを簡潔に解答欄に記述する。

	防止対策
架空線事故の防止	• 電線に絶縁用防護具を装着し、ブーム等の接触を防止する。 • 感電を防止するための囲いを設ける。また、囲いを設けられないときは、監視人を置く。 • 安全な離隔距離を確保する。
クレーンの転倒の防止	• 鉄板を敷き、車道の沈下を抑制する。 • アウトリガーを最大限張り出して作業を行う。 • 定格荷重を表示し、これを超える荷重をかけないようにする。

ワンポイントアドバイス 132ページ「(2) 移動式クレーン」参照

例題4-9 平成24年 2級土木施工管理技術検定（実地）試験 選択問題〔問題5-2〕 

建設工事において労働災害防止のために着用が必要な保護具を**2つあげ，各々の点検項目又は使用上の留意点について**記述しなさい。

解答例

下記の保護具より２つあげ、各々の点検項目または使用上の留意点を簡潔に解答欄に記述する。

保護具	点検項目	使用上の留意点
保護帽	• 損傷の有無 • 法に基づく「保護帽の規格」で規定されている構造・性能に適合した製品であるか。	• あごひもを正しく締める。 • 頭にあった保護帽を使用する。 • 一度でも大きな衝撃を受けた場合は使用しない。
安全帯	• ロープ、ベルトに損傷はないか。 • 法に基づく「安全帯の規格」で規定されている構造・性能に適合した製品であるか。 • 使用開始から一定期間を経過したロープ等は交換する。	• ベルトは、腰より上の位置に確実に装着する。 • フックは腰より高い位置の堅固な構造物に正しく取り付ける。 • ロープは、鋭い角のないところに取り付ける。
安全靴	• 甲被や表底が著しく損傷していないか。 • 日本工業規格の「安全靴」の構造・性能規定に適合している製品であるか。	• 衝撃、圧迫を受けた場合は、交換する。 • 表底が発泡ポリウレタンの場合は、熱、溶剤等により溶解することがあるので注意する。

ワンポイントアドバイス 保護帽（ヘルメット）と安全帯の点検項目と使用上の注意点は、覚えておく。

第5章　品質管理

品質管理は選択問題であるが最近2問出題され、特にレディーミクストコンクリートの受入検査に関する問題が多い。また、これらは定められた数値を必要とするものが多いので、受入検査に必要な許容差などの数値を覚えなければならない。

例題5-1　令和2年　2級土木施工管理技術検定（実地）試験　選択問題(3)〔問題6〕

土の原位置試験に関する次の文章の［　　］の（イ）～（ホ）に当てはまる**適切な語句を，次の語句から選び**解答欄に記入しなさい。

(1)　標準貫入試験は，原位置における地盤の［（イ）］，締まり具合または土層の構成を判定するための［（ロ）］を求めるために行うものである。

(2)　平板載荷試験は，原地盤に剛な載荷板を設置して［（ハ）］荷重を与え，この荷重の大きさと載荷板の沈下量との関係から［（ニ）］係数や極限支持力などの地盤の変形及び支持力特性を調べるための試験である。

(3)　RI計器による土の密度試験とは，放射性同位元素（RI）を利用して，土の湿潤密度及び［（ホ）］を現場において直接測定するものである。

［語句］　バラツキ，　硬軟，　N値，　圧密，　水平，　地盤反力，
膨張，　調整，　含水比，　P値，　沈下量，　大小，
T値，　垂直，　透水

解答例

（イ）	（ロ）	（ハ）	（ニ）	（ホ）
硬軟	N値	垂直	地盤反力	含水比

ワンポイントアドバイス 2ページ「1.1　土質調査」および巻末の用語解説を参照。

例題5-2　令和2年　2級土木施工管理技術検定（実地）試験　選択問題(2)〔問題8〕 

次の各種コンクリートの中から**2つ選び，それぞれについて打込み時又は養生時に留意する事項**を解答欄に記述しなさい。

・寒中コンクリート
・暑中コンクリート
・マスコンクリート

解答例

下表の中から2種類のコンクリートを選び、それぞれについて打込み時または養生時の留意事項を記述する。

種類	打込み時の留意事項	養生時の留意事項
寒中コンクリート	打込み時のコンクリートの温度は、5～20℃の範囲に保つ。	十分な圧縮強度が得られるまで、コンクリートの温度を5℃以上に保ち、さらに2日間は0℃以上に保つ。
暑中コンクリート	練混ぜ開始から打込み終わりまでの時間は1.5時間以内、打込み時のコンクリートの温度は35℃以下にする。	表面からの急激な乾燥を防ぐ。
マスコンクリート	打込み時のコンクリートの温度を、許容の範囲内で低くする。	表面を散水などで冷やすと逆にひび割れを誘発することがあるので、内部にパイプを配して冷水を流すパイプクーリングなどを行う。

ワンポイントアドバイス 42ページ「2.5　各種のコンクリート」を参照。

例題5-3 令和元年 2級土木施工管理技術検定(実地)試験 選択問題(1)〔問題6〕

盛土の締固め管理に関する次の文章の［　　］の（イ）～（ホ）に当てはまる**適切な語句を，次の語句から選び**解答欄に記入しなさい。

(1) 盛土工事の締固めの管理方法には，［（イ）］規定方式と［（ロ）］規定方式があり，どちらの方法を適用するかは，工事の性格・規模・土質条件などをよく考えたうえで判断することが大切である。

(2) ［（イ）］規定のうち，最も一般的な管理方法は，締固め度で規定する方法である。

(3) 締固め度 $= \dfrac{\text{［（ハ）］で測定された土の［（ニ）］}}{\text{室内試験から得られる土の最大［（ニ）］}} \times 100$（%）

(4) ［（ロ）］規定方式は，使用する締固め機械の種類や締固め回数，盛土材料の［（ホ）］厚さなどを，仕様書に規定する方法である。

［語句］ 積算，　安全，　品質，　工場，　土かぶり，
敷均し，　余盛，　現場，　総合，　環境基準，
現場配合，　工法，　コスト，　設計，　乾燥密度

解答例

（イ）	（ロ）	（ハ）	（ニ）	（ホ）
品質	工法	現場	乾燥密度	敷均し

ワンポイントアドバイス 174ページ「(2) 盛土の品質管理」参照

例題5-4　令和元年　2級土木施工管理技術検定（実地）試験　選択問題(1)〔問題7〕 

レディーミクストコンクリート（JIS A 5308）の受入れ検査に関する次の文章の［　　］の（イ）～（ホ）に当てはまる**適切な語句又は数値を，次の語句又は数値から選び**解答欄に記入しなさい。

(1)　［（イ）］が8cmの場合，試験結果が±2.5cmの範囲に収まればよい。

(2)　空気量は，試験結果が±［（ロ）］%の範囲に収まればよい。

(3)　塩化物イオン濃度試験による塩化物イオン量は，［（ハ）］kg/m^3以下の判定基準がある。

(4)　圧縮強度は，1回の試験結果が指定した［（ニ）］の強度値の85%以上で，かつ3回の試験結果の平均値が指定した［（ニ）］の強度値以上でなければならない。

(5)　アルカリシリカ反応は，その対策が講じられていることを，［（ホ）］計画書を用いて確認する。

［語句又は数値］

フロー，	仮設備，	スランプ，	1.0，
1.5，	作業，	0.4，	0.3，
配合，	2.0，	ひずみ，	せん断強度，
0.5，	引張強度，	呼び強度	

解答例

（イ）	（ロ）	（ハ）	（ニ）	（ホ）
スランプ	1.5	0.3	呼び強度	配合

ワンポイントアドバイス　170ページ「(1) レディーミクストコンクリートの受入検査」参照

例題5-5　平成30年　2級土木施工管理技術検定（実地）試験　選択問題(1)〔問題6〕

盛土に関する次の文章の［　　］の（イ）～（ホ）に当てはまる**適切な語句を，次の語句から選び**解答欄に記入しなさい。

(1)　盛土の施工で重要な点は，盛土材料を水平に敷くことと［（イ）］に締め固めることである。

(2)　締固めの目的として，盛土法面の安定や土の支持力の増加など，土の構造物として必要な［（ロ）］が得られるようにすることが上げられる。

(3)　締固め作業にあたっては，適切な締固め機械を選定し，試験施工などによって求めた施工仕様に従って，所定の［（ハ）］の盛土を確保できるよう施工しなければならない。

(4)　盛土材料の含水量の調節は，材料の［（ニ）］含水比が締固め時に規定される施工含水比の範囲内にない場合にその範囲に入るよう調節するもので，［（ホ）］，トレンチ掘削による含水比の低下，散水などの方法がとられる。

［語句］　押え盛土，　膨張性，　自然，　軟弱，　流動性，
収縮性，　最大，　ばっ気乾燥，　強度特性，　均等，
多め，　スランプ，　品質，　最小，　軽量盛土

解答例

（イ）	（ロ）	（ハ）	（ニ）	（ホ）
均等	強度特性	品質	自然	ばっ気乾燥

ワンポイントアドバイス　6ページ「1.3　盛土の施工」参照

例題5-6　平成30年　2級土木施工管理技術検定（実地）試験　選択問題(1)〔問題7〕

レディーミクストコンクリート（JIS A 5308）の普通コンクリートの荷おろし地点における受入検査の各種判定基準に関する次の文章の［　　］の（イ）～（ホ）に当てはまる**適切な語句又は数値を，次の語句又は数値から選び**解答欄に記入しなさい。

(1)　スランプが12cmの場合，スランプの許容差は±［（イ）］cmであり，［（ロ）］は4.5%で，許容差は±1.5%である。

(2)　コンクリート中の［（ハ）］は0.3kg/m³以下である。

(3)　圧縮強度の1回の試験結果は，購入者が指定した呼び強度の［（ニ）］の［（ホ）］%以上である。また，3回の試験結果の平均値は，購入者が指定した呼び強度の［（ニ）］以上である。

［語句又は数値］

骨材の表面水率,	補正値,	90,
塩化物含有量,	2.5,	アルカリ総量,
70,	空気量,	1.0,
標準値,	強度値,	ブリーディング量,
2.0,	水セメント比,	85

解答例

（イ）	（ロ）	（ハ）	（ニ）	（ホ）
2.5	空気量	塩化物含有量	強度値	85

ワンポイントアドバイス　170ページ「(1) レディーミクストコンクリートの受入検査」参照

例題5-7　平成29年　2級土木施工管理技術検定（実地）試験　選択問題(1)〔問題6〕

コンクリート構造物の鉄筋の組立・型枠の品質管理に関する次の文章の［　　］の（イ）～（ホ）に当てはまる**適切な語句を，下記の語句から選び**解答欄に記入しなさい。

(1)　鉄筋コンクリート用棒鋼は納入時にJIS G 3112に適合することを製造会社の［（イ）］により確認する。
(2)　鉄筋は所定の［（ロ）］や形状に，材質を害さないように加工し正しく配置して，堅固に組み立てなければならない。
(3)　鉄筋を組み立てる際には，かぶりを正しく保つために［（ハ）］を用いる。
(4)　型枠は，外部からかかる荷重やコンクリートの側圧に対し，型枠の［（ニ）］，モルタルの漏れ，移動，沈下，接続部の緩みなど異常が生じないように十分な強度と剛性を有していなければならない。
(5)　型枠相互の間隔を正しく保つために，［（ホ）］やフォームタイが用いられている。

［語句］　鉄筋，　断面，　補強鉄筋，　スペーサ，
表面，　はらみ，　ボルト，　寸法，
信用，　セパレータ，　下振り，　試験成績表，
バイブレータ，　許容値，　実績

解答例

（イ）	（ロ）	（ハ）	（ニ）	（ホ）
試験成績表	寸法	スペーサ	はらみ	セパレータ

ワンポイントアドバイス　39ページ「(7) 鉄筋工」、40ページ「(8) 型枠および支保工」参照

例題5-8 平成29年　2級土木施工管理技術検定（実地）試験　選択問題(2)〔問題8〕 

盛土の品質を確保するために行う**敷均し及び締固めの施工上の留意事項をそれぞれ**解答欄に記述しなさい。

解答例

項目	施工上の留意事項
敷均し	高まきを避け、水平の層に薄く敷き均す。
締固め	盛土材料の含水比を、締固め時に規定される施工含水比の範囲内に入るように、ばっ気乾燥や散水などにより調節する。

ワンポイントアドバイス 6ページ「1.3　盛土の施工」、174ページ「(2) 盛土の品質管理」参照

例題5-9 平成28年　2級土木施工管理技術検定（実地）試験　選択問題(1)〔問題6〕 

土の原位置試験に関する次の文章の［　　］の（イ）～（ホ）に当てはまる**適切な語句を，下記の語句から選び**解答欄に記入しなさい。

(1) 原位置試験は，土がもともとの位置にある自然の状態のままで実施する試験の総称で，現場で比較的簡易に土質を判定しようとする場合や乱さない試料の採取が困難な場合に行われ，標準貫入試験，道路の平板載荷試験，砂置換法による土の［（イ）］試験などが広く用いられている。

(2) 標準貫入試験は，原位置における地盤の硬軟，締まり具合などを判定するための［（ロ）］や土質の判断などのために行い，試験結果から得られる情報を［（ハ）］に整理し，その情報が複数得られている場合は地質断面図にまとめる。

(3)　道路の平板載荷試験は，道路の路床や路盤などに剛な載荷板を設置して荷重を段階的に加え，その荷重の大きさと載荷板の［（ニ）］との関係から地盤反力係数を求める試験で，道路，空港，鉄道の路床，路盤の設計や締め固めた地盤の強度と剛性が確認できることから工事現場での［（ホ）］に利用される。

［語句］

品質管理，	粒度加積曲線，	膨張量，	出来形管理，
沈下量，	隆起量，	N値，	写真管理，
密度，	透水係数，	土積図，	含水比，
土質柱状図，	間隙水圧，	粒度	

解答例

（イ）	（ロ）	（ハ）	（ニ）	（ホ）
密度	N値	土質柱状図	沈下量	品質管理

ワンポイントアドバイス　2ページ「1.1　土質調査」参照

例題5-10 平成28年　2級土木施工管理技術検定（実地）試験　選択問題（2）〔問題8〕

レディーミクストコンクリート（JIS A 5308）「普通―24―8―20―N」（空気量の指定と塩化物含有量の協議は行わなかった）の荷おろし時に行う受入れ検査に関する下記の項目の中から2項目を選び，その項目の**試験名と判定内容**を記入例を参考に解答欄に記述しなさい。

・スランプ
・塩化物イオン量
・圧縮強度

解答例

下表の中から２項目を選び記述する。

項目	試験名	判定内容
スランプ	スランプ試験	スランプ値は8cmで、その許容差は±2.5cmである。
塩化物イオン量	塩化物イオン濃度試験	コンクリートに含まれる塩化物含有量は、荷卸し地点で塩化物イオンとして0.3kg／m^{3}以下である。
圧縮強度	圧縮強度試験	１回の圧縮強度試験値がそれぞれ20.4N／mm^{2}以上であり、かつ３回の圧縮強度試験値の平均が24N／mm^{2}以上である。

ワンポイントアドバイス 170ページ「(1) レディーミクストコンクリートの受入検査」参照

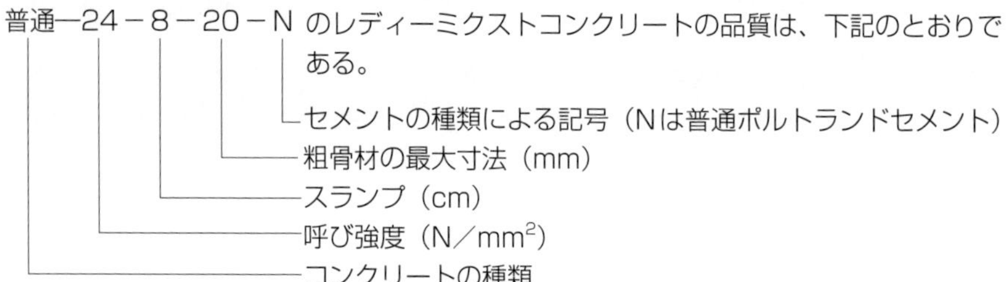

- スランプ8cmの許容差については、表8-5（170ページ）より±2.5cm。
- 圧縮強度については、１回の圧縮強度試験値は24×0.85＝20.4N／mm^{2}以上で、かつ３回の圧縮強度試験値の平均が呼び強度の強度値24N／mm^{2}以上でなければならない。

例題5-11 平成27年 2級土木施工管理技術検定（実地）試験 選択問題(1)〔問題6〕

レディーミクストコンクリート（JIS A 5308）の品質管理に関する次の文章の［　　］の（イ）～（ホ）に当てはまる**適切な語句又は数値を，下記の語句又は数値から選び**解答欄に記入しなさい。

(1) レディーミクストコンクリートの購入時の品質の指定

「普通—24—8—20—N」と指定したレディーミクストコンクリートでは，

└20の数値は，［（イ）］の最大寸法である。

└8の数値は，荷おろし地点での［（ロ）］の値である。

└24の数値は，［（ハ）］の値である。

(2) レディーミクストコンクリートの受け入れ検査項目の空気量と塩化物含有量

・普通コンクリートの空気量4.5％の許容差は，［（ニ）］％である。

・レディーミクストコンクリートの塩化物含有量は，荷おろし地点で塩化物イオン量として［（ホ）］kg/m^{3}以下である。

［語句又は数値］

スランプコーン,	±1.5,	引張強度,	0.2,
スランプフロー,	粗骨材,	曲げ強度,	0.3,
骨材,	0.4,	±2.5,	細骨材,
スランプ,	±3.5,	呼び強度	

解答例

（イ）	（ロ）	（ハ）	（ニ）	（ホ）
粗骨材	スランプ	呼び強度	±1.5	0.3

ワンポイントアドバイス 170ページ「(1) レディーミクストコンクリートの受入検査」参照

例題5-12 平成27年　2級土木施工管理技術検定（実地）試験　選択問題(2)〔問題8〕 

盛土の安定性を確保し良好な品質を保持するために求められる盛土材料として，**望ましい条件を2つ**解答欄に記述しなさい。

解答例

下記の中から2つ選んで、簡潔に解答欄に記述する。

盛土材料として望ましい条件
• 施工機械のトラフィカビリティーが確保できること。 • 所定の締固めが行いやすいこと。 • 締固められた土のせん断強度が大きく、圧縮性が小さいこと。 • 透水性が小さいこと（裏込め材などを除く）。 • 有機物（草木など）を含まないこと。 • 吸水による膨張性が低いこと。

ワンポイントアドバイス 7ページ「(1) 盛土材料」参照

例題5-13 平成26年　2級土木施工管理技術検定（実地）試験　選択問題(2)〔問題4-1〕

レディーミクストコンクリート（JIS A 5308）の普通コンクリートの荷卸し地点における受入れ検査に関する次の文章の［　　］に当てはまる**適切な語句又は数値を下記の語句又は数値から選び**，解答欄に記入しなさい。

強度試験の1回の試験結果は，指定した呼び強度の強度値の［（イ）］%以上でなければならず，また，3回の試験結果の［（ロ）］は，指定した呼び強度の強度値以上でなければならない。
スランプが8.0cmの場合，スランプの許容差は±［（ハ）］cmであり，普通コンクリートの［（ニ）］は4.5%で，許容差は±1.5%と定めている。また，塩化物含有量は，塩化物イオン量として［（ホ）］kg/m^{3}以下でなければならない。

［語句又は数値］　セメント量，　5，　最小値，　2.5，
85，　最大値，　0.3，　70，
空気量，　0.5，　90，　単位水量，
1.5，　0.1，　平均値

解答例

（イ）	（ロ）	（ハ）	（ニ）	（ホ）
85	平均値	2.5	空気量	0.3

ワンポイントアドバイス　170ページ「(1) レディーミクストコンクリートの受入検査」参照

例題5-14 平成26年　2級土木施工管理技術検定（実地）試験　選択問題〔問題4-2〕 

土の工学的性質を確認するための**試験の名称を5つ**解答欄に記入しなさい。試験の名称は，原位置試験又は室内土質試験のどちらからでも可とする。

ただし，解答欄の記入例と同一内容は不可とする。

解答例

下記の中から５つ選んで、解答欄に記述する。

原位置試験	室内土質試験
• 弾性波探査 • 電気探査 • 砂置換法による土の密度試験 • 標準貫入試験 • スウェーデン式サウンディング • ポータブルコーン貫入試験 • ベーン試験 • 平板載荷試験 • 現場CBR試験 • 現場透水試験	• 土粒子の密度試験 • 液性・塑性試験 （コンシステンシー試験） • 粒度試験 • 締固め試験 • 一面せん断試験 • 一軸圧縮試験 • 圧密試験 • 室内CBR試験

ワンポイントアドバイス　2ページ「1.1　土質調査」参照

例題5-15 平成25年　2級土木施工管理技術検定（実地）試験　選択問題〔問題4-1〕

コンクリートの品質管理に関する，次の文章の［　　］に当てはまる**適切な語句又は数値を，下記の［語句］から選び**解答欄に記入しなさい。

(1)　スランプの設定にあたっては，施工できる範囲内でできるだけスランプが［（イ）］なるように，事前に打込み位置や箇所，1回当たりの打込み高さなどの施工方法について十分に検討する。

打込みのスランプは，打込み時に円滑かつ密実に型枠内に打ち込むために必要なスランプで，作業などを容易にできる程度を表す［（ロ）］の性質も求められる。

(2)　AEコンクリートは，［（ハ）］に対する耐久性がきわめて優れているので，厳しい気象作用を受ける場合には，AEコンクリートを用いるのを原則とする。標準的な空気量は，練上り時においてコンクリートの容積の［（ニ）］%程度とすることが一般的である。適切な空気量は［（ロ）］の改善もはかることができる。

(3)　締固めが終わり打上り面の表面の仕上げにあたっては，表面に集まった水を，取り除いてから仕上げなければならない。この表面水は練混ぜ水の一部が表面に上昇する現象で［（ホ）］という。

［語句］　1～3，　凍害，　強く，　ブリーディング，
プレストレスト，　レイタンス，　ワーカビリティー，
水害，　8～10，　小さく，　クリープ，
4～7，　大きく，　コールドジョイント，　塩害

解答例

（イ）	（ロ）	（ハ）	（ニ）	（ホ）
小さく	ワーカビリティー	凍害	4～7	ブリーディング

ワンポイントアドバイス　30ページ「2.3　コンクリートの配合設計」および34ページ「2.4　コンクリートの施工（レディーミクストコンクリート）」参照

例題5-16 平成24年　2級土木施工管理技術検定（実地）試験　選択問題〔問題4-2〕 

次の鉄筋の継手種類のうちから**2つ選び，その継手名とその検査項目をそれぞれ1つ**記述しなさい。

・重ね継手
・ガス圧接継手
・突合せアーク溶接継手
・機械式継手

解答例

下記の中から2つの継手を選んで、その継手名とその検査項目をそれぞれ1つ解答欄に記述する。

継手名	検査項目
重ね継手	位置、継手長さ
ガス圧接継手	位置、外観検査（ふくらみ等）、超音波探傷検査
突合せアーク溶接継手	スケール計測、外観検査
機械式継手	引張試験

ワンポイントアドバイス　鉄筋の継手の検査は、表5-1によることを標準とする。

表5-1　鉄筋の継手の検査

鉄筋の継手の検査

(1)　鉄筋の継手にガス圧接継手，溶接継手，機械式継手等を用いる場合には，必要に応じ，これを用いる前に，その継手の強度を確かめなければならない．

(2)　鉄筋の継手の検査は，次表によることを標準とする．詳細については，「鉄筋定着・継手指針」による．

鉄筋の継手の検査

種類	項目	試験・検査方法	時期・回数	判定基準
重ね継手	位置	目視およびスケールによる測定	組立後	設計図書どおりであること
	継手長さ			
ガス圧接継手	位置	目視，必要に応じてスケール，ノギス等による測定	全数	設計図書どおりであること
	外観検査			日本鉄筋継手協会「鉄筋のガス圧接工事標準仕様書」の規定に適合する他，鉄筋定着・継手指針によること
	超音波探傷検査[2]	JIS Z 3062の方法	抜取り[1]	
突合せアーク溶接継手	計測，外観目視検査	目視およびスケールによる測定	全数	設計図書どおりであること 表面欠陥がないこと
	詳細外観検査	ノギスその他適当な計測器具	5%以上	偏心：直径の1/10以内かつ，3mm以内 角折れ：測定長さの1/10以内 詳細は鉄筋定着・継手指針によること
	超音波探傷検査	JIS Z 3062の方法	抜取り率20%以上かつ30か所以上	基準レベルより24dB感度を高めたレベル．詳細は鉄筋定着・継手指針によること
機械式継手	検査方法については，各工法による．詳細については鉄筋定着・継手指針によること．			

1)　検査ロットは，原則として同一作業班が同一日に施工した圧接箇所とし，その大きさは200か所程度を標準とする．

手動ガス圧接の場合，SD490は全数検査，SD490以外は１検査ロット毎に30か所抜取検査

自動ガス圧接の場合，１検査ロット毎に10か所抜取検査

2)　熱間押抜法の場合は省略可

(3)　検査の結果，鉄筋の継手が適当でないと判定された場合は，所要の目的を達しうるように措置を講じなければならない．

表5-1出典：土木学会コンクリート委員会コンクリート標準示方書改訂小委員会編『コンクリート標準示方書　[施工編]』土木学会、2013年　207ページ「表7.3.2鉄筋の継手の検査」

第6章 環境対策

環境対策は選択問題であり、建設リサイクル法の特定建設資材の種類とその利用用途や、騒音・振動規制法の特定建設作業の規制などから出題されている。しかし、出題頻度は低い。

例題6-1 平成29年 2級土木施工管理技術検定(実地)試験 選択問題(2)〔問題9〕

「資源の有効な利用の促進に関する法律」上の建設副産物である，**建設発生土とコンクリート塊の利用用途についてそれぞれ**解答欄に記述しなさい。
ただし，利用用途はそれぞれ異なるものとする。

解答例

下表から、それぞれ異なる利用用途を記述する。

建設副産物の種類	利用用途
建設発生土	・工作物の埋戻し材料 ・土木構造物の裏込め材 ・道路盛土材料
コンクリート塊	・舗装の路盤材料 ・工作物の埋戻し材料 ・土木構造物の裏込め材

ワンポイントアドバイス　建設発生土は、施工性の良否および土の物理的性質を勘案して、第一種から第四種に区分され、それぞれ主要な利用用途が示されている。またコンクリート塊は、再生骨材等の区分に応じ、舗装用路盤材料、構造物の裏込め材など、主として利用すべき用途を定めている。

例題6-2　平成27年　2級土木施工管理技術検定（実地）試験　選択問題(2)〔問題9〕 

ブルドーザ又はバックホゥを用いて行う建設工事に関する騒音防止のための，**具体的な対策を2つ**解答欄に記述しなさい。

解答例

下記の中から2つ選んで、簡潔に解答欄に記述する。

騒音防止の具体的な対策
• 低騒音型の建設機械を用いる。 • 建設機械の整備状態を良くする。 • 機械の騒音は、エンジンの回転速度に比例するので、不必要な空ぶかしや高い負荷をかけた運転は避ける。 • 履帯式機械は、走行速度が大きくなると騒音・振動が大きくなるので、不必要な高速走行は避ける。 • バックホゥからダンプトラックに積み込む場合は、丁寧に行う。 • 土工板、バケットなどの衝撃的な操作は避ける。

ワンポイントアドバイス　176ページ「表9-1　建設工事に伴う騒音振動対策技術指針の主な内容」参照

例題6-3　平成26年　2級土木施工管理技術検定（実地）試験　選択問題〔問題5-2〕

「建設工事に係る資材の再資源化等に関する法律」（建設リサイクル法）により定められている**下記の特定建設資材から２つ選び，再資源化後の材料名又は主な利用用途をそれぞれ１つ**解答欄に記入しなさい。

ただし，それぞれの解答は異なるものとする。

・コンクリート
・コンクリート及び鉄から成る建設資材
・木材
・アスファルト・コンクリート

解答例

下記の特定建設資材から２つ選んで、再資源化後の材料名または主な利用用途をそれぞれ１つ解答欄に記述する。

特定建設資材	再資源化後の材料名	主な利用用途
コンクリート	• 再生クラッシャーラン • 再生コンクリート砂	• 路盤材 • 埋め戻し材
コンクリートおよび鉄から成る建設資材	• 再生鉄筋	• 鉄筋材料
木材	• 木質ボード • 木質マルチング材	• 住宅建材 • 土壌被覆材
アスファルト・コンクリート	• 再生加熱アスファルト混合物	• 基層および表層用材料

ワンポイントアドバイス　183ページ「10.2　建設工事に係る資材の再資源化等に関する法律」参照

例題6-4　平成25年　2級土木施工管理技術検定（実地）試験　選択問題〔問題5-1〕

騒音規制法で定められている特定建設作業の規制に関する次の文章の［　　］に当てはまる**適切な語句を，下記の［語句］から選び**解答欄に記入しなさい。

(1)　騒音規制法は，建設工事に伴って発生する騒音について必要な規制を行うことにより，住民の［（イ）］を保全することを目的に定められている。

(2)　都道府県知事は，住居が集合している地域などを特定建設作業に伴って発生する騒音について規制する地域として［（ロ）］しなければならない。

(3)　指定地域内で特定建設作業を伴う建設工事を施工しようとする者は，当該作業の開始日の［（ハ）］までに必要事項を［（ニ）］に届け出なければならない。

(4)　［（ニ）］は，当該建設工事を施工するものに対し騒音の防止方法の改善や［（ホ）］を変更すべきことを勧告することができる。

［語句］　指定，　産業活動，　環境大臣，　作業時間，　30日前，
機種，　10日前，　自然環境，　公報，　国土交通大臣，
周知，　市町村長，　7日前，　作業日数，　生活環境

解答例

（イ）	（ロ）	（ハ）	（ニ）	（ホ）
生活環境	指定	7日前	市町村長	作業時間

ワンポイントアドバイス　254ページ「第8章　騒音・振動規制法」参照

例題6-5　平成24年　2級土木施工管理技術検定（実地）試験　選択問題〔問題5-1〕

「建設工事に係る資材の再資源化等に関する法律」（建設リサイクル法）に定められている建設発生土の有効活用に関して，次の文章の［　　］に当てはまる**適切な語句を，下記の語句から選び**解答欄に記入しなさい。

(1)　発注者，元請業者等は，建設工事の施工に当たり，適切な工法の選択等により，建設発生土の［（イ）］に努めるとともに，その［（ロ）］の促進等により搬出の抑制に努めなければならない。

(2)　発注者は，建設発生土を必要とする他の工事現場との情報交換システムを活かした連絡調整，［（ハ）］の確保，再資源化施設の活用，必要に応じて［（ニ）］を行うことにより，工事間の利用の促進に努めなければならない。

(3)　元請業者等は，建設発生土の搬出にあたっては産業廃棄物が混入しないよう，［（ホ）］に努めなければならない。

［語句］　埋め立て地，　土質改良，　分別，　発生の促進，
再生利用，　ストックヤード，　発生の抑制，　現場外利用，
置換工，　粉砕，　解体，　薬液注入，
現場内利用，　処分場，　廃棄処分

解答例

(イ)	(ロ)	(ハ)	(ニ)	(ホ)
発生の抑制	現場内利用	ストックヤード	土質改良	分別

ワンポイントアドバイス　建設発生土の有効利用に関しての主な項目と内容を、表6-1に示す。

表6-1　建設発生土の有効利用に関しての主な項目と内容

項目	内容
搬出の抑制	発注者、元請業者および自主施工者は、建設工事の施工に当たり、適切な工法の選択等により、建設発生土の発生の抑制に努めるとともに、その現場内利用の促進等により搬出の抑制に努めなければならない。
工事間の利用の促進	発注者、元請業者および自主施工者は、建設発生土の土質確認を行うとともに、建設発生土を必要とする他の工事現場との情報交換システム等を活用した連絡調整、ストックヤードの確保、再資源化施設の活用、必要に応じて土質改良を行うこと等により、工事間の利用の促進に努めなければならない。
工事現場等における分別および保管	元請業者および自主施工者は、建設発生土の搬出に当たっては、建設廃棄物が混入しないよう分別に努めなければならない。重金属等で汚染されている建設発生土等については、特に適切に取り扱わなければならない。 また、建設発生土をストックヤードで保管する場合には、建設廃棄物の混入を防止するため必要な措置を講じるとともに、公衆災害の防止を含め周辺の生活環境に影響を及ぼさないよう努めなければならない。

用語解説

第1章　土工

原位置試験　土がもともとの位置にある自然の状態のままで実施する試験の総称。

リッパビリティ　リッパによって作業ができる程度。

リッパ　軟岩等を掘削する際にブルドーザに取り付ける爪。

トラフィカビリティ　車両の走行の良否。

コンシステンシー　軟らかさの程度。

圧密　粘土のように透水性が低い土が荷重を受け、内部の間隙水を徐々に排出しながら長時間かかって体積が減少していく現象。

含水比　土の間隙中に含まれる水の質量と土粒子の質量比で示される。

弾性波　岩石のような弾性個体の中を伝わる波。

電気探査　地盤の電気的性質の違いに着目した物理探査法の総称。

標準貫入試験　N値を測定するために行う試験。ボーリング孔等を利用し、75㎝の高さから質量63.5㎏のハンマーを自由落下させ、ロッドの先に取付けたサンプラーを30㎝貫入させるのに必要な打撃回数をN値とする。

N値　標準貫入試験参照。

サウンディング　棒の先端に付けた抵抗体を土中に挿入し、貫入、回転、引抜きなどに対する抵抗を測って土層の性状を深さ方向に調べる地盤調査法の総称である。

スウェーデン式サウンディング　先端にスクリューポイントを付けたロッドに荷重を加え、または荷重を加えたまま回転させることによって地盤に貫入させ、地盤の硬軟等、概略の土質や土層の状態を把握する方法。

ポータブルコーン貫入試験　人力でコーンを貫入し，その貫入抵抗を求める貫入試験。

ベーン試験　十字形をした翼を土中に貫入してロッドにより回転を与え、その最大回転抵抗値から回転面上のせん断強さを求める試験。

平板載荷試験（へいばんさいかしけん）　地盤表面に平らな載荷版を通して荷重を加え、荷重強さと載荷版沈下量との関係から地盤の支持力等を求める試験。

CBR試験　標準寸法のピストンを土の中に貫入させるのに必要な荷重強さを測定して、土の強さの大小を判定する試験。試験を行う場所によって、室内CBR試験と現場CBR試験がある。

現場透水試験　地盤の透水性を原位置で調べる試験。揚水試験による方法、ボーリング孔等を用いる簡便法、トレーサー（微量添加物質）を用いる方法等がある。

液性限界　土が塑性体から液体に移るときの境界の含水比。

塑性限界（そせいげんかい）　土が塑性体から半固体に移るときの境界の含水比

塑性指数（そせいしすう）　液性限界と塑性限界との差で、土が塑性を示す幅を表す。

粒度試験　土を構成する土粒子の粒径の分布を求める試験。

粒径加積曲線　粒径を横軸に対数目盛で、通過百分率（質量）を縦軸に普通目盛で取ったグラフに描いた曲線。

均等係数　粒径加積曲線において、質量通過百分率が10％の点の粒径（有効径）D10と同じく60％の粒径D60との比。この値が1に近いほど粒径がそろっていることを表わす。

最大乾燥密度　土の締固め試験において、土の含水比を変えて一定の締固め方法で土を締固め、得られた締固め曲線の最大の乾燥密度。

最適含水比　土の締固め試験において、最大乾燥密度となる含水比。

一面せん断試験　円板上あるいは直方体の土供試体を上下2つよりなるせん断箱に入れ、鉛直方向に直応力を加えた状態で水平方向にせん断してせん断強さを求める試験。

せん断抵抗角　土粒子同士のせん断力に対する抵抗値。

一軸圧縮試験　円柱状の供試体に側圧のない状態で圧縮する試験。

RI計器　RI（放射性同位元素）を装備した装置であり、放出されるγ線および中性子線を利用して、γ線で密度計測に、中性子線で含水量計測を行う。

地山（じやま）　人為的な盛土などが行われていない、自然のままの地盤。

不同沈下　地盤の変状によって基礎間に生じる非一様な沈下。

膨潤　土が水を吸収して体積が増加する現象。

まき出し厚　1層の敷均し厚さ。

高（たか）まき　敷均し厚が厚いこと。

ジオシンセティックス　合成高分子材料でつくられた繊維（ジオテキスタイル）や敷網（ジオグリッド）の総称。

生石灰（なませっかい）　生石灰は、石灰岩などの主成分である炭酸カルシウムを加熱し、熱分解によって生成される。生石灰に加水して生成されるのが消石灰であり、一般に生石灰と消石灰を石灰と呼んでいる。

トレンチャ　比較的幅が狭くて、深い溝を掘る農業機械。

第2章　コンクリート工

セメントペースト　セメントに水を混ぜたもの。

モルタル　セメントペーストに砂（細骨材）を混ぜたもの。

コンクリート　モルタルに砂利（粗骨材）を混ぜたもの。

マスコンクリート　質量や体積の大きいコンクリート。

高炉スラグ　高炉中で溶融された鉄鉱石と石灰石から、鉄分を取り去った後に残ったもの。

シリカ　可溶性シリカ（二酸化ケイ素）分の多い白土，火山灰等。

フライアッシュ　石炭を燃焼する際に生じる灰の一種。

風化　セメントが空気中の水分と水和作用を起こすこと。

粉末度　セメント粒子の細かさを示すもの。

凝結　セメントが水和作用によって固結する現象。

混和材料　セメント、水、骨材以外の材料で、コンクリート等に特別の性質を与えるために、打込みを行う前までに必要に応じて加える材料。

混和材　混和材料の中で、使用料が比較的多く、それ自体の容積がコンクリートの練上がり容積に算入されるもの。

混和剤　混和材料の中で、使用料が比較的少なく、それ自体の容積がコンクリートの練上がり容積に算入されないもの。

フレッシュコンクリート　まだ固まらない状態にあるコンクリート。

スランプ　フレッシュコンクリートの軟らかさの程度を示す指標の一つで、スランプコーンを引き上げた直後に測った頂部からの下がりで表す。

ブリーディング　フレッシュコンクリートにおいて、固体材料の沈降または分離によって、練混ぜ水の一部が遊離して上昇する現象。

レイタンス　コンクリートの打込み後、ブリーディングに伴い、内部の微細な粒子が浮上し、コンクリート表面に形成するぜい弱な物質の層。

ワーカビリティー　材料分離を生じることなく、運搬、打込み、締固め、仕上げ等の作業のしやすさ。

水密性　水の浸入または透過に対する抵抗性。

フィニッシャービリティー　仕上げのしやすさ。

ポンパビリティー　コンクリートをコンクリートポンプで打込むときの、圧送のしやすさ。

材齢　コンクリートを練り混ぜてから経過した時間のこと。一般に日数で表す。

あき　鉄筋表面どうしの上下左右の間隔。

設計基準強度　構造計算において、基準とするコンクリートの強度。

配合強度　コンクリートの配合を決める場合に、目標とする強度。一般に材齢28日における圧縮強度を基準とする。

割増し係数　目標強度を定める際に、品質のばらつきを考慮し、圧縮強度の特性値に乗じる係数。

せき板　型枠の一部で、コンクリートに直接接する木や金属などの板類。

はく離剤　型枠とコンクリートの付着を防ぎ、型枠の取り外しを容易にするもの。

コールドジョイント　コンクリートを層状に打ち込む場合に、先に打ち込んだコンクリートと後から打ち込んだコンクリートとの間が、完全に一体化していない不連続面。

かぶり　コンクリート表面から鉄筋表面までの最短距離。

スペーサー　鉄筋を正しい位置に配置し、所定のかぶりや間隔を確保するために用いる器具。

膨張材　セメントおよび水と練り混ぜた場合に、水和反応によってコンクリートを膨張させる作用のある混和材。

寒中コンクリート　日平均気温が4℃以下の寒い時期に施工されるコンクリート。

暑中コンクリート　日平均気温が25℃を超える暑い時期に施工されるコンクリート。

第3章　基礎工

床付け（とこづけ）　構造物の基礎底面が支持地盤に接する面。

栗石（ぐりいし）　玉石または割栗石の小さいもの。

玉石　天然の丸みを帯びた粒径15～18cm以上の石。

割栗石（わりぐりいし）　採石場で人工的に破砕された粗石（10～20cm程度の石）。

不陸　地盤が平らでなく、凹凸がある状態。

均し（なら）コンクリート　本体構造物が精度よく構築できるよう敷き均す強度の小さい（貧配合）コンクリート。

建込み（たてこみ）　杭、鋼矢板等の打込み部材を打設できる状態に据付けること。

根入れ深さ　地表面から構造物の基礎底面までの深さ。

表層ケーシング　アースドリル工法で表層付近に用いる鋼製パイプ。

ドリリングバケット　アースドリル工法に使用される掘削用バケット。

ベントナイト　粘土の一種で、水を含むと膨張してのり状になる。泥水の比重を高め孔壁を保護するための添加物。

スタンドパイプ　リバース工法で表層付近に用いる鋼製のパイプ。

ケーシングチューブ　オールケーシング工法で孔壁保護のため、掘削孔全長に使用する鋼製のパイプ。

ハンマーグラブ　オールケーシング工法に使用される掘削用バケット。

ライナープレート　プレスで四辺を折り曲げ、フランジを付けた鋼板矢板。

施工管理

第1章　測量

外業　測量作業のうち、野外で行うもの。

内業　測量作業のうち、現場事務所等の室内において測量結果の計算整理、成果表および図面の作成業務を行うもの。

後視　標高の知られている点に立てた標尺の読み。

前視　標高を求めようとする点に立てた標尺の読み。

昇降式　既知点から新点に至る路線を、レベルと標尺を何回も交互に据え換えて観測を行い、途中の高低差を累計して新点の標高を求める方法。

視差　目の位置などにより目標の像が十字線に対して動いて見える現象。

零点誤差　標尺底面が摩耗や変形している場合、標尺の零目盛が正しく0でないために生じる誤差。

球差　距離に応じて地球の曲率から生じる誤差。

気差　大気密度の鉛直方向の変化のため光が直進せず、大気密度の大きい方に屈折する光路の変化によって生じる誤差。

第2章　公共工事標準請負契約約款

設計図書　図面、仕様書、現場説明書および現場説明に対する質問回答書をいう。

図面　設計者の意志を一定の規約に基づいて図示した書面（設計図）。

仕様書　施工に必要な工事の基準を詳細に説明した書面。仕様書には共通仕様書と特記仕様書がある。

現場説明書　工事の入札前に、現場において入札参加者に対して行われる現地の状況説明および図面、仕様書に表示しがたい見積もり条件を示した書面。

質問回答書　図面、仕様書、現場説明書の不明確な部分に関する入札者の質問に対し、発注者が全入札者に回答した書面。

監督員　発注者側の工事担当者。

現場代理人　契約を取り交わした会社の代理人として、任務を代行する責任者。

誤謬（ごびゅう）　まちがえ。

脱漏（だつろう）　もれおちる。

不可抗力　人間の力ではどうにもさからうことのできない力や事態。

中等　上等と下等との間。

第3章　図面等の見方

高欄　歩道と車道の区別がある橋の地覆上に、歩行者の安全のために設ける柵状の防護施設。

床版　自動車や人などの荷重を直接受ける部材。

地覆（じふく）　歩行者および自動車の安全のため、橋の側端部に道路面より高く段差をつけた縁取りの部分。

横桁（よこげた）　橋軸に対して横方向に設けられた桁で、主桁にかかる荷重を分散する。

支承　橋の上部構造を支持して荷重を下部構造に伝達させる機能を有する構造で、上部構造の変形に対する自由度に応じて固定支承と可動支承がある。

犬走り　提内地法面に設けられた小段のうち、堤脚部のもの。

小段　盛土や切土の法面の中間に、適当な高さごとに設ける水平な部分。

第4章　建設機械

運転質量　完全な作業装置を装備して作業するときの総質量（オペレータを含んだときの総質量）。

定格総荷重　定格荷重に、つり具の重量を加えた荷重。

第5章　施工計画

契約条件　物価や労務費の変動による契約変更、工事代金の支払条件など請負契約書の中で規定される条件。

突貫工事　人力、資材、機材を大量に投入し、工期を大幅に短縮して行う工事。

施工体制台帳　下請・孫請など工事施工を請け負う全ての業者名、各業者の施工範囲、各業者の技術者氏名等を記載した台帳。

施工体系図　作成された施工体制台帳に基づいて、各下請負人の施工分担関係が一目で分かるようにした図。

第6章　工程管理

最早結合点時刻　各作業を最も早く開始できる結合点時刻。（この結合点の先行作業にとっては最早完了時刻、後続作業にとっては最早開始時刻となる。）

最遅結合点時刻　工期に遅れない範囲で、各作業を最も遅く開始してもよい結合点時刻。（この結合点の先行作業にとっては最遅完了時刻、後続作業にとっては最遅開始時刻となる。）

最早開始時刻　作業を最も早く開始できる時刻。

最早完了時刻　最も早く作業を始めた場合の作業の完了時刻。

最遅開始時刻　工期に遅れない範囲内で、最も遅く開始してもよい時刻。

最遅完了時刻　工期を守るために、最も遅くても完了していなければならない時刻。

余裕日数（フロート）　工期に影響を与えない余裕の日数。余裕日数には総余裕日数と自由余裕日数がある。

総余裕日数（トータルフロート）　作業を最早開始時刻で始め，最遅終了時刻で完了する場合に生ずる余裕時間で，1つの経路上では共有されており，任意の作業が使い切ればその経路上の他の作業の総余裕日数に影響する。

自由余裕日数（フリーフロート）　作業を最早開始時刻で始め，後続する作業も最早開始時刻で始めてもなお余る時間で，その作業の中で自由に使っても，後続作業に影響しない。

クリティカルパス　総余裕日数が0の作業の結合点を結んだ一連の経路。

第7章　安全管理

事業者　事業を行う者で、労働者を使用する者。

元方事業者　同一場所において行う事業の一部を請負人に請け負わせている事業者（元請負人）。

特定元方事業者　元方事業者のうち、多くの労働者を同一場所で混在して作業を行う建設業を行う事業者。

つり上げ荷重　ジブの長さを最短にして、傾斜角を最大（垂直に近い状態）にしたときに、つることのできる最大の荷重。

定格荷重　ジブの傾斜角や長さに応じて、実際につることができる荷重。これはジブの長さや角度に応じて、変化する。

アウトリガー　移動式クレーンや高所作業車、コンクリートポンプ車などでアームを伸ばしたり物を吊ったりする際に、車体横に張り出して接地させることで車体を安定させる装置。

組立て鋼柱　鋼管や形鋼等を主材とした既製の材料を現場で組み立て，支柱として用いる型枠支保工。

要求性能墜落制止用器具　胴ベルト型（一本つり）とハーネス型（一本つり）の安全帯。

明り掘削　明り作業の中で土砂、岩石をほぐし、掘り起こす作業。

作業床（さぎょうゆか）　高さ2m以上の場所で作業するときに設けなければならないとされている作業用の床。

中さん（なか）　単管足場で手すりと床材の中ほど取り付ける横木。

幅木　床と接する部分に張る横木。

手すり先行工法　墜落災害を防ぐ目的から、作業床の最上層に常に手すりがあるように行う工法。

単管足場　単管と呼ばれる鉄パイプを組み合わせて建てるもの。

枠組み足場　鋼管を溶接して鳥居形の枠に成形したものを単位として、現場でこれを多数組み合わせて使用するもの。

敷角　支柱や支保工が地中にめり込まないように下に敷き込む角材。

根がらみ　建地と建地の根元を固める水平材

建地（たてじ）　地面と垂直に立てる支柱。

筋かい　垂直材と水平材を対角線に沿って斜めにつなぐもの。

布　建地に直角に使われる水平部材。

第8章　品質管理

品質特性　品質の管理項目としてとり上げた特性。

品質標準　品質規格（発注者が意図した目的物の品質を規定したものをいう）をゆとりをもって満足するための目安の値。

作業標準　品質標準を満足する構造物を施工するために作業手順、作業方法等に関する基準を定めたもの。

ヒストグラム　データをあるクラスごとに分け、クラスに所属するデータの数を図に表した度数分布図。

工程能力図　データを時間順に打点したグラフ。

管理図　工程が安定な状態にあるかどうかを調べるため、または工程を安定な状態に保持するために用いる図。

プルーフローリング　締固めの確認などのために、施工時と同等以上のローラなどを走行させ、大きく変形する不良個所などを発見する試験。

空気間隙率（くうきかんげきりつ）　土中の空気の占める体積の土全体の体積に対する割合（百分率）。

飽和度　土中の間隙の体積に対する間隙中の水の体積の割合を百分率で表したもの。

第10章　建設副産物関係

産業廃棄物管理票（マニフェスト）　排出事業者が委託した産業廃棄物の処理状況を確認するためのもの。

特定建設資材　分別解体や再資源化を特に促進する必要がある資材でコンクリート、コンクリートおよび鉄からなる建設資材、木材、アスファルト・コンクリートの4種類。

第Ⅲ編　法規

第1章　労働基準法

労働契約　労働者と使用者の間の契約。

解雇　使用者の一方的な意思表示による労働契約の解除。

年少者　満18歳未満の者。

揚貨装置　船舶に取り付けられたデリックやクレーンの設備。

玉掛け　クレーンのフックに、荷を掛けたり、外したりする作業。

塵埃（じんあい）　ちりとほこり。

第2章　労働安全衛生法

ずい道　トンネル。

覆工（ふっこう）　地山の変形や崩落の抑制、防止等地山安定の確保、湧水や老衰の処理、トンネル内空の美観等の目的のためにトンネルの掘削面を被覆する構造体、またはその構造体を構成すること。

圧気工法　圧縮空気を送入して気圧を上げ、湧水をおさえながらトンネルやケーソン掘削をする工法。

第3章　建設業法

特定建設業　元請けとして一定額以上の規模の工事を下請けに出す場合。

一般建設業　請負工事のすべてが下請けの場合。

指定建設業　土木工事業、建築工事業、電気工事業、管工事業、鋼構造物工事業、舗装工事業、造園工事業の7業種をいう。

一式工事　複数の専門工事を組み合わせて、土木工作物を作る工事や、工事の規模が大きく複数であるため、単独専門工事では施工ができない土木工作物を作る比較的大規模な工事をいう。

専門工事　一式工事以外の工事（下請業者が行う建設工事）。

特定専門工事　専門工事の中で施工技術が画一的で、かつ、その施工の技術上の管理の効率化を図る必要があるものとして政令で定めるもの。

第4章　道路法

溝堀（みぞほり）　地盤を溝状に掘削すること。

つぼ掘　地盤につぼのような形の穴を掘り下げること。

推進工法　推進管（主に鉄筋コンクリート管）の先端に掘進機を取り付け、地中を掘削しつつ、後方の油圧ジャッキで推し進めて、管を埋設する工法。

えぐり掘　底部分を広げるようにして掘る方法で、土砂崩落事故が発生しやすく、埋戻し時に空隙ができやすい。

最小回転半径　右か左にハンドルを奥まで切った状態で旋回した時に、一番外側のタイヤの中心が描く円の半径。

第5章　河川法

堰（せき）　河川の流水を制御するために、河川を横断する形で設けられるダム以外の構造物。

水門　水量調節、取水、排水、船運のため、必要に応じて開閉できるようにした門や扉などの構造物。

床止め　河床の洗掘を防いで河道の勾配等を安定させ、河川の縦断または横断形状を維持するために、河川を横断して設ける構造物。

河川管理施設　堰、水門、堤防、護岸、床止め等の施設で、河川の流量や水位を安定させたり、洪水による被害防止などの機能を持つ施設。

河川区域　堤防の川裏（住居や農地などがある方）法尻から，対岸堤防の川裏の法尻までの間の区間。

河川保全区域　河川区域に隣接して河岸または河川管理施設保全のため必要な土地について指定したもの（範囲は50m以内と定められていて、各河川や地域によって異なる）。

高規格堤防　スーパー堤防ともいわれ、幅の広い堤防（堤防の高さの３０倍程度）としたもの。

官有地　国有地のこと。

民有地　私有地のこと。

サイホン　水路が河川、道路などの障害物を横断する際、その下に設けられる導水管。

耕耘（こううん）　田畑を耕し、雑草を取り去ること。

第6章　建築基準法

単体規定　個々の建物の構造上、防火上、衛生上の安全を確保するための規定。

集団規定　その建築物と都市との関係についての規定。

都市計画区域　一体の都市として総合的に整備・開発・保全する必要がある区域や、住宅都市、工業都市等として新たに開発・保全する必要があるとして、都道府県により指定される区域。

準都市計画区域　都道府県が指定する区域で、都市計画区域外の区域のうち、無秩序な開発や建築等をそのまま放置すれば、将来、都市としての整備・開発・保全に問題が生じると認めた区域。

用途地域　建築できる建物の用途等を定めた地域。

容積率　建築物の延べ床面積（同一敷地内に２以上の建築物がある場合には、その延べ床面積の合計）の敷地面積に対する割合。

建ぺい率　建築物の建築面積（同一敷地内に２以上の建築物がある場合は、その建築面積の合計）の敷地面積に対する割合。

防火地域　都市計画で指定される地域であり、火災を防止するため、特に厳しい建築制限が行なわれる地域。

準防火地域　都市計画で指定される地域であり、火災を防止するため、比較的厳しい建築制限が行なわれる地域。

第7章　火薬類取締法

一級火薬庫　堅牢で多く保管できる火薬庫。

二級火薬庫　土木工事等で一時的に保管する比較的構造が簡単な火薬庫。

三級火薬庫　販売業者等が便利に扱えるように、家の近くにも設置できるよう、保管できる量を少なくした火薬庫。

ファイバ板箱　硬いダンボールのようなもので出来た箱で、材質は紙である。

雷管　金属管に起爆薬を詰めた火工品。

電気雷管　ヒューズ線を用いて起爆薬を発火させる雷管。

工業雷管　導火線により点火する雷管。

火工品　ある使用目的に適するように火薬や爆薬を加工、成形したもの。

導爆線　爆轟を伝えるために用いられるロープ状の火工品。

第8章　騒音・振動規制法

特定建設作業　建設工事として行われる作業のうち、著しい騒音または振動を発生する作業であって、政令で定められているもの。

第9章　港則法

汽艇（きてい）　総トン数20トン未満の汽船。

はしけ　河川、港湾などで大型船と陸との間を往復して貨物や乗客を運ぶ小舟。

端舟（たんしゅう）　小舟やボート。

ろかい　櫓と櫂。

特定港　きっ水の深い船舶が出入できる港または外国船舶が常時出入する港であって、政令で定めるもの。

きっ水　船舶が水に浮いているときの、船体の最下端から水面までの垂直距離。

びょう地　船が錨（いかり）を下ろして停泊する所。

けい船　船をつなぎ留めること。

えい航　船が他の船や荷物を引いて航行すること。

索引

さ

た

な

著者紹介

中村 英紀（なかむら ひでのり）
1978 年、日本大学工学部土木工学科卒業。同年、戸田道路（株）入社。1980 年より都立田無工業高等学校教諭。その後、都立小石川工業高等学校、都立田無工業高等学校、都立総合工科高等学校の教諭を歴任。2016 年、同校を定年退職。
2004 年より Web サイト「中村英紀による土木施工管理技士受験講座」（http://vdoboku.sub.jp/）を開設。メールマガジンをベースにした問題解説を提供。メールマガジン読者に経験記述の添削も行っている。

著書：『建築土木教科書 1 級土木施工管理技士 学科試験・実地試験合格ガイド』（翔泳社）、『一級土木施工管理技士試験重要事項集』『二級土木施工管理技士試験重要事項集』『1 級土木施工管理技士実地試験 書き方添削と用語解説』『2 級土木施工管理技士実地試験 書き方添削と用語解説』（以上、彰国社）、など多数。

装丁　小口翔平 ＋ 三沢稜（とぶふね）
DTP　株式会社シンクス

建築土木教科書
2級土木施工管理技士 第一次・第二次検定 合格ガイド 第2版

2017年2月16日 初　版　第1刷発行
2021年1月25日 第2版　第1刷発行
2021年6月 5日 第2版　第2刷発行

著　者　中村英紀（なかむらひでのり）
発行人　佐々木幹夫
発行所　株式会社 翔泳社（https://www.shoeisha.co.jp）
印刷／製本　株式会社ワコープラネット

©2021 Hidenori Nakamura

本書は著作権法上の保護を受けています。本書の一部または全部について（ソフトウェアおよびプログラムを含む），株式会社 翔泳社から文書による許諾を得ずに，いかなる方法においても無断で複写，複製することは禁じられています。
本書へのお問い合わせについては，ii ページに記載の内容をお読みください。造本には細心の注意を払っておりますが，万一，乱丁（ページの順序違い）や落丁（ページの抜け）がございましたら，お取り替えいたします。03-5362-3705 までご連絡ください。

ISBN978-4-7981-6699-5　Printed in Japan